U0370059

应用型本科土木工程系列教材

测　量　学

主　编　梁彦兰

副主编　王海龙　程有坤

参　编　曹　璐　张艺霞

主　审　樊良新

机　械　工　业　出　版　社

本书共12章，内容包括绪论、水准测量、角度测量、距离测量与直线定向、测量误差的基本知识、控制测量、地形图的测绘与应用、数字化测图方法、施工测量基本原理、建筑施工测量、线路工程测量、房产测绘。本书结合学科发展前沿，理论与实践相结合，课后习题采用实践教学过程中的实测资料，具有较强的指导意义。

本书可作为普通高等院校和高等职业院校土木建筑工程、市政工程、给水排水、房地产经营与管理、工程管理、城市规划、风景园林、地质工程等专业的教材及相关工程技术人员的参考用书。

图书在版编目（CIP）数据

测量学/梁彦兰主编. —北京：机械工业出版社，2017.3（2021.1重印）
应用型本科土木工程系列教材
ISBN 978-7-111-56045-6

Ⅰ.①测… Ⅱ.①梁… Ⅲ.①测量学-高等学校-教材 Ⅳ.①P2

中国版本图书馆CIP数据核字（2017）第027775号

机械工业出版社（北京市百万庄大街22号 邮政编码100037）
策划编辑：李宣敏 责任编辑：李宣敏 于伟蓉
责任校对：刘 岚 封面设计：张 静
责任印制：常天培
涿州市般润文化传播有限公司印刷
2021年1月第1版第3次印刷
184mm×260mm · 12.5印张 · 321千字
标准书号：ISBN 978-7-111-56045-6
定价：30.00元

电话服务 网络服务
客服电话：010-88361066 机 工 官 网：www.cmpbook.com
010-88379833 机 工 官 博：weibo.com/cmp1952
010-68326294 金 书 网：www.golden-book.com
封底无防伪标均为盗版 机工教育服务网：www.cmpedu.com

前　言

本书的编者结合测绘基础知识体系和新技术的发展，以培养高等技术应用型专门人才为根本任务，对编写内容和体系进行了深入研究，在广泛征求意见的基础上，编写了本书。本书主要作为普通高等院校和高等职业院校土木建筑工程、市政工程、给水排水、房地产经营与管理、工程管理、城市规划、风景园林、地质工程等专业的教材及相关工程技术人员的参考用书和测绘技能培训用书。

本书在阐述该课程基础理论知识的同时，注重理论与实践相结合，着重培养学生分析问题、解决问题的能力。目前测绘科学技术发展日新月异，本书增加了全站仪、RTK、CASS、电子水准仪、数字化测图等方法的介绍，在培养学生的新技术、新技能和与时俱进方面具有重要意义。本书突出实践性，课后习题采用实践教学过程中的实测资料，具有较强的指导意义。

本书共12章，第1章、第2章、第3章由安阳工学院梁彦兰编写，第4章、第5章由安阳工学院曹璐编写，第6章、第7章、第8章由安阳工学院王海龙编写，第9章、第10章、第11章由哈尔滨理工大学程有坤编写，第12章由安阳工学院张艺霞编写，全书由梁彦兰统稿，并对文字进行了校核与修改。本书由河南理工大学测绘与国土信息工程学院樊良新副教授担任主审。

由于编者水平有限，书中难免有不妥和错误之处，恳请广大读者朋友批评指正，以便修订时加以完善，谢谢。

编　者

目　　录

第1章 绪　　论

1.1 测量学概述

1.1.1 测量学的基本内容及作用

测量科学是一门研究如何确定地球形态和大小以及地面、地下和空间各种物体的几何形态及空间位置关系的科学，为人类了解自然、认识自然和能动地改造自然服务。其任务概括起来主要有三个方面：一是精确地测定地面点的位置及地球的形状和大小；二是将地球表面的形态及其他相关信息制成各种类型的文字、相片、图片和其他资料；三是进行经济建设和国防建设所需要的其他测绘工作，如地籍测量、城市规划测量、GPS导航图测绘等。测绘被广泛用于陆地、海洋和空间的各个领域，对国土规划整治、经济和国防建设、国家管理和人民生活都有重要作用，是国家建设中的一项先行性、基础性工作。它在各行各业中起着非常重要作用。

1.1.2 测量学的分类

测量学根据研究的重点对象和应用范围的差异，主要分为以下几门分支学科。

1. 大地测量学

研究在广大地面上建立国家大地控制网，测定地球形状、大小和地球重力场的理论、技术和方法的学科。

2. 普通测量学

研究地球表面小区域内测绘工作的基本理论、技术、方法和应用的学科。在此区域内可以将地球表面视为平面，而不考虑地球曲率的影响。普通测量学的主要任务是根据需要，测绘局部地区各种比例尺地形图及地籍图。

3. 摄影测量遥感学

摄影测量和遥感学是通过使用无人操作的成像和其他传感器系统进行记录和测量，然后对数据进行分析和表示，从而获得关于地球表面及环境和其他自然物体或过程的可靠信息的学科。

4. 海洋测量学

海洋测量学是指以海洋水体和海底为对象所进行的测量和海图编制工作，是海洋事业的一项基础工业性工作，其成果广泛应用于经济建设、国防建设和科学研究的各个领域。

5. 地图制图学

地图制图学是指研究各种地图的制作理论、原理、工艺技术和应用的学科，主要包括地图的编制、投影、整饰和印刷等内容。

6. 工程测量学

在测绘界，人们把工程建设中的所有测绘工作统称为工程测量。实际上它包括在工程建设勘测、设计、施工和管理阶段所进行的各种测量工作。它是直接为各建设项目的勘测、设计、施工、安装、竣工、监测以及营运管理等一系列工程工序服务的。可以这样说，没有测量工作为工程建设提供的数据和图纸，并及时与测量工作配合进行指挥，任何工程建设都无法进展和完成。

工程测量学是研究在工程建设的设计、施工和管理各阶段中进行测量工作的理论、方法和技术的学科。

按照测量精度，工程测量可分为普通工程测量和精密工程测量。

按照工程对象，工程测量可分为：建筑工程测量、水利工程测量、线路工程测量、桥隧工程测量、地下工程测量、海洋工程测量、军事工程测量、工业测量，以及矿山测量、城市测量等。

按照测绘资质分级标准，工程测量可分为：地形测量、城乡规划定线测量、城乡用地测量、规划检测测量、日照测量、市政工程测量、水利工程测量、建筑工程测量、精密工程测量、线路工程测量、地下管线测量、桥梁测量、矿山测量、隧道测量、变形（沉降）观测、形变测量、竣工测量。

1.1.3 工程测量的任务和内容

工程测量包括在工程建设勘测、设计、施工和管理阶段所进行的各种测量工作。它是直接为各建设项目的勘测、设计、施工、安装、竣工、监测以及营运管理等一系列工程工序服务的。

1. 工程测量任务

（1）工程规划阶段　工程规划阶段工程测量的主要任务是工程勘测。工程勘测是为工程设计用图需要而测绘各种比例尺地形图，开展测图控制网建立、地形图测绘工作，并为工程地质勘探、水文地质勘探以及水文测验等进行辅助测量。位于重要工程或地质条件不良地区，还要进行地层稳定性监测。

（2）工程建设阶段　工程建设阶段工程测量的主要任务是施工测量和监理测量。施工测量是将工程设计目标的位置标定在现场，作为施工的依据，开展施工控制网建立、施工放样工作，部分工程还要开展变形监测、设备安装测量、竣工测量等工作。监理测量是检查并审核施工测量数据，以确保工程质量，主要开展施工控制网复测、施工放样检测、施工质量抽查、施工图审批等工作。

（3）工程运营阶段　工程运营阶段工程测量的主要任务是安全监测。对于大型工程和重要工程，为保障安全运营，需要进行工程的安全性和稳定性周期监测，开展变形监测网建立、变形监测工作；根据需要，还要进行工程数据库、工程管理信息系统建设。

2. 工程测量内容

测量工作的基本内容是高差测量、角度测量、距离测量。测量工作一般分为外业和内业两种。外业工作的内容包括应用测量仪器和工具在测区内所进行的各种测定和测设工作。内业工作是将外业观测的结果加以整理、计算，并绘制成图以便使用。

工程测量是研究工程建设在勘测设计阶段、施工准备阶段、施工阶段、竣工验收阶段以及交付使用后的服务管理阶段所进行的各种测量工作的一门学科，工程测量的主要任务是为建设工程服务。就其性质而言，可分为测定和测设。

测定是指用恰当的测量仪器、工具和测量方法对地球表面的地物和地貌进行实地测量，并按照一定的比例尺缩绘成图的过程。测定的主要内容有控制测量、地形测绘、竣工测量、变形观测等。

测设是指用恰当的测量仪器、工具和测量方法将规划、设计在图纸上的建筑物、构筑物标定到实地上，作为施工依据的过程。测设的主要内容有建筑基线及建筑方格网的测设、施工放样、设备安装测量等。

无论是测定还是测设，都是确定点的位置的工作，可见工程测量的实质是确定点的位置。

测量工作的一般程序是："从整体到局部，从高级到低级，先控制后碎步"。也就是说，在与工程项目有关的适当的范围内布设若干个"控制点"，用较精密的方法和较精密的仪器测算出它们之间的位置关系，然后以这些"控制点"为基准点，再测算出它们附近的各"碎步点"的位置。这样做可以使测量误差的传播与累积受到限制，并被控制在不影响工程质量的范围内。

1.1.4 本课程的学习内容

测量学是一门应用科学，要求学以致用，本书将从实用的观点出发，主要掌握如下知识点：

1）测量技术基础知识：测量学的基本知识、测量方法和仪器、小区域控制测量、地形图测绘及其应用、误差基础知识。

2）施工放样：把图上设计好的建筑物、构筑物标定在实地上，作为施工的依据。

3）工程测量技术：工程测量的基本工作、道路测量、房屋建筑测量、房产测量和地籍测绘、建筑变形测量与竣工图测绘。

1.2 地球的形态和大小

地球的自然表面是一个凹凸不平、极不规则的曲面，由海洋和陆地两部分构成。海洋占地球表面积的71%，而陆地约占29%。陆地和海底起伏不平，有高达8844.43m的珠穆朗玛峰，也有深达11022m的马里亚纳海沟，但这样的高低起伏与地球的半径相比还是微小的，地球总的形态接近于两极稍扁的椭球体。

因此，我们可以设想用一个平衡静止的海水面来代替地球表面，即假设处于平衡静止的海水面延伸穿过大陆和岛屿形成封闭曲面，这个封闭曲面就称为大地水准面（图1-1）。由大地水准面所围成的形体，称为大地体。由于海水面实际上不可能保持平衡静止状态，事实上我们是在海滨设立验潮站，利用多年观测海水的涨落，计算出的平均海水面来作为大地水准面。大地水准面与地球椭球面如图1-2所示。

假设静止水面延伸到陆地下面形成曲面，这个曲面就称为水准面。由于水面高度不一样，故水准面有无数个，大地水准面是其中的一个。

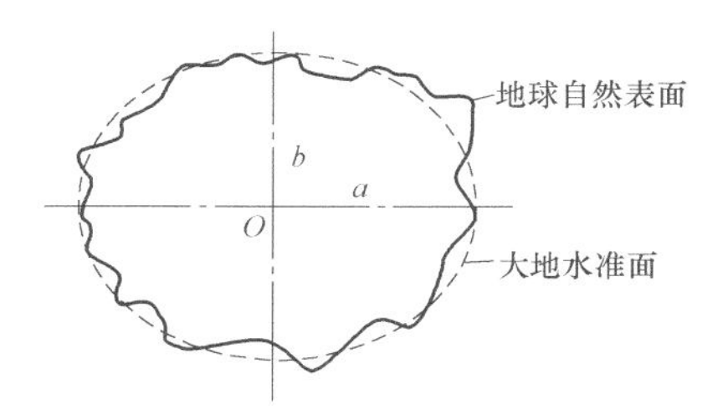

图1-1 大地水准面与地球自然表面

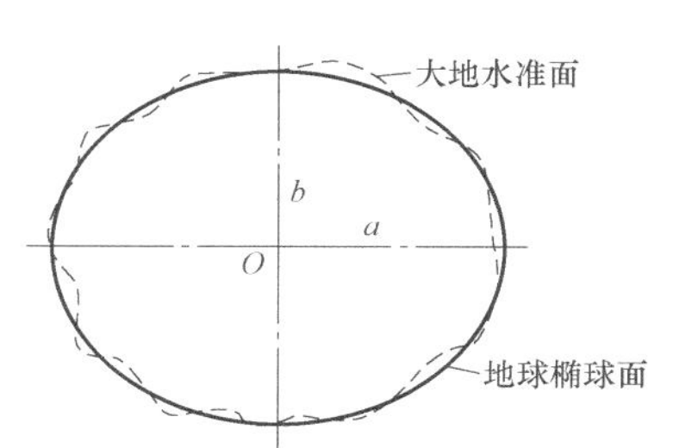

图1-2 大地水准面与地球椭球面

地球上的任一点，都同时受到两个力的作用，一个是地球自转产生的离心力，另一个是地心引力，这两个力的合力称为重力。重力的作用线称为铅垂线，它是测量外业工作的基准线，而大地水准面又是测量外业工作的基准面。

地球内部质量不均匀所引起的铅垂线方向的变化，使大地水准面成为一个十分复杂而又不规则的曲面。如果在此曲面上进行测量工作，测量、计算、制图都非常困难。为此，根据不同轨迹卫星的长期观测成果，经过推算，选择了一个非常接近大地体又能用数学式表达的规则几何形体来代表地球的整体形状。这个几何形体称为旋转椭球体，其表面称为旋转椭球面。测量上将概括地球总形体的旋转椭球体称为参考椭球体，如图 1-3 所示，相应的规则曲面称为参考椭球面。其数学表达式为

$$\frac{x^2}{a^2}+\frac{y^2}{a^2}+\frac{z^2}{b^2}=1$$

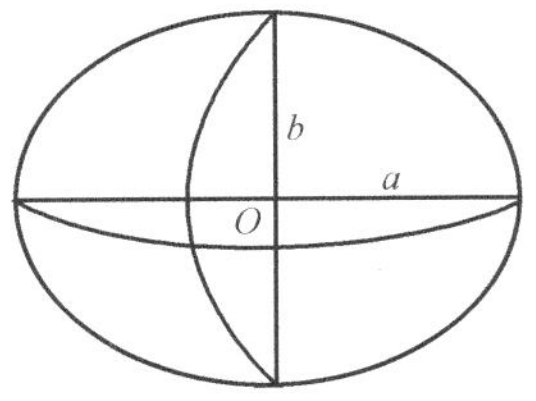

式中，a、b 为椭球体几何参数，a 为长半轴，b 为短半轴；参考椭球体扁率 α 应满足：

$$\alpha=\frac{a-b}{a}$$

图 1-3　参考椭球体

我国现采用的参考椭球体的几何参数为：$a=6378.136\text{km}$，$b=6356.752\text{km}$，$\alpha=1/298.257$。由于 α 很小，当测区面积不大时，可将地球当作圆球体，其半径采用地球平均半径，取近似值为 6371km。

1.3　地面点位的确定

测量的基本工作是确定地面特征点的位置。在数学上，一个点的空间位置，一般用它在三维空间直角坐标系中的 x，y，z 三个量来表示，测量上也采用同样的方法来确定点的空间位置。测量上通常采用地理坐标系统、高斯-克吕格平面直角坐标系统，独立平面直角坐标系统。

1.3.1　地理坐标系

用经度、纬度来表示地面点位置的坐标系，称为地理坐标系。用 L 表示大地经度、B 表示大地纬度，如图 1-4 所示。地面上任意点 P 的大地经度 L 是该点的子午面与首子午面所夹的二面角，P 点的大地纬度 B 是过该点的法线（与旋转椭球面垂直的线）与赤道面的夹角。地理坐标为一种球面坐标，常用于大地问题解算、地球形状和大小的研究、编制大面积地图、火箭与卫星发射、战略防御和指挥等方面。

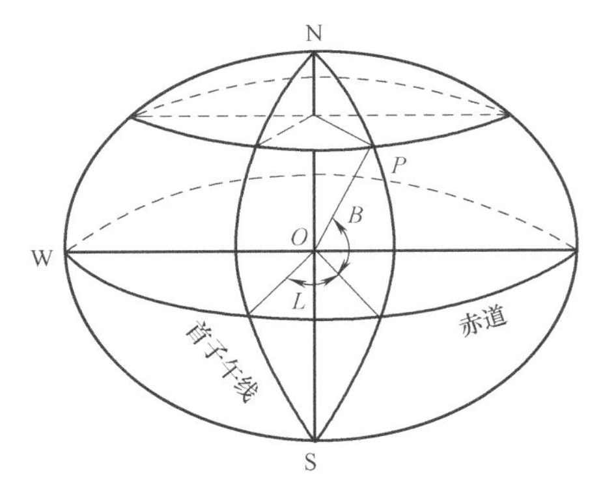

图 1-4　地理坐标系

1.3.2　高斯-克吕格平面直角坐标系

当测区范围较大时，就不能把地球很大一块地表当作平面看待，必须采用适当的投影方法来解决这个问题，即可采用高斯投影的方法。

地理坐标如建立在球面的基础上，就不能直接用于测图、工程建设规划、设计、施工，因为测量工作最好是在平面上进行。为此，需要将球面坐标按一定的数学算法归算到平面上去，即按照地图投影理论（高斯投影）将球面坐标转化为平面直角坐标。

高斯投影，是设想将截面为椭圆的柱面套在椭球体外面（图1-5），使柱面轴线通过椭球中心，并且使椭球面上的中央子午线与柱面相切，而后将中央子午线附近的椭球面上的点、线正投影到柱面上，再将椭圆柱沿通过南北极的母线切开，展成平面。这样就形成的平面称为高斯投影平面。由此可见，经高斯投影后，中央子午线与赤道呈直线，其长度不变，并且两者正交。而离开中央子午线和赤道的点、线均有变形，离得越远变形越大。

中央子午线经投影展开后是一条直线，以此直线作为纵轴，即 x 轴。赤道是一条与中央子午线相垂直的直线，将它作为横轴，即 y 轴。两直线交点为原点，则组成高斯平面直角坐标系。

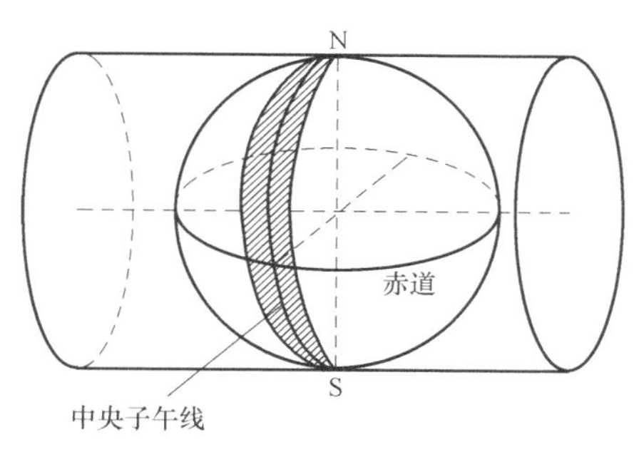

图 1-5 高斯投影

投影带一般分为六度带和三度带两种。

六度带：高斯投影将地球分成若干个带，投影带从首子午线起，每经6°划分一带，自西向东将整个地球划分成相等的60个带，用阿拉伯数字表示，依次为1、2、3……60。位于各投影带中央的子午线称为中央子午线，第一个六度带的中央子午线经度为3°，任意带的中央子午线经度 L_0 与该投影带的号数 n 的关系如下

$$L_0 = 6°n - 3°$$

高斯投影中，离中央子午线近的部分变形小，远的变形大，两侧对称。当测绘大比例尺图要求投影变形更小时，可采用三度分带投影法。

三度带：三度带从东经1°30′起，每经差3°划分一带，将整个地球划分成120个带，每带中央子午线的经度 L_0' 与该投影带的号数 m 的关系如下

$$L'_0 = 3°m$$

将投影后具有高斯平面直角坐标系的六度带或三度带一个个拼接起来，便得到如图1-6所示的地球分带与高斯投影。测量平面坐标的构成如图1-7所示。

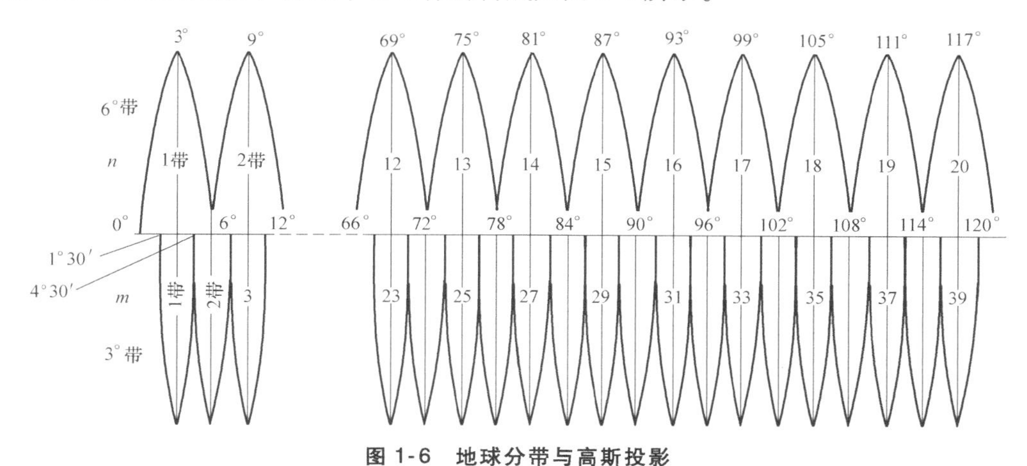

图 1-6 地球分带与高斯投影

高斯平面直角系坐标是以各带的中央子午线投影为 x 轴，北方向为正，赤道投影为 y 轴，东方向为正，两轴线交点为坐标原点，构成各带独立的坐标系。我国位于北半球，所以纵坐标 x 均为正，横坐标 y 有正有负。如图1-7所示，B 点在中央子午线以西，y 坐标值为 −284440.4m；A 点在中央子午线以东，y 坐标值为 +147600.5m，这些值称为坐标自然值。

为了不使横坐标出现负值，通常将 x 轴线向西移动500km，则 A 点、B 点的坐标值分别为

647600.5m、215559.6m。为了识别某点位于哪一个投影带的坐标系中，规定在横坐标之前冠以带号，转换后的坐标值称为坐标通用值。假设 A 点和 B 点位于带号为 20 的 6°投影带内，则 A 点、B 点的坐标通用值为：

$$Y_A = 20+500000.0+147600.5 = 20647600.5(\mathrm{m})$$
$$Y_B = 20+500000.0-284440.4 = 20\ 215\ 559.6(\mathrm{m})$$

1.3.3 独立平面直角坐标系

当测区范围较小（半径≤10km）时，可将地球表面视作平面，直接将地面点沿铅垂线方向投影到水平面上，用平面直角坐标系表示该点的投影位置。纵轴为 X 轴，北方向为正；横轴为 Y 轴，与 X 轴垂直，东方向为正。这样就建立了独立平面直角坐标系，如图 1-8 所示。实际测量中，为了避免出现负值，一般将坐标原点选在测区的西南角，故又称假定平面直角坐标系。

无论是高斯平面直角坐标系还是独立平面直角坐标系，均以纵轴为 $X(x)$ 轴，横轴为 $Y(y)$ 轴，这与数学上的平面坐标系 x 轴和 y 轴正好相反，其原因在于测量与数学上表示直线方向的方位角定义不同。测量上的方位角为纵轴的指北端起始，顺时针至直线的夹角；数学上的方位角则为横轴的指东端起始，逆时针至直线的夹角。将二者的 $X(x)$ 轴和 $Y(y)$ 轴互换，是为了仍旧可以将已有的数学公式用于测量计算。出于同样的原因，测量与数学上关于坐标象限的规定也有所不同。二者均以北东为第一象限，但数学上的四个象限为逆时针递增，而测量上则为顺时针递增。

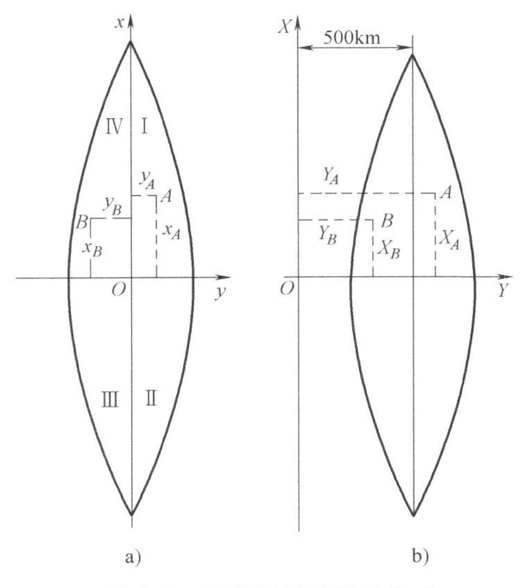

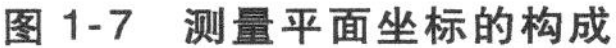
图 1-7 测量平面坐标的构成

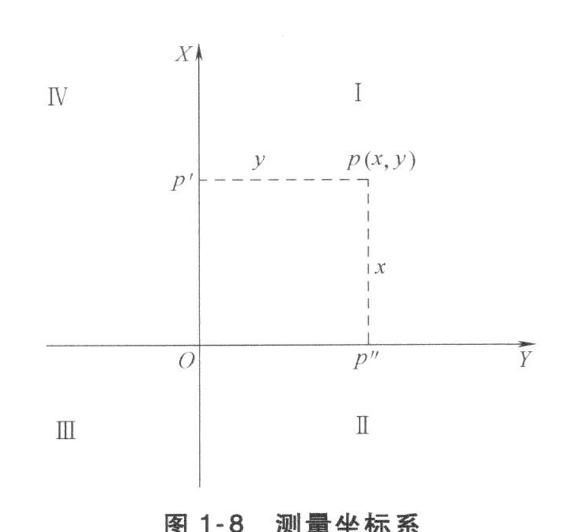

图 1-8 测量坐标系

1.3.4 高程系统

地面点至水准面的铅垂距离，称为该点的高程。地面点到大地水准面的铅垂距离，称为该点的绝对高程（简称高程）或海拔，用 H 表示。A、B 两点的高程为 H_A、H_B，如图 1-9 所示。新中国成立以来，我国把以青岛市大港 1 号码头两端的验潮站多年观测资料求得的黄海平均海水面作为高程基准面，建立了 1956 黄海高程系。并在青岛市观象山建立了中华人民共和国水准原点，其高程为 72.289m。随着观测资料的积累，采用1953 年—1979 年的验潮资料，1985 年精确地确定了黄海平均海水面，推算得国家水准原点的高程为 72.260m，由此建立了 1985

国家高程基准，作为统一的国家高程系统，1987年开始启用。现在仍在使用的1956黄海高程系以及其他高程系（如吴淞江高程系、珠江高程系等）都应统一到“1985国家高程基准”上。在局部地区，若采用国家高程基准有困难时，也可以假定一个水准面作为高程基准面。地面点到假定水准面的铅垂距离，称为该点的相对高程或假定高程，通常用 H' 表示。如图1-9所示，A、B 点的相对高程分别为 H'_A、H'_B。

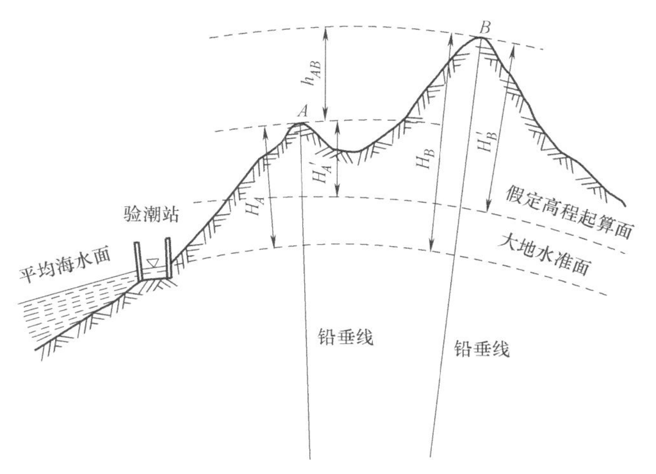

图1-9 高程、高差及其相互关系

地面上两点间的高程差称为两点间的高差，用 h 表示。高差有正、负之分。例如 A、B 两点的高差 $h_{AB}=H_B-H_A$，当 h_{AB} 为正时，说明 B 点高于 A 点；当 h_{AB} 为负时，说明 B 点低于 A 点；当 h_{AB} 为零时，说明两点在同一水准面上（高程值相等）。

当使用绝对高程有困难时（无法与国家高程系统联测），可采用任意假定的水准面为高程起算面，即为相对高程或假定高程。在建筑工程中所使用的标高，就是相对高程，它是以建筑物地坪（±0.000）为基准面起算的。

不论采用绝对高程还是相对高程，其高差值是不变的，均能表达两点间的高低相对关系。即 $h_{AB}=H_B-H_A=H'_B-H'_A$

1.4 用水平面代替水准面的限度

水准面是一个曲面，在曲面上的图形投影到平面上时，总会产生一定的变形。实际上如果把一小块水准面当成平面看待，其产生的变形不超过测量和制图误差的允许范围时，即可在局部范围内用水平面代替水准面，使测量和绘图工作大大简化。下面探讨用水平面代替水准面对距离、角度和高差的影响，以便明确可以代替的范围。

1.4.1 对距离的影响

如图1-10所示，A、B、C 是地面点，它们在大地水准面的投影点是 a、b、c，用该区域中心点的切平面代替大地水准面后，地面点在水平面上的投影点为 a、b' 和 c'。设 A、B 两点在大地水准面上的距离为 D，在水平面上的距离为 D'，两者之差 ΔD 即是水平面代替水准面产生的距离差异。将大地水准面近似地认为是半径为 R 的球面（$R=6371\text{km}$），则

$$\Delta D=D'-D=R(\tan\theta-\theta)$$

又因为 θ 很小，则

$$\tan\theta=\theta+\frac{1}{3}\theta^3$$

$$\theta=\frac{D}{R}$$

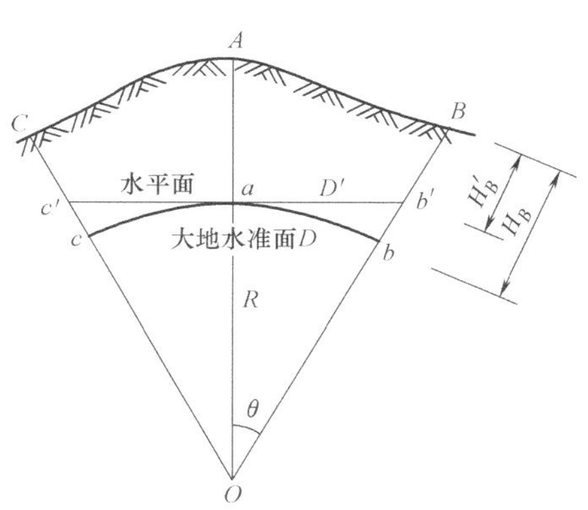

图1-10 水平面代替水准面的影响

从而得

$$\frac{\Delta D}{D}=\frac{1}{3}\left(\frac{D}{R}\right)^2$$

当距离不同时，水平面代替水准面的距离误差和相对误差见表 1-1。

表 1-1 水平面代替水准面的距离误差和相对误差

距离 D/km	距离误差 ΔD/cm	距离相对误差 $\Delta D/D$
10	0.8	1/120 万
25	12.8	1/20 万
50	102.7	1/4.9 万
100	821.2	1/1.2 万

从表 1-1 中可知，当两点间距离为 10km 时，用水平面代替大地水准面产生的长度误差为 0.8cm，相对误差为 1/120 万，这样小的误差，在地面上进行精密测距时也是允许的。所以在半径为 10km 范围的测区进行距离测量时，可以用水平面代替大地水准面，而不必考虑地球曲率对距离的影响。对于一般工程测量和地形测量来说，在半径为 20km 的范围内，可忽略其影响。

1.4.2 对高程的影响

如图 1-10 所示，地面点 B 的高程应是铅垂距离 H_B，用水平面代替水准面后，B 点的高程为 H'_B，Δh 即为水平面代替水准面产生的高程误差。计算如下：

$$\Delta h=H_B-H'_B=o'_b-o_b=R\sec\theta-R=R(\sec\theta-1)$$

而 $\sec\theta=1+\frac{\theta^2}{2}+\frac{5}{24}\theta^4+\cdots$，因 θ 值很小，取前两项代入，得

$$\Delta D=\left(1+\frac{\theta^2}{2}-1\right)$$

又因 $\theta=\frac{D}{R}$，故：

$$\Delta h=\frac{D^2}{2R}$$

据此，不同距离 D，水平面代替水准面的高程误差见表 1-2。

表 1-2 水平面代替水准面的高程误差

距离 D/m	10	50	100	200	500	1000
Δh/mm	0.0	0.2	0.8	3	20	80

从表 1-2 可以看出，地球曲率对高程的影响较大，距离 200m 就有 3mm 的高程误差，这是不允许的。因此，进行高程测量时，即使距离很短，也应考虑地球曲率对高程的影响。

1.4.3 对水平角的影响

从球面三角学可知，在 100km^2 以内进行水平角测量时，可以用水平面代替水准面，而不必考虑地球曲率对角度的影响。

1.5 测量工作概述

1.5.1 测量的基本工作

测量学的主要任务是测定和测设。

测定是使用测量仪器和工具，通过测量与计算将地物和地貌的位置按一定比例尺、图式规定的符号缩小绘制成地形图，供科学研究和工程建设规划设计使用。如图 1-11 所示，测区内有山丘、房屋、河流、小桥和公路等，测绘地形图的过程是先测量出这些地物、地貌特征点的坐标，然后按要求展绘在图纸上。例如要在图纸上绘出一幢房屋，就需要在这幢房屋附近、与房屋通视且坐标已知的点（如图中的 *A* 点）上安置测量仪器，选择一个坐标已知点（如图中的 *B* 点）作为定向方向，才能测出这幢房屋角点的坐标。地物、地貌特征点亦称为碎步点，测量碎步点坐标的方法与过程称为碎步测量。

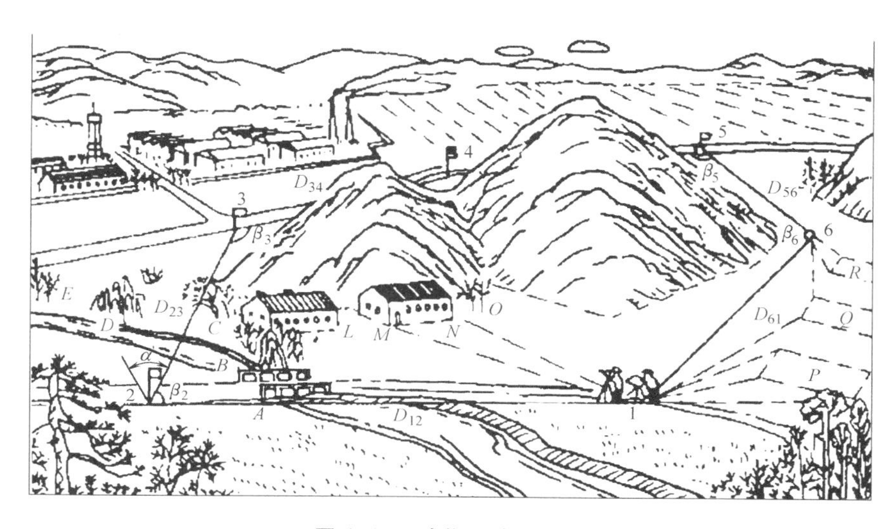

图 1-11　地物、地貌测绘

如图 1-11 所示，在 *A* 点安置仪器可以测绘出西面的河流、小桥及北面的山丘，因为不能通视，所以无法完成山北面的工厂区的测绘工作。因此，需要在可通视厂区的位置布置一些点，如图中的 *C*、*D*、*E* 点，这些点的坐标值必须已知。由此可知，测绘地形图，首先要在测区内均匀布置一些点，并测量计算出它们的三维坐标值（*X*，*Y*，*H*）。测量上将这些点称为控制点，测量与计算控制点坐标的方法与过程称为控制测量。

测设是将在地形图上设计出的建筑物和构筑物的位置在实地标定出来，作为施工的依据。假设图 1-12 是测绘得到的地形图，图上 *P*、*Q*、*R* 为设计好的三幢拟建建筑物，施工人员可以采用极坐标法将它们的位置标定到实地。其方法是在控制点 1 号上安置仪器，使用 6 号点（或 2 号点）定向，根据平面几何知识，根据控制点到碎步点的水平距离和角度确定出拟建建筑物的实地位置。

在上述测量工作中，无论是测定还是测设工作，都需要测定水平角和水平距离，以此来确定点的平面位置。另外，测量地面点间的高差可确定各点的高程。因此，水平角、水平距离和高差是确定地面点位置的三个基本要素，测量地面点的水平角、水平距离和高差是测量的主要基本工作。

1.5.2　测量工作的基本原则

测量过程中的误差产生是必然的。无论是测定或测设，若从一点开始逐点进行测量，前一点测量的误差会传递到下一点，依次积累，随着范围扩大，点位误差会超出所要求的限度。为了限制误差传递和误差积累，提高测量精度，测量工作必须遵循“从整体到局部，从高级到低级，先控制后碎步”的原则来组织实施。

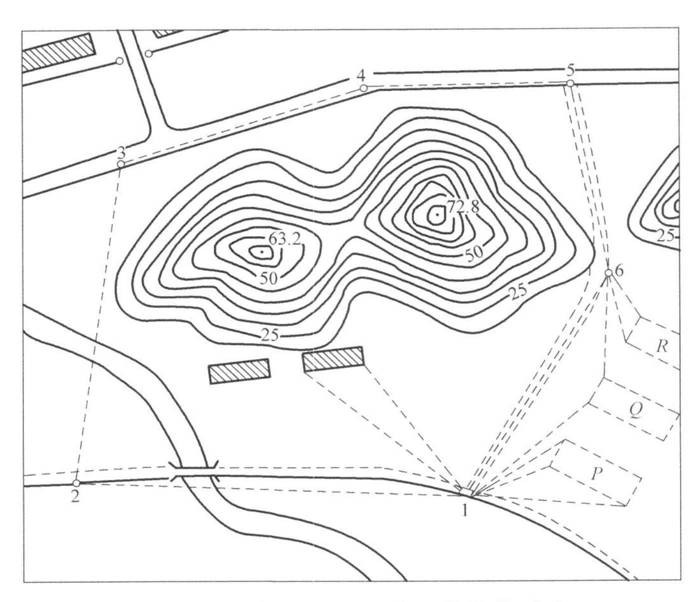

图 1-12 地形图及建（构）筑物的测设

首先在测区范围内全盘考虑，布设若干个有利于碎步测量的点，然后再以这些点为依据进行碎步地区的测量工作，这样可以减小误差的积累，使测区内精度均匀。因此，测量工作的基本程序可分为控制测量、碎步测量两步。如图 1-12 所示，在测区范围内选择一些具有控制意义的点 1、2、3……，这些点称为控制点。由控制点构成的几何图形，称为控制网。以较高精度的测量方法测定控制点的平面位置和高程，称为控制测量，然后根据控制点再测定碎步点的位置，称碎步测量。例如，在控制点上测定其周围的碎步点，这样道路、房屋的位置就可以绘在图纸上。

测量工作的另一项原则是“步步检核”，即只有在前一项工作检核正确无误后，才能进行下一步工作。只有这样，才能更好地保证测绘成果的可靠性。测量工作有外业测量和内业计算之分。在野外用仪器测量水平距离、水平角和高差称为外业，而在室内进行整理计算、平差、绘图的工作称为内业。测量工作无论是外业测量还是内业计算，都必须遵循边工作边校核的原则，以防止错误发生。

1.5.3 测量数据计算的凑整原则

测量数据在成果计算过程中，往往涉及凑整问题。为了避免凑整误差的积累而影响测量成果的精度，通常采用“四舍六进，逢五单进双舍”的凑整规则。例如，下列观测数值凑整后保留三位小数分别为：

2.6332＝2.633（四舍）

2.6336＝2.634（六进）

3.1415＝3.142（逢五单进）

3.1425＝3.142（逢五双舍）

思考题与习题

1. 测量学包括哪两大部分内容，两者如何区别？

2. 何谓大地水准面？它在测量工作中的作用是什么？

3. 何谓绝对高程和相对高程？两点之间绝对高程之差与相对高程之差是否相等？

4. 测量工作中所用的平面直角坐标系与数学中的平面直角坐标系有哪些不同之处？

5. 高斯平面直角坐标系是怎样建立的？

6. 某地的经度为116°23′，试计算它所在的六度带和三度带号，相应六度带和三度带的中央子午线的经度是多少？

7. 用水平面代替水准面对距离、水平角和高程有何影响？

8. 测量工作中的两个原则及其作用是什么？

9. 确定地面点位的三项基本测量工作是什么？

第2章　水准测量

2.1　水准测量概述和原理

2.1.1　水准测量概述

在测量工作中，地面点的空间位置是用平面坐标和高程来表示的。为了确定地面点的平面坐标和高程，需要在已知控制点基础上测量高差、角度和距离这三个基本要素。高程是确定地面点位置的基本要素之一，所以高程测量是基本测量工作之一。

高程测量的主要方法有水准测量、三角高程测量和 GPS 高程测量。水准测量是用水准仪和水准尺测定地面上两点间的高差。在地面两点间安置水准仪，观测竖立在两点上的水准标尺，按尺上读数推算两点间的高差。通常由水准原点或任一已知高程点出发，沿选定的水准路线逐站测定各点的高程。三角高程测量是测量两点间的水平距离或斜距和竖直角，然后利用三角公式计算出两点间的高差。三角高程测量精度低，只是在适当条件下才应用。GPS 高程测量是利用卫星定位技术在测量平面坐标的同时测定高程。

高程控制测量的精度等级划分为一、二、三、四、五等。各等级高程控制宜采用水准测量，四等及以下等级可采用电磁波测距三角高程测量，五等也可采用 GPS 拟合高程测量。

首级高程控制网的等级，应根据工程规模、控制网的用途和精度要求合理选择。首级网应布设成环形网，加密网宜布设成附合路线或结点网。国家高程控制网如图 2-1 所示。

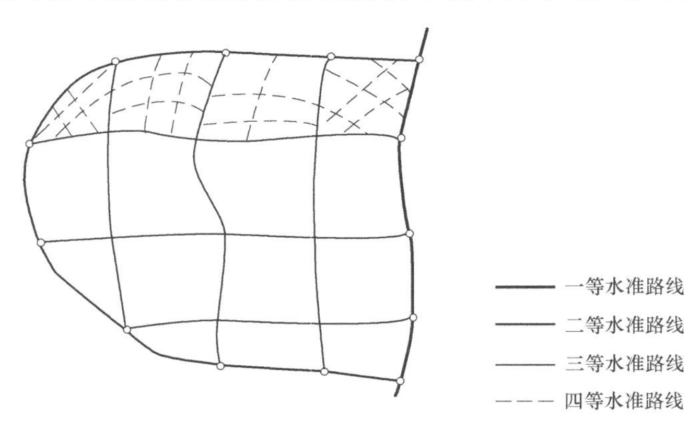

图 2-1　国家高程控制网示意

测区的高程系统，宜采用 1985 国家高程基准。当已有高程控制网的地区测量时，可沿用原有的高程系统；当小测区联测有困难时，也可采用假定高程系统。

高程控制点间的距离，一般地区应为 1～3km，工业厂区、城镇建筑区宜小于 1km。但一个测区及周围至少应有 3 个高程控制点。

高程控制点称为水准点（BenchMark），工程上常用 BM 来标记。水准点的位置应选在土质坚硬、便于长期保存和使用方便的地点。一、二、三、四等水准点，应按规范要求埋设永久性标石标记。标石一般用混凝土制成，深埋到地面冻结线以下，在标石的顶面设有用不锈钢或其他不易锈蚀的材料制成的半球状标志，如图 2-2a 所示。有些水准点也可设置在稳定的墙脚上，称为墙上水准点，如图 2-2b 所示。地形测量中的图根水准点和一些施工测量使用的水准点，常采用临时性标志。这些临时性标志一般用更简便的方法来设立，例如将木桩（桩顶钉一半圆球状铁钉）或大铁钉打入地面，也可在地面上突出的坚硬岩石或房屋四周水泥面、台阶等处用红油漆标记。

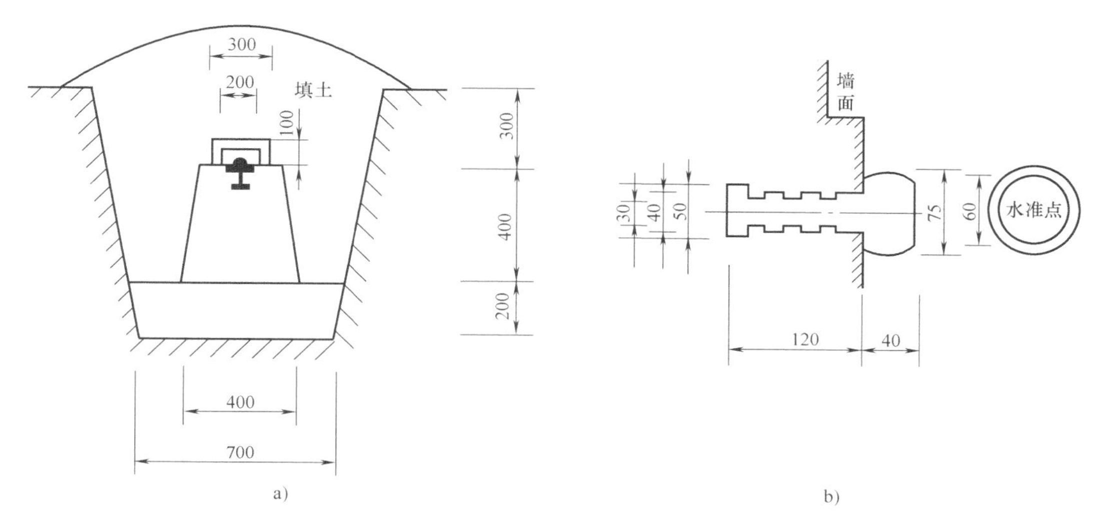

图 2-2　水准点埋设图

埋设水准点后，应绘出水准点与附近固定建筑或其他固定地物的关系图，在图上还要标明水准点的编号和高程（这称为点之记），以便日后寻找水准点的位置。

2.1.2　水准测量原理

水准测量是利用一条水平视线，并借助水准尺，来测定地面两点间的高差，这样就可由已知点的高程推算出未知点的高程。

如图 2-3 所示，设后视 A 尺读数为 a，前视 B 尺读数为 b，则 A、B 两点高差为 $h_{AB}=a-b$，如果 A 点为已知高程点，B 点为待求高程点，H_i为视线高，则 B 点的高程为：

高差法：
$$H_B=H_A+h_{AB}$$

视线高法：
$$H_B=H_i-b=(H_A+a)-b$$

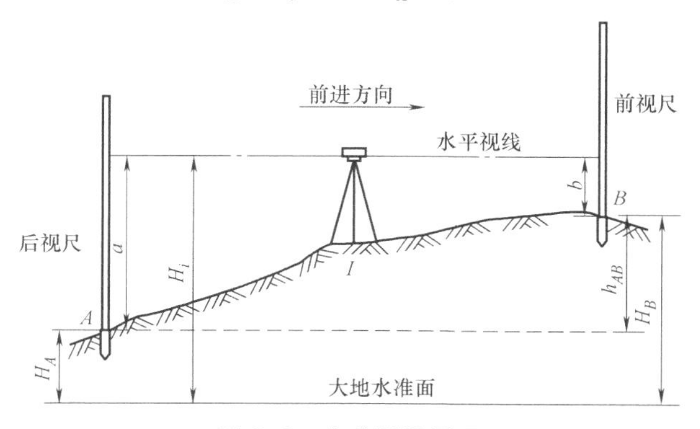

图 2-3　水准测量原理

在实际工作中，当 A、B 两点间高差较大、距离较远或者 A、B 两点不能通视，安置一次仪器（或者说一个测站）不能测得两点间的高差时，就必须采用连续安置水准仪的方法来测量 A、B 两点间的高差。

2.2 水准测量的仪器和工具

水准测量所使用的仪器为水准仪，它可以提供水准测量所必需的水平视线。水准仪的种类很多，按其精度可分为 DS_{05}、DS_1、DS_3 和 DS_{10} 四个等级，如图 2-4 所示。

水准仪按其构造可分为微倾式水准仪、自动安平水准仪、电子水准仪三种。目前，普通工程测量中最常用的水准仪是 DS_3 型微倾式水准仪（或 DS_3 型自动安平水准仪）。此外，尚有一种新型水准仪——电子水准仪，它配合条纹编码尺，利用数字化图像处理方法，可自动显示高程和距离，使水准测量实现了自动化。

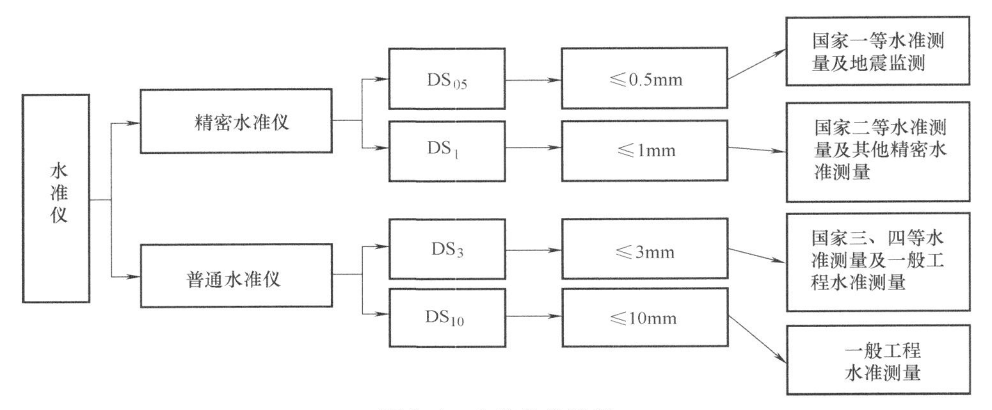

图 2-4 水准仪的等级

2.2.1 DS_3 型微倾式水准仪的构造

DS_3 型微倾式水准仪构成主要有望远镜、水准器及基座三部分，如图 2-5 所示。

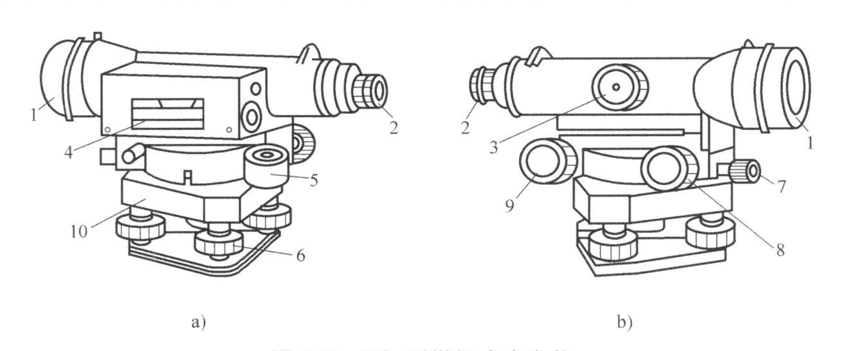

图 2-5 DS_3 型微倾式水准仪

1—物镜 2—目镜 3—调焦螺旋 4—管水准器 5—圆水准器 6—脚螺旋 7—制动螺旋 8—微动螺旋 9—微倾螺旋 10—基座

1. 望远镜

DS_3 型微倾式水准仪望远镜主要由物镜、目镜、对光透镜和十字丝分划板所组成如图 2-6 所示。物镜和目镜多采用复合透镜组。十字丝分划板上刻有两条互相垂直的长线，竖直的一条称竖丝，横的一条称为中丝，是为了瞄准目标和读取读数用的。在中丝的上下还对称地刻有两条与中丝平行的短横线，是用来测定距离的，称为视距丝。十字丝分划板是由平板玻璃圆片制成的，平板玻璃片装在分划板座上，分划板座固定在望远镜筒上。

十字丝交点与物镜光心的连线，称为视准轴或视线。水准测量是在视准轴水平时，用十字丝的中丝截取水准尺上的读数。

对光凹透镜可使不同距离的目标均能成像在十字丝平面上。再通过目镜，便可看清同时放大了的十字丝和目标影像。从望远镜内所看到的目标影像的视角与肉眼直接观察该目标的视角之比，称为望远镜的放大率。DS_3级水准仪望远镜的放大率一般为28倍。

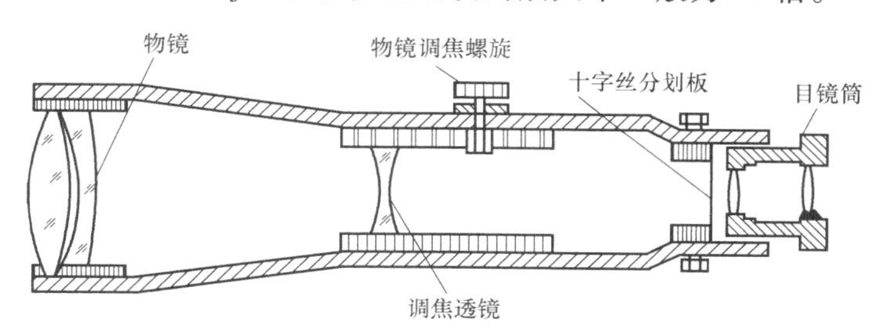

图2-6 望远镜构造图

2. 水准器

水准器是用来指示视准轴是否水平或仪器竖轴是否竖直的装置。有管水准器和圆水准器两种。管水准器用来指示视准轴是否水平；圆水准器用来指示竖轴是否竖直。

（1）管水准器 又称水准管，是一纵向内壁磨成圆弧形的玻璃管，管内装酒精和乙醚的混合液，加热融封冷却后留有一个气泡。由于气泡较轻，故恒处于管内最高位置。

如图2-7所示，水准管上一般刻有间隔为2mm的分划线，分划线的中点0，称为水准管零点。通过零点作水准管圆弧的切线，称为水准管轴。当水准管的气泡中点与水准管零点重合时，称为气泡居中，这时水准管轴处于水平位置。水准管圆弧2mm所对的圆心角称为水准管分划值。安装在DS_3级水准仪上的水准管，其分划值不大于20″/2mm。

微倾式水准仪在水准管的上方安装一组符合棱镜，通过符合棱镜的反射作用，使气泡两端的像反映在望远镜旁的符合气泡观察窗中（图2-8）。若气泡两端的半像吻合，就表示气泡居中。若气泡的半像错开，则表示气泡不居中，这时，应转动微倾螺旋，使气泡的半像吻合。

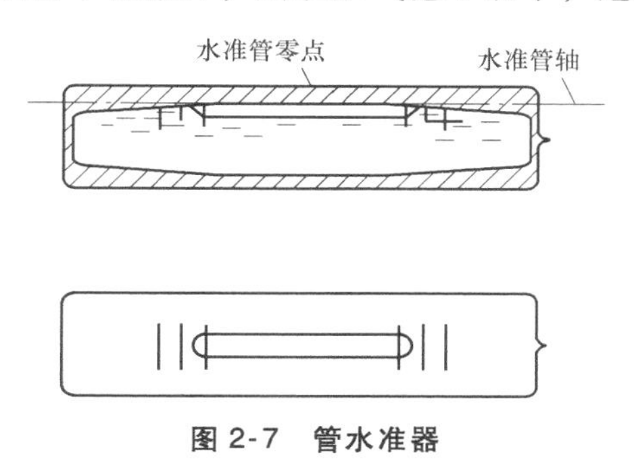

图2-7 管水准器

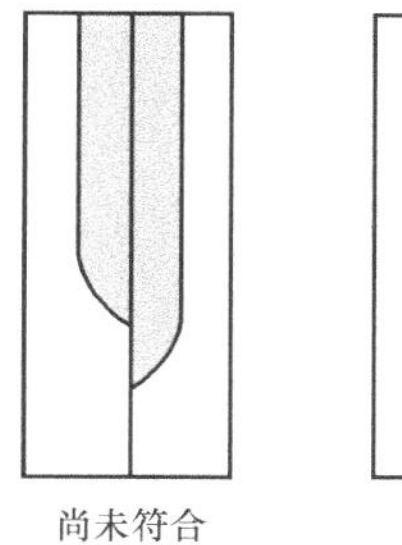

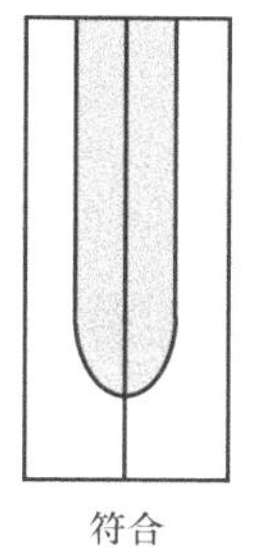

图2-8 符合气泡观察窗

（2）圆水准器 圆水准器顶面的内壁是球面，其中有圆分划圈，圆圈的中心为水准器的零点（图2-9）。通过零点的球面法线为圆水准器轴线，当圆水准器气泡居中时，该轴线处于竖直位置。当气泡不居中时，气泡中心偏移零点2mm，轴线所倾斜的角值，称为圆水准器的分划值，由于它的精度较低，故只用于仪器的概略整平。

3. 基座

基座由轴座、脚螺旋和连接板组成。仪器上部结构通过竖轴插入轴座中，由轴座支承，用三个脚螺旋与连接板连接。整个仪器用中心线连接螺旋固定在三脚架上。

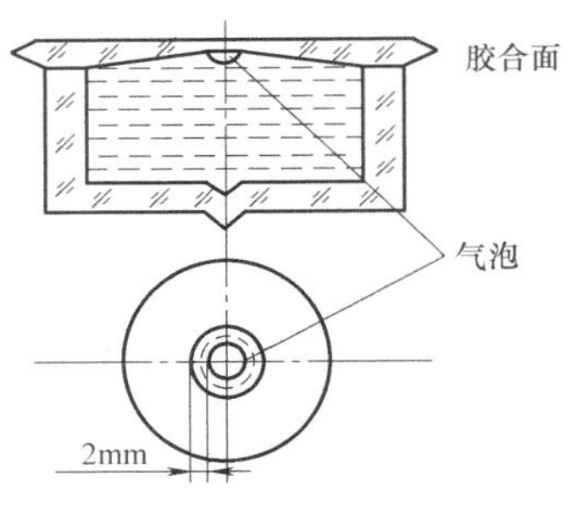

图 2-9 圆水准器

4. 水准尺和尺垫

水准尺是水准测量时使用的标尺，其质量好坏直接影响水准测量的精度。因此，水准尺需用不易变形且干燥的优质木材制成，要求尺长稳定、分划准确。常用的水准尺有塔尺和双面尺两种。

塔尺多用于等外水准测量。其长度有 2m 和 5m 两种，用几节套接在一起。尺的底部为零点，尺上黑白格相间，每格宽度为 1cm，有的为 0.5cm，每一米和分米处均有注记。

双面水准尺多用于三、四等水准测量。其长度有 2m 和 3m 两种，且两根尺为一对。尺的两面均有刻划，一面为红白相间称红面尺；另一面为黑白相间，称黑面尺（也称主尺），两面的刻划均为 1cm，并在分米处注字。两根尺的黑面均由零开始；而红面，一根尺由 4.687m 开始，另一根由 4.787m 开始。双面水准尺和塔尺如图 2-10 所示。

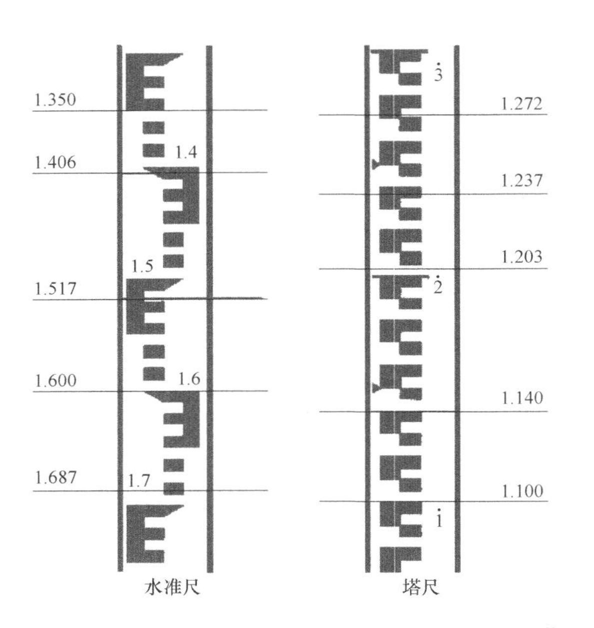

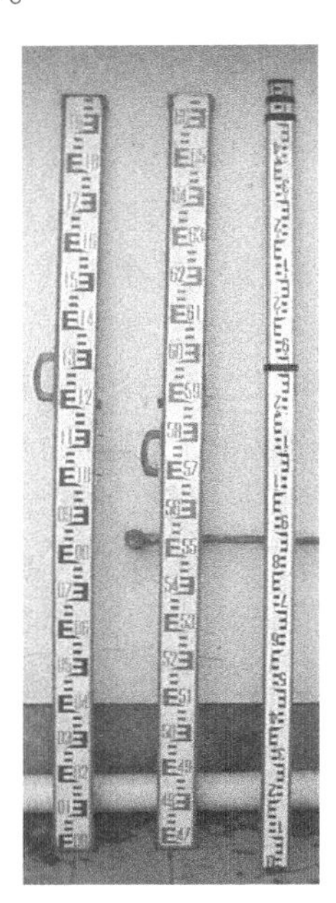

图 2-10 双面水准尺和塔尺

尺垫是在转点处放置水准尺用的，它用生铁铸成，一般为三角形，中央有一突起的半球体，下方有三个支脚。用时将支脚牢固地插入土中，以防下沉，上方突起的半球形顶点作为竖立水准尺和标志转点之用，如图 2-11 所示。

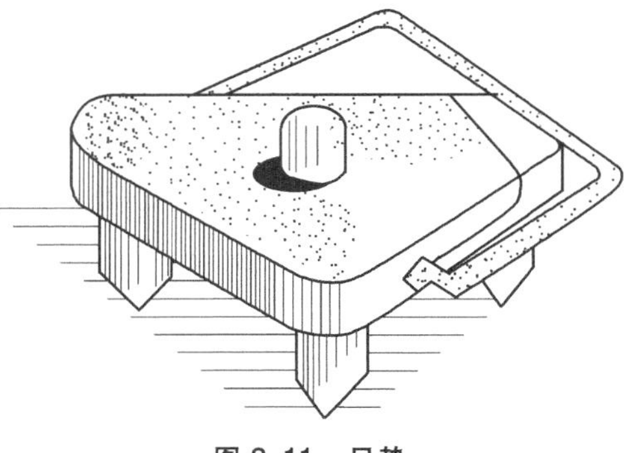

图 2-11 尺垫

2.2.2 微倾式水准仪的操作

1. 安置脚架

旋松脚架腿三个伸缩固定螺旋，抽出活动腿

至适当高度，拧紧固定螺旋；张开架腿使脚尖呈等边三角形，摆动一架脚使架头大致水平，踏实脚架；然后将仪器用中心连接螺旋固定在脚架上，并使基座连接板三边与架头三边对齐。在斜坡上安置仪器时，可调节位于上坡一架腿的长短来安置脚架。

2. 粗略整平

粗平是借助圆水准器的气泡居中，使仪器竖轴大致铅垂，从而视准轴粗略水平。在整平的过程中，气泡的移动方向与左手大拇指运动的方向一致，如图 2-12 所示。

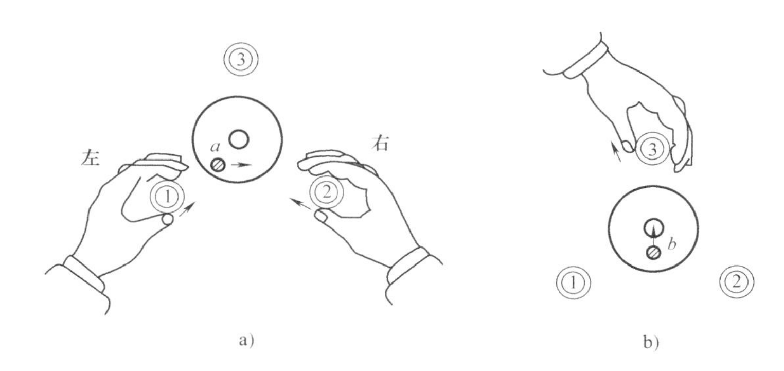

图 2-12 粗平

3. 瞄准水准尺

首先进行目镜对光，即把望远镜对着明亮的背景，转动目镜对光螺旋，使十字丝清晰。再松开制动螺旋，转动望远镜，用望远镜筒上的照门和准星瞄准水准尺，拧紧制动螺旋。然后从望远镜中观察，转动物镜对光螺旋进行对光，使目标清晰，再转动微动螺旋，使竖丝对准水准尺。

当眼睛在目镜端上下微微移动时，若发现十字丝与目标影像有相对运动，这种现象称为视差。产生视差的原因是目标成像的平面和十字丝平面不重合。由于视差的存在会影响到读数的正确性，必须加以消除。消除的方法是重新仔细地进行物镜对光，直到眼睛上下移动，读数不变为止。此时，从目镜端见到十字丝与目标的像都十分清晰。

4. 精平与读数

眼睛通过位于目镜左方的符合气泡观察窗看水准管气泡，右手转动微倾螺旋，使气泡两端的像吻合，即表示水准仪的视准轴已精确水平。这时，即可用十字丝的中丝在尺上读数。先估读毫米数，然后报出全部读数。

精平和读数虽是两项不同的操作步骤，但在水准测量的实施过程中，却把两项操作视为一个整体，即精平后再读数，读数后还要检查管水准气泡是否完全符合。只有这样，才能取得准确的读数。

2.2.3 自动安平水准仪的操作

自动安平水准仪是一种只需粗略整平即可获得水平视线读数的仪器，即利用水准仪上的圆水准器将仪器粗略整平时，由于仪器内部自动安平机构（自动安平补偿器）的作用，十字丝交点上读得的读数始终为视线水平时的读数，如图 2-13 所示。这种仪器操作迅速简便，测量精度高，深受测量人员的欢迎，DS_3型自动安平水准仪已广泛应用于建筑工程测量作业中。

自动安平水准仪的操作只是“精确整平”步骤省去不做，其余的操作步骤与微倾水准仪的操作相同。自动安平水准仪的构造如图 2-14 所示。

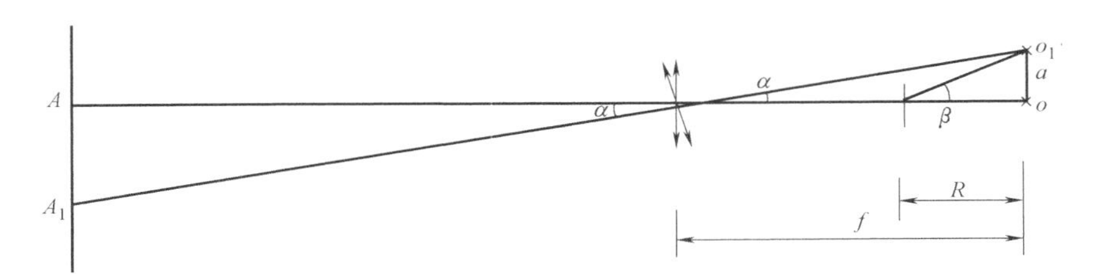

图 2-13 自动安平原理

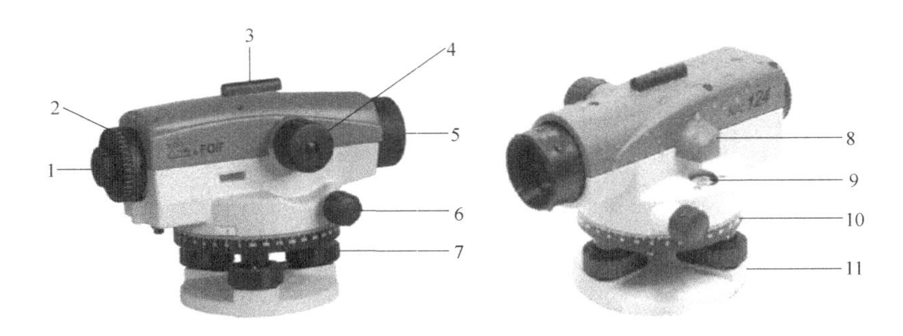

图 2-14 自动安平水准仪的构造

1—目镜 2—目镜调焦螺旋 3—粗瞄器 4—调焦螺旋 5—物镜 6—水平微动螺旋 7—脚螺旋 8—反光镜 9—圆水准器 10—刻度盘 11—基座

2.2.4 电子水准仪的操作

电子水准仪又名数字水准仪。目前，电子水准仪的照准标尺和调焦仍需目视进行。人工调试后，标尺条码一方面被成像在望远镜分化板上，供目视观测，另一方面通过望远镜的分光镜，又被成像在光电传感器（又称探测器）上，供电子读数。由于各厂家标尺编码的条码图案各不相同，因此条码标尺一般不能互通使用。当使用传统水准标尺进行测量时，电子水准仪也可以像普通自动安平水准仪一样使用，不过这时的测量精度低于电子测量时的精度，特别是精密电子水准仪，由于没有光学测微器，当成普通自动安平水准仪使用时，其精度更低。

电子水准仪与传统仪器相比有以下特点：

1）读数客观。不存在误记问题，没有人为读数误差。

2）精度高。视线高和视距读数都是采用大量条码分划图像经处理后取平均得出来的，因此削弱了标尺分划误差的影响。多数仪器都有进行多次读数取平均的功能，可以削弱外界条件影响。不熟练的作业人员业也能进行高精度测量。

3）速度快。由于省去了报数、听记、现场计算的时间以及人为出错的重测数量，测量时间与传统仪器相比可以节省 1/3 左右。

4）效率高。只需调焦和按键就可以自动读数，减轻了劳动强度。视距还能自动记录，检核，处理并能输入电子计算机进行后处理，可实线内外业一体化。

1. 电子水准仪 DL201/202 按键说明

某品牌电子水准仪（DL201/202 型）及其数码水准尺如图 2-15 所示，水准仪上的主要按键见表 2-1。

2. 标准测量

标准测量的操作见表 2-2。该模式只是用来测量标尺读数和距离，而不进行高程计算。有关测量次数的选择见“设置模式”。采用多次测量的平均值时，可以提高精度。

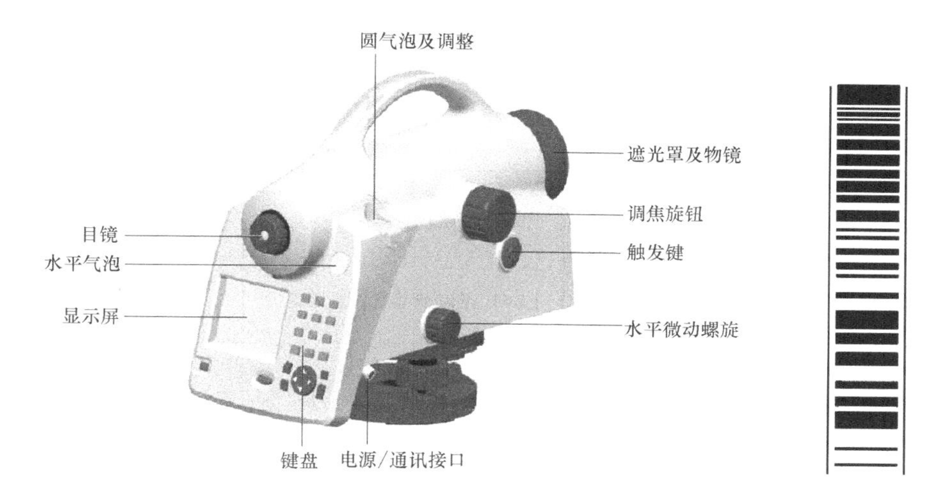

图 2-15　某品牌电子水准仪（DL201/202 型）及其数码水准尺

表 2-1　电子水准仪（DL201/202 型）的主要按键

键　符	键　名	功　能
POW/MEAS	电源开关/测量键	仪器开关机和用来进行测量 开机:仪器待机时轻按一下 关机:按约二秒左右
MENU	菜单键	在其他显示模式下,按此键可以回到主菜单
DIST	测距键	在测量状态下按此键测量并显示距离
↑ ↓	选择键	翻页菜单屏幕或数据显示屏幕
←→	数字移动键	查询数据时的左右翻页或输入状态时左右选择
ENT	确认键	用来确认模式参数或输入显示的数据
ESC	退出键	用来退出菜单模式或任一设置模式,也可作输入数据时的后退清除键
0~9	数字键	用来输入数字
—	标尺倒置模式	用来进行倒置标尺输入,并应预先在测量参数下,将倒置标尺模式设置为‘使用’
(背光灯符号)	背光灯开关	打开或关闭背光灯
.	小数点键	数据输入时输入小数点

表 2-2　标准测量操作

操 作 过 程	操　作	显　示
1. [ENT]键	[ENT]	主菜单 ▶测量
2. 按[▲]或[▼]选择标准测量并按[ENT]	[ENT]	▶1. 标准测量 2. 放样测量
3. 当测量参数的存储模式设置为自动存储或手动存储时	[ENT]	是否记录数据? 是:ENT　否:ESC
4. 输入作业名,按[ENT]确认	[1] [ENT]	作业名 =>B1

（续）

操作过程	操　　作	显　　示
5. 瞄准标尺并清晰，按[MEAS]测量，多次测量则最后一次为平均值，连续测量按[ESC]退出	[MEAS]	标准测量模式 请按测量键
6. 按[▲][▼]查阅点号；存储后点号会自动递增	[▲][▼]	标尺：0.8050m 视距：8.550m
7. 按[ENT]确认或[ESC]退出	[ENT]继续测量或任意键退出	点号：P1
8. 任何过程中连续按[ESC]可退回主菜单	[ESC]退出	标准测量模式 请按测量键

3. 高程放样模式

高程放样模式操作见表 2-3，用户可以通过输入后视点和放样点的高程来进行放样。

表 2-3　高程放样模式操作

操作过程	操　　作	显　　示
1. [ENT]键	[ENT]	主菜单 ▶测量
2. 按[▲]或[▼]选择放样测量并按[ENT]	[ENT]	1. 标准测量 ▶2. 放样测量
3. 选择高程放样并按[ENT]	[ENT]	▶1. 高程放样 2. 高差放样
4. 输入后视点高程并按[ENT]	[数字键]	输入后视高程？ =100 m
5. 输入放样点高程并按[ENT]	[数字键]	输入放样高程？ =101 m
6. 瞄准标尺并清晰，按[MEAS]	[MEAS]	测量后视点 请按测量键
7. 显示后视标尺和视距，可按[MEAS]重复测量或按[ENT]继续或[ESC]退出	[ENT]	B 标尺：0.8050m B 视距：8.550m 测量放样点 请按测量键
8. 显示放样点标尺和视距和放样点的高程和需填挖值。负值表示“填”，正值表示“挖”	[MEAS]	S 标尺：0.8080m S 视距：8.550m 高程：99.9970m 放样：-1.0030m
9. 按[ENT]继续放样或[ESC]退出	[ENT]	ENT：继续 ESC：新的测量

4. 高差放样模式

高差放样模式操作见表 2-4，用户可以通过输入后视点和放样点的高差来进行放样。

表 2-4 高差放样模式操作

操作过程	操作	显示
1. [ENT]键	[ENT]	主菜单 ▶测量
2. 按[▲]或[▼]选择放样测量并按[ENT]	[ENT]	1. 标准测量 ▶2. 放样测量
3. 选择高差放样并按[ENT]	[ENT]	1. 高程放样 ▶2. 高差放样
4. 输入后视点高程并按[ENT]	[数字键]	输入后视高程? =100 m
5. 输入放样高差并按[ENT]	[数字键]	输入放样高差? =1 m
6. 瞄准标尺并清晰,按[MEAS]	[MEAS]	测量后视点 请按测量键
7. 显示后视标尺和视距,可按[MEAS]重复测量或按[ENT]继续或[ESC]退出	[ENT]	B 标尺:0.8050m B 视距:8.550m 测量放样点 请按测量键
8. 显示放样点标尺和视距和放样点的高程和需填挖值。负值表示"填",正值表示"挖"	[MEAS]	S 标尺:0.8080m S 视距:8.550m 高程:99.9970m 放样:-1.0030m
9. 按[ENT]继续放样或[ESC]退出	[ENT]	ENT:继续 ESC:新的测量

5. 视距放样模式

视距放样模式操作见表 2-5, 用户可以通过输入放样视距来进行放样。

表 2-5 视距放样模式操作

操作过程	操作	显示
1. [ENT]键	[ENT]	主菜单 ▶测量
2. 按[▲]或[▼]选择放样测量并按[ENT]	[ENT]	1. 标准测量 ▶2. 放样测量
3. 按[▲]或[▼]选择视距放样并按[ENT]	[▼] [ENT]	1. 高程放样 ▶2. 高差放样 ▶3. 视距放样
4. 输入放样视距并按[ENT]	[数字键] [ENT]	输入放样视距? =50 m

（续）

操作过程	操 作	显 示
5. 瞄准标尺并清晰，按[MEAS]	[MEAS]	视距放样 请按测量键
6. 显示视距和差值，可按[MEAS]重复测量或按[ENT]继续视距放样或[ESC]重新输入放样视距或退出 差值为正表示标尺后移，差值为负表示标尺前移	[ENT]	视距:30.00m 差值:20.00m ENT:继续 ESC:新的测量

6. 线路测量模式

线路测量模式操作见表 2-6。在线路测量中，“存储模式”必须设置为“自动存储”或“手动存储”，表 2-6 中的示例假定“储存模式”为“自动存储”。

表 2-6 线路测量模式操作

操作过程	操 作	显 示
1. [ENT]键	[ENT]	主菜单 ▶测量
2. 按[▲]或[▼]选择线路测量并按[ENT]	[▼] [ENT]	1. 标准测量 ▶2. 放样测量 ▶3. 线路测量 4. 高程高差
3. 输入作业名按[ENT]确认	[数字键] [ENT]	作业名? =>L54_
4. 输入后视点号并按[ENT]	[数字键] [ENT]	后视点号 =>P1_
5. 选择是否调用记录数据。记录的数据可以通过“数据管理”中的“输入点”来输入高程。如果不调用，可以手动输入后视点的高程	[ENT] [ENT] [ENT]	调用记录数据? 是:ENT 否:ESC ▶T01 T02 高:30.00m 是:ENT 否:ESC
6. 瞄准标尺并清晰，按[MEAS]	[MEAS]	测量后视点 点号:P1
7. 显示后视点标尺和视距，可按[MEAS]重复测量或按[ENT]选择测量下一个点	[ENT]	B 标尺:1.022mm B 视距:15.07m
8. 按[▶]或[◀]选择测量前视点或中间点	[▶]或[◀] [ENT]	选择下一点类型 ▶前视 中间点
9. 输入前视点点号并按[ENT]	[数字键] [ENT]	前视点号 =>P2_

（续）

操作过程	操　　作	显　　示
10. 瞄准标尺并保持清晰，按[MEAS]	[MEAS]	测量前视点 点号：P2 F 标尺：1.035mm F 视距：16.38m
11. 按[▶]或[◀]选择测量前视点或中间点	[▶]或[◀] [ENT]	选择下一点类型 后视　▶中间点
12. 输入中间点点号并按[ENT]	[数字键] [ENT]	中间点号： =>11_
13. 瞄准标尺并保持清晰，按[MEAS]	[MEAS]	测量中间点 点号：11 I 标尺：1.688mm I 视距：15.86m
14. 按[ESC]和[ENT]退出线路测量	[ESC]	选择下一点类型 后视　▶中间点

2.3　水准测量外业工作

2.3.1　水准点及水准路线

为了统一全国的高程系统和满足各种测量的需要，测绘部门在全国各地埋设并测定了很多高程点，这些点称为水准点（BenchMark），简记为 BM。水准测量通常是从水准点引测其他点的高程。水准点有永久性和临时性两种。国家等级水准点一般用石料或钢筋混凝土制成，深埋到地面冻结线以下。在标石的顶面设有用不锈钢或其他不易锈蚀材料制成的半球状标志。有些水准点也可设置在稳定的墙脚上，称为墙上水准点。

建筑工地上的永久性水准点一般用混凝土或钢筋混凝土制成，临时性的水准点可用地面上突出的坚硬岩石或用大木桩打入地下，校顶并钉以半球形铁钉，如图 2-16 所示。

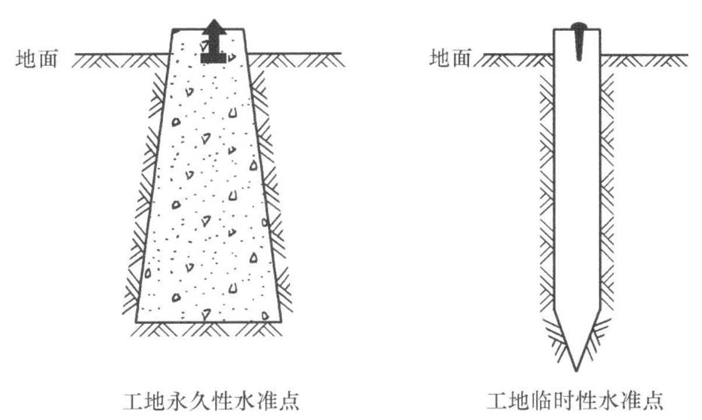

图 2-16　施工工地上的水准点

埋设水准点后，应绘出水准点与附近固定建筑物或其他地物的关系图，在图上还要写明水准点的编号和高程，称为点之记，以便于日后寻找水准点位置之用。水准点编号前通常加 BM 字样，作为水准点的代号。

水准测量路线形式主要有闭合水准路线、附合水准路线和支水准路线。

1）附合水准路线。水准测量从一个已知高程的水准点开始，结束于另一已知高程的水准点，这种路线称为附合水准路线，如图 2-17a 所示。这种路线可使测量成果得到可靠的检核。

2）闭合水准路线。水准测量从一已知高程的水准点开始，最后又闭合到这个水准点上的水准路线称为闭合水准路线，如图 2-17b 所示。这种路线可以使测量成果得到检核。

3）支水准路线。由一已知高程的水准点开始，最后既不附合也不闭合到已知高程的水准点的水准路线称为支水准路线，如图 2-17c 所示。这种水准路线不能对测量成果自行检核，因此必须进行返测，或每站高差进行两次观测。

4）水准网。当几条附合水准路线或闭合水准路线连接在一起时，就形成了水准网。水准网可使检核成果的条件增多，从而提高成果的精度。

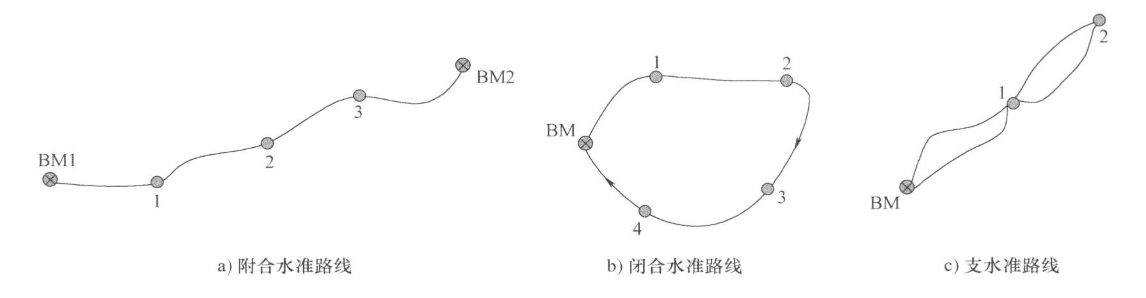

图 2-17 水准路线的形式

2.3.2 水准测量的实施

如图 2-18 所示当欲测的高程点距水准点较远或高差很大时，就需要连续多次安置仪器以测出两点的高差。例如，在图 2-18 中为测 A、B 点高差，在 AB 线路上增加 1、2、3、4 等中间点，将 AB 高差分成若干个水准测站。其中间点仅起传递高程的作用，称为转点（Turning-Point），简写为 TP。转点无固定标志，无须算出高程。

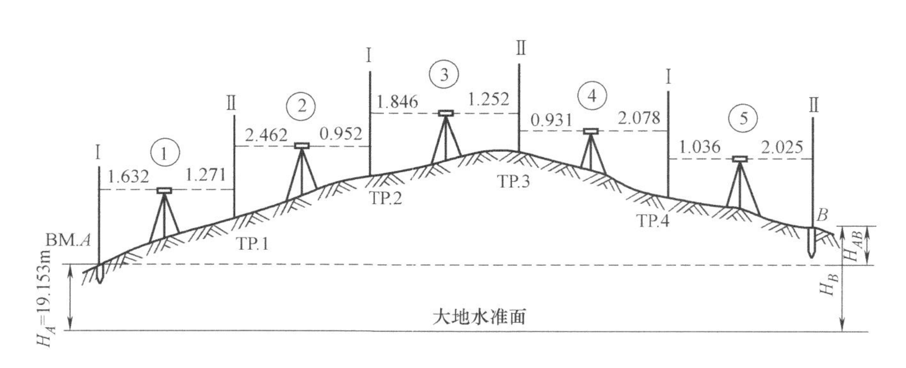

图 2-18 普通水准测量略图

显然，每安置一次仪器，便可测得一个高差，即

$$h_1 = a_1 - b_1$$

$$h_2 = a_2 - b_2$$

$$\cdots\cdots$$

$$h_x = a_x - b_x$$

将各式相加，得

$$\sum h = \sum a - \sum b$$

则 B 点的高程为

$$H_B = H_A + \sum h$$

具体的测量结果及计算见表 2-7。

表 2-7　普通水准测量记录表

测站	点号	水准尺读数/m		高差 h/m		高程 H/m	备注
		后视 a	前视 b	+	−		
1	BM. A	1. 632		0. 361		19. 153	已知
	TP. 1		1. 271			19. 514	
2	TP. 1	2. 462		1. 510			
	TP. 2		0. 952			21. 024	
3	TP. 2	1. 846		0. 594			
	TP. 3		1. 252			21. 618	
4	TP. 3	0. 931			1. 147		
	TP. 4		2. 078			20. 471	
5	TP. 4	1. 036			0. 989		
	B		2. 025			19. 482	
计算检核	$\sum$	7. 907	7. 578	2. 465	2. 136		
	$\sum a - \sum b = +0.329$　$\sum h = +0.329$　$H_B - H_A = +0.329$						

2. 3. 3　水准测量的检核

1. 计算检核

B 点对 A 点的高差等于各转点之间高差的代数和，也等于后视读数之和减去前视读数之和，因此，此式可用来作为计算的检核。但计算检核只能检查计算是否正确，不能检核观测和记录时是否产生错误。

2. 测站检核

B 点的高程是根据 A 点的已知高程和转点之间的高差计算出来，若其中测错任何一个高差，B 点高程就不会正确。因此，对每一站的高差，都必须采取措施进行检核测量，方法主要有变动仪器高法和双面尺法。

1）变动仪器高法。同一测站用不同的仪器高度测得两次高差，对其相互比较进行检核。在同一测站上变动仪器高（10cm 左右）两次，测出高差。当普通水准测量两次测出高差的差值 $\Delta h \leqslant 5\text{mm}$ 时，取其平均值作为最后结果。

2）双面尺法。仪器高度不变，立在前视点和后视点上的水准尺分别用黑面和红面各进行一次读数，分别计算双面尺的黑面与红面读数之差及黑面尺的高差 $h_{黑}$ 与红面尺的高差 $h_{红}$。若同一水准面红面与黑面（加常数后）之差在±3mm 以内，且黑面尺高差 $h_{黑}$ 与红面尺的高差 $h_{红}$ 之差不超过±5mm，则取黑、红面高差平均值作为该站测得的高差值。当两根尺子的红黑面零点差相差 100mm 时，两个高差也应相差 100mm，此时应在红面高差中加或减 100mm 后再与黑面高差相比较。表 2-8 为一双面尺法测量结果记录及计算示例，表中从已知水准点 BM. A 测到待定水准点 BM. B，所用双面尺的零点差是 4787mm。

表 2-8　水准测量记录（双面尺法）

测站	点号	后视读数	前视读数	高差	平均高差	高程
1	BM. A	1.125		0.249 0.250	0.250	3.688
		5.911	(4.785)			
	TP1	(4.786)	0.876			
			5.661			
2	TP2	1.318		0.312 0.311	0.312	
		6.103	(4.786)			
	BM. B	(4.785)	1.006			4.250
			5.792			

3. 路线检核

测站检核只能检核一个测站上是否存在错误或误差超限。温度、风力、大气折光、尺垫下沉和仪器下沉等外界条件引起的误差，尺子倾斜和估读的误差，以及水准仪本身的误差等，虽然在一个测站上反映不很明显，但随着测站数的增多，误差不断积累，有时也会超过规定的限差，因此要进行路线检核。路线检核主要有闭合水准路线、附合水准路线、支水准路线检核三种方法。

2.4　水准测量的内业

水准测量外业工作结束后，要检查手簿，再计算各点间的高差。经检核无误后，才能进行计算和调整高差闭合差。最后计算各点的高程。

2.4.1　计算水准路线的高差闭合差

高差闭合差为实测高差和理论高差之差，即

$$f_h = \sum h_{测} - \sum h_{理}$$

1. 闭合水准路线高差闭合差

闭合水准路线的高差总和，理论上应该等于零；若不为零，其值即为高差闭合差 f_h，其计算公式为

$$f_h = \sum h_{测}$$

2. 附合水准路线高差闭合差

附合水准路线的起点和终点的高差为固定值，因此附合水准路线所测得的各测段高差的总和理论上应等于起点与终点高程之差。附合水准路线实测的各测段高差总和 $\sum h_{测}$ 与高差理论值之差即为附合水准路线的高差闭合差，其计算公式为

$$f_h = \sum h_{测} - (H_{终} - H_{始})$$

3. 支水准路线高差闭合差

支水准路线是沿同一路线进行往返观测，由于往返观测方向相反，因此往测和返测的高差绝对值相同而符号相反，即往测高差总和$\sum h_{往}$与返测高差总和$\sum h_{返}$的代数和在理论上应等于零；但由于测量中各种误差的影响，往测高差总和与返测高差总和的代数和不等零，差值即为高差闭合差f_h。

$$f_h = \sum h_{往} + \sum h_{返}$$

2.4.2 高差闭合差的容许值$f_{h容}$

高差闭合差是水准测量观测中各类误差影响的综合反映。为了保证观测精度，对高差闭合差做出一定的限制，即高差闭合差f_h的绝对值小于容许值$f_{h容}$时，认为水准测量外业观测成果合格，否则应查明原因返工重测。对于不同等级的水准测量，对高差闭合差的容许值规定不同，根据《工程测量规范》，普通水准测量的高差闭合差对一般地区不得超过$\pm 40\sqrt{L}$mm（L为往返测段、附合或环线的水准路线长度，单位km）；对于山地不得超过$\pm 12\sqrt{n}$mm（n为测站数）。

2.4.3 水准路线闭合差的分配与改正后高差计算

若闭合差不超过容许闭合差，就可以进行分配。在同一水准路线上，可以认为观测条件大致相同，即各测站或每公里测量所产生的误差是相等的，闭合差的调整可按水准路线的测站数或距离成正比进行分配，其符号与闭合差相反，即

$$v_i = \frac{-f_h}{\sum D} \times D_i \qquad v_i = \frac{-f_h}{\sum n} \times n_i$$

式中 v_i——某一测段高差的改正数；

$\sum n$——全线路测站数的总和；

n_i——某一测段的测站数；

$\sum D$——全线路总长度（km）；

D_i——某一测段的长度（km）。

又因为$\sum v_i = -f_h$，所以可以用于高差改正数计算的检核。

各测段高差改正后的数值为

$$H_i = h_i' + v_i$$

根据已知高程点的高程值和各测段改正后的高差，便可依次推算出各待定点的高程。各点的高程为其前一点的高程加上该测段改正后的高差。最终推算出的高程和已知高程相等，否则说明推算结果有误。

2.4.4 水准测量内业计算举例

图2-19所示为一附合水准路线示意图，水准路线等级为等外水准，BM.A和BM.B是起算水准点，其高程为H_A=6.543m，H_B=9.578m，则点1、2、3的高程，计算见表2-9。

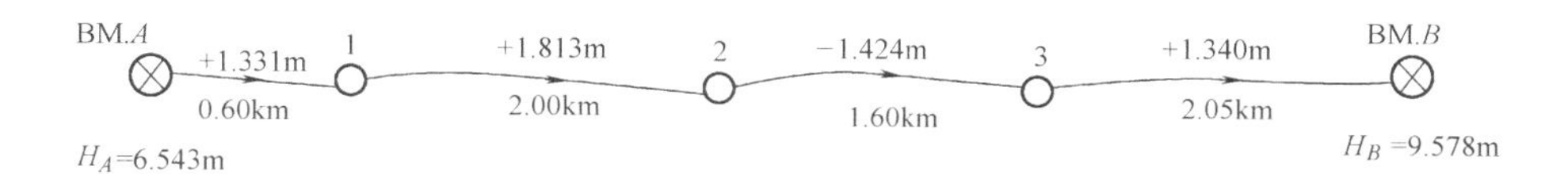

图2-19 附合水准路线内业计算实例图

表 2-9　水准路线高程计算表（附合路线）

点号	路线长度	观测高差	高差改正数	改正后高差	高程	备注
	L/km	h_i/m	v_i/m	h_i/m	H/m	
BM. A					6.543	已知
	0.60	+1.331	−0.002	+1.329		
1					7.872	
	2.00	+1.813	−0.008	+1.805		
2					9.677	
	1.60	−1.424	−0.007	−1.431		
3					8.246	
	2.05	+1.340	−0.008	+1.332		
BM. B					9.578	已知
$\sum$	6.25	+3.060	−0.025	+3.035		
计算检核	$f_h=\sum h_{测}-(H_B-H_A)=+25\text{mm}$　　$f_{h容}=\pm 40\sqrt{L}=\pm 100\text{mm}$ $-\frac{f_h}{\sum L}=-\frac{+25\text{mm}}{6.25\text{km}}=-4\text{mm/km}$　　$\sum v_i=-25\text{mm}=-f_h$					

2.5　微倾式水准仪的检验与校正

2.5.1　水准仪应满足的条件

如图 2-20 所示，水准仪的各轴线有：

1）视准轴：物镜光心与十字丝分化板中心连线 CC。

2）管水准器轴：过零点与圆弧纵向相切的切线 LL。

3）竖轴：仪器旋转轴 VV。

4）圆水准器轴：连接零点与球面球心的直线 $L'L'$。

根据水准测量原理，水准仪必须提供一条水平视线，才能正确地测出两点间高差。为此，水准仪应满足的几何条件是：$LL//CC$、$L'L'//VV$、$CC\perp VV$。

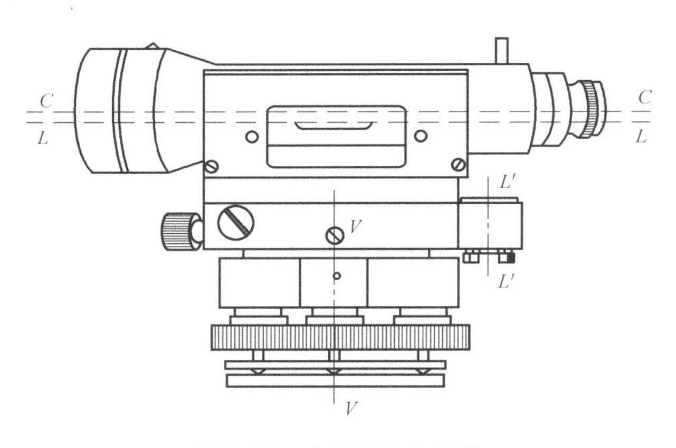

图 2-20　水准仪的各轴线

2.5.2　检验与校正

1. 圆水准器轴平行于仪器竖轴（$L'L'//VV$）的检验与校正

检验：用脚螺旋使圆水准器气泡居中（图 2-21a），将仪器绕竖轴旋转 180°，如果气泡不居中，表明圆水准轴不平行于竖轴，而离开零点弧长所对应的圆心角为两倍的 α（图 2-21b）。

校正：调整圆水准器三个校正螺旋，使气泡向居中位置移动偏离量的一半，此时仪器轴处于铅垂位置（图 2-21c）；然后用校正针先松动一下圆水准器底面中间一个大一点的连接螺旋，再分别拨动圆水准器下的校正螺旋，使气泡居中，此时圆水准器与竖轴平行（图 2-21d）。校正工作一般都难以一次完成，需反复进行直至仪器旋转到任何位置圆水准器气泡皆居中。

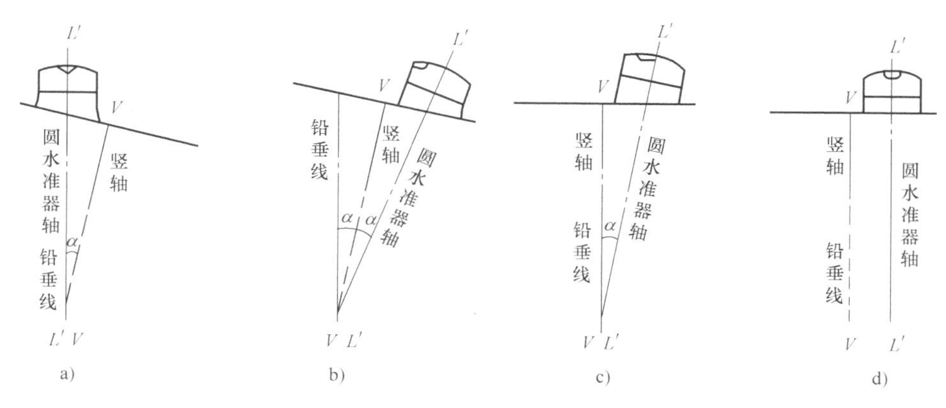

图 2-21　圆水准器的检校原理

2. 十字丝横丝应垂直于仪器竖轴（$CC \perp VV$）的检验与校正

检验：安置仪器后，先将横丝一端对准一个明显的点状目标 M，固定制动螺旋，转动微动螺旋，如果标志点 M 不离开横丝，说明横丝垂直于竖轴，否则需要校正。

校正：如图 2-22 所示，用螺丝刀松开分划板座固定螺丝，按横丝倾斜的反向小心地微微转动分划板座，使横丝水平，再重复检验与校正直至目标点在横丝上做相对移动，最后拧紧螺丝。

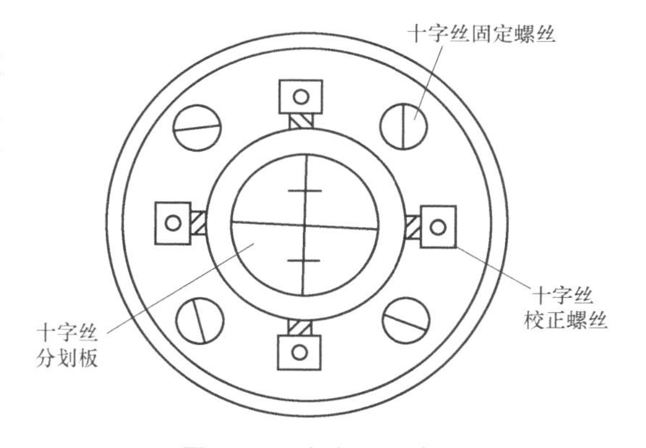

图 2-22　十字丝的检校

3. 视准轴平行于水准管器轴（$LL//CC$）的检验校正

检验（图 2-23）：

1）在地上选相距 80m 的 A、B 两点，放置尺垫，定出 A、B 的中点 O。

2）将水准仪安置在 O 点，在 A、B 两点竖立水准尺，读数 a_1、b_1，用变动仪高观测两次。若两次测得的高差之差不超过 3mm，则取其平均值 h_{AB} 作为最后结果。由于距离相等，两轴不平行的误差 Δh 可在高差计算中自动消除，故 h 值不受视准轴误差的影响。

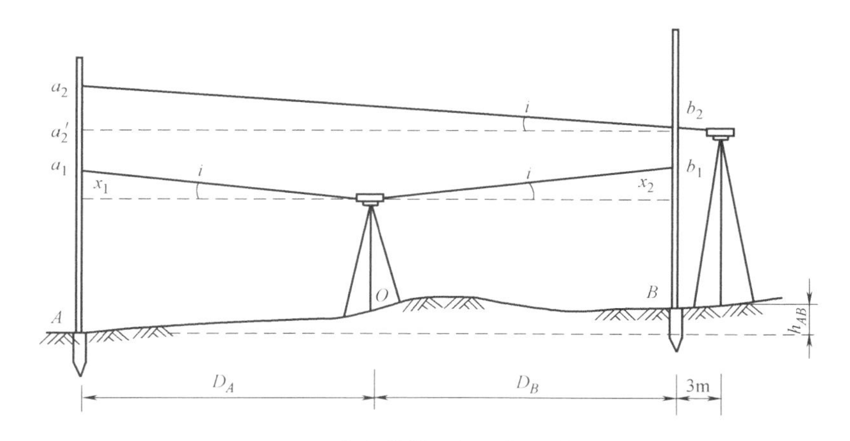

图 2-23　水准管轴平行于视准轴的检验

3）将水准仪搬到靠近 B 点处（3~5m）整平仪器观测，读数分别是 a_2、b_2，则高差 $h'_{AB}=a_2-b_2$，变动仪高观测两次。若 $h_{AB}=h'_{AB}$，则表明水准管轴平行于视准轴，否则校正。

校正：转动微倾螺旋使中丝对准 A 点尺上正确读数 a'_2，此时视准轴处于水平位置，但管水准气泡必然偏离中心。用拨针拨动水准管一端的上、下两个校正螺丝，使气泡的两个半象符合（图 2-24）。

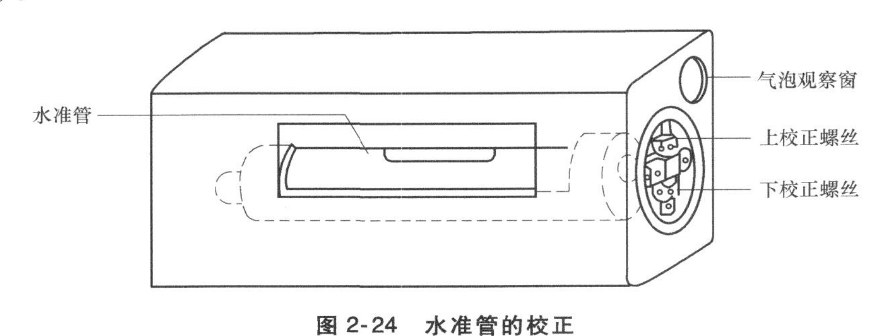

图 2-24 水准管的校正

2.6 水准测量的误差分析

2.6.1 仪器误差

1. 仪器校正后的残余误差

水准仪在使用前虽然进行了检验和校正，但是仍然会存在一些残余误差，使得管水准器轴不完全平行于视准轴，即 i 角校正残余误差。这种影响与距离成正比，只要观测时注意前、后视距离相等，可消除或减弱此项的影响。

2. 水准尺误差

由于水准尺刻划不准确，尺长变化、弯曲等影响，水准尺必须经过检验才能使用。标尺的零点差可在一水准段中使测站为偶数的方法予以消除。

2.6.2 观测误差

1. 水准管气泡居中误差

设水准管分划值为 τ（单为″），居中误差一般为±0. 15τ，采用符合式水准器时，气泡居中精度可提高一倍，故居中误差为

$$m_\tau=\pm\frac{0.15\tau}{2\rho}D$$

式中 m_τ——气泡居中误差（m）；

τ——水准管分划值（″）；

D——视距长度（m）；

ρ——角度换算中一弧度对应的秒值，即 $\rho=20-6265''$。

2. 读数误差

在水准尺上估读毫米数的误差，与人眼的分辨能力、望远镜的放大倍率以及视线长度有关，读数误差通常按下式计算

$$m_V=\frac{60''}{V}\cdot\frac{D}{\rho}$$

式中　m_V——读数误差（m）；

V——望远镜的放大倍率；

其余符号意义同前。

3. 视差影响

当视差存在时，十字丝平面与水准尺影像不重合，眼睛观察的位置不同，读出的读数也不同，因而也会产生读数误差。

4. 水准尺倾斜影响

读数时，水准尺倾斜将使尺上读数增大。水准尺的左右倾斜可以通过纵丝观察并纠正，但是前后倾斜在望远镜的视场中不会察觉。在水准尺上安置圆水准器是保证尺子竖直的主要措施。如果水准尺上无圆水准器，亦可采用摇尺法，扶尺者缓慢前后摇尺，观测者读取的最小读数，即为水准尺竖直时的正确读数。

2.6.3　外界条件的影响

1. 仪器下沉

仪器下沉，使视线降低，会引起高差误差。采用“后—前—前—后”的观测程序，可减弱其影响。

2. 尺垫下沉

如果在转点发生尺垫下沉，将使下一站后视读数增大。采用往返观测，取平均值的方法可以减弱其影响。

3. 地球曲率及大气折光影响

如图 2-25 所示，用水平视线代替大地水准面，尺上读数产生的误差为 c，则

$$c=D^2/2R$$

式中　D——为视距长度；

R——为地球半径。

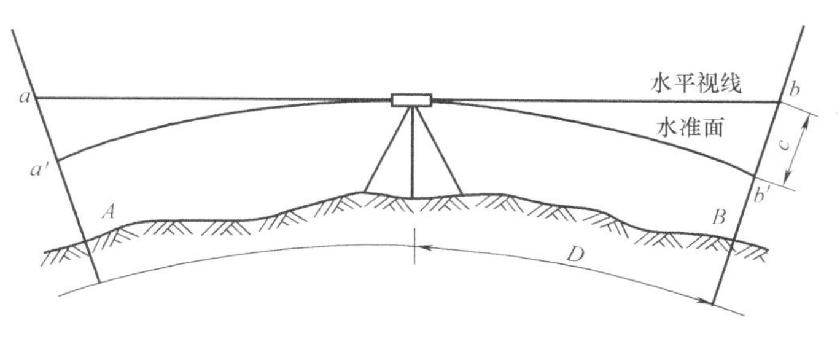

图 2-25　地球曲率的影响

由于大气折光，视线并非是水平，而是一条曲线，如曲线的曲率半径为地球半径的 7 倍，其折光量的大小对水准读数产生的影响 r 为

$$r=D^2/2\times7R$$

折光影响与地球曲率影响之和 f 为

$$f=c-r=\frac{D^2}{2R}-\frac{D^2}{14R}=0.43\frac{D^2}{R}$$

如果前视水准尺和后视水准尺到测站的距离相等，则在前视读数和后视读数中含有相同的 f。这样在高差中就没有这项误差了。因此，放测站时要争取“前后视距相等”，接近地面的空气温度不均匀，所以空气的密度也不均匀。光线在密度不匀的介质中沿曲线传播。这称为

“大气折光”。总体上说，白天近地面的空气温度高，密度低，弯曲的光线凹面向上；晚上近地面的空气温度低，密度高，弯曲的光线凹面向下。因为空气的温度在不同时刻不同的地方一直处于变动之中，所以很难描述折光的规律。对策是避免用接近地面的视线工作，尽量抬高视线，用前后视等距的方法进行水准测量。

除了规律性的大气折光以外，还有不规律的折光部分：白天近地面的空气受热膨胀而上升，较冷的空气下降补充，因此，这里的空气处于频繁的运动之中，形成不规则的湍流。湍流会使视线抖动，从而增加读数误差。对策是夏天中午一般不做水准测量。在沙地、水泥地等湍流强的地区，一般只在上午 10 点之前进行水准测量。高精度的水准测量也只在上午 10 点之前进行。

4. 温度对仪器的影响

温度会引起仪器的部件胀缩，从而可能引起视准轴构件（物镜，十字丝和调焦镜）的相对位置发生变化，或者引起视准轴相对于水准管轴的位置发生变化。由于光学测量仪器是精密仪器，不大的位移量可能使轴线产生几秒偏差，从而使测量结果的误差增大。

温度的变化不仅引起大气折光的变化及仪器部件的胀缩，而且当烈日照射水准管时，由于水准管本身和管内液体温度升高，气泡向着温度高的方向移动（趋向太阳），产生气泡居中误差，影响仪器水平。因此观测时应注意撑伞遮阳。

2.7 三、四等水准测量

2.7.1 三、四等水准测量的主要技术要求

三、四等水准路线一般沿道路布设，尽量避开土质松软地段。水准点间的距离一般为 2~4km，在城市建筑区为 1~2km。水准点应选在地基稳固，能长久保存和便于观测的地方。三、四等水准测量的主要技术要求参见表 2-10。

表 2-10 三、四等水准测量的主要技术要求

等级	水准仪的型号	视线长度/m	前后视距差/m	前后视距累积差/m	视线高度/m	基本分划、辅助分划或黑面红面读数较差/mm	基本分划、辅助分划或黑面红面所测高差较差/mm
三等	DS_1	≤100	≤3.0	≤6.0	0.3	≤1.0	≤1.5
	DS_3	75				≤2.0	≤3.0
四等	DS_3	100	≤5.0	≤10.0	0.2	≤3.0	≤5.0

2.7.2 三、四等水准测量的方法

1. 观测方法

三、四等水准测量的观测应在通视良好、望远镜成像清晰稳定的情况下进行，若用普通 DS_3 水准仪观测，则应注意每次读数前精平（即使符合水准气泡居中）。如果使用自动安平水准仪，则无须精平，工作效率可大大提高。

以下介绍用双面水准尺法在一个测站的观测程序（表 2-11）：

1）后视水准尺黑面，读取上、下视距丝和中丝读数，记入记录表中（1）、（2）、（3）。

2）前视水准尺黑面，读取上、下视距丝和中丝读数，记入记录表中（4）、（5）、（6）。

3）前视水准尺红面，读取中丝读数，记入记录表中（7）。

4）后视水准尺红面，读取中丝读数，记入记录表中（8）。

这样的观测顺序简称为“后-前-前-后”，其优点是可以减弱仪器下沉误差的影响。概括起来，每个测站共需读取8个读数，并立即进行测站计算与检核，满足三、四等水准测量的有关限差要求后方可迁站。

表2-11　三、四等水准测量记录

测站编号	点号 / 视距差 $d/\sum d$	后尺 上丝 / 下丝 / 视距	前尺 上丝 / 下丝 / 视距	方向	中丝读数 黑面	中丝读数 红面	黑+K-红 /mm	平均高差 /m	高程/m
		(1)	(4)	后	(3)	(8)	(14)	(18)	
		(2)	(5)	前	(6)	(7)	(13)		
	(11)/(12)	(9)	(10)	后-前	(15)	(16)	(17)		
1	BM1—TP1	1.329	1.173	后2	1.080	5.767	0	+0.1475	17.438
		0.831	0.693	前3	0.933	5.719	+1		
	+1.8/+1.8	49.8	48.0	后-前	+0.147	+0.048	-1		17.5855
2	TP1—TP2	2.018	2.467	后3	1.779	6.567	-1	-0.4435	
		1.540	1.978	前2	2.223	6.910	0		
	-1.1/+0.7	47.8	48.9	后-前	-0.444	-0.343	-1		17.142

注：K为尺常数，$K_2=4.787$，$K_3=4.687$。

2. 测站计算与检核

（1）视距计算　根据前、后视的上、下视距丝读数计算前、后视的视距：

后视距离：(9)=100×{(1)-(2)}

前视距离：(10)=100×{(4)-(5)}

计算前、后视距差（11）：(11)=(9)-(10)

对于三等水准测量，（11）不得超过3m；对于四等水准测量，（11）不得超过5m。

计算前、后视距离累积差（12）：(12)=上站(12)+本站(11)

对于三等水准测量，（12）不得超过6m；对于四等水准测量，（12）不得超过10m。

（2）尺常数K检核　同一水准尺黑面与红面读数差的检核：

$$(13)=(6)+K_{前}-(7)$$

$$(14)=(3)+K_{后}-(8)$$

K_i为双面水准尺的红面分划与黑面分划的零点差（常数为4.687m或4.787m）。对于三等水准测量，尺常数误差不得超过2mm；对于四等水准测量，尺常数误差不得超过3mm。

（3）高差计算与检核　按前、后视水准尺红、黑面中丝读数分别计算该站高差：

黑面高差：(15)=(3)-(6)

红面高差：(16)=(8)-(7)

红黑面高差之差：(17)=(15)-(16)=(14)-(13)

如果观测没有误差，（17）应为100mm（原因是：使用配对的水准尺，尺常数相差100mm）。对于三等水准测量，（17）与100mm的误差不得超过3mm；对于四等水准测量，不得超过5mm。

红黑面高差之差在容许范围以内时取其平均值，作为该站的观测高差：

$$(18)=\{(15)+[(16)\pm100\text{mm}]\}/2$$

上式计算时，当（15）>（16），100mm 前取正号计算；当（15）<（16），100mm 前取负号计算。总之，平均高差（18）应与黑面高差（15）很接近。

（4）每页水准测量记录计算检核　每页水准测量记录应做总的计算检核：

高差检核：$\sum(3)-\sum(6)=\sum(15)$

$\sum(8)-\sum(7)=\sum(16)$

$\sum(15)-\sum(16)=2\sum(18)$（偶数站）

或：$\sum(15)-\sum(16)=2\sum(18)\pm100\text{mm}$（奇数站）

视距差检核：$\sum(9)-\sum(10)=$本页末站(12)−前页末站(12)

本页总视距：$\sum(9)+\sum(10)$

3. 三、四等水准测量的成果整理

三、四等水准测量的闭合或附合线路的成果整理，首先应按规定，检验测段（两水准点之间的线路）往返测高差不符值（往、返测高差之差）及附合或闭合线路的高差闭合差。如果在容许范围以内，则测段高差取往、返测的平均值，线路的高差闭合差则反其符号按测段的长度成正比例进行分配。

思考题与习题

一、单项选择题

1. 水准测量时，如用双面水准尺，观测程序采用“后—前—前—后”，其目的主要是消除（　　）。

A. 仪器下沉误差的影响　　B. 视准轴不平行于水准管轴误差的影响

C. 水准尺下沉误差的影响　　D. 水准尺刻划误差的影响

2. 在一条水准路线上采用往返观测，可以消除（　　）。

A. 水准尺未竖直的误差　　B. 仪器升沉的误差

C. 水准尺升沉的误差　　D. 两根水准尺零点不准确的误差

3. 水准仪安置在与前后水准尺大约等距之处观测，其目的是（　　）。

A. 消除望远镜调焦引起误差　　B. 视准轴与水准管轴不平行的误差

C. 地球曲率和折光差的影响　　D. 包含 B 与 C 两项的内容

4. 双面水准尺的黑面是从零开始注记，而红面起始刻划（　　）。

A. 两根都是从 4687 开始　　B. 两根都是从 4787 开始

C. 一根从 4687 开始，另一根从 4787 开始　　D. 一根从 4677 开始，另一根从 4787 开始

5. 水准测量中的转点指的是（　　）。

A. 水准仪所安置的位置　　B. 水准尺的立尺点

C. 为传递高程所选的立尺点　　D. 水准路线的转弯点

二、简答题

1. 望远镜视差产生的原因是什么？如何消除？

2. 水准测量路线成果校核的方法有几种？试简述之。

3. 水准仪的构造有哪些主要轴线？它们之间应满足什么条件？

4. 水准测量作业，测站校核的方法有几种？试具体说明。

5. 水准测量中产生误差的因素有哪些？哪些误差可以通过适当的观测的方法或经过计算加以减弱以至消除？哪些误差不能消除？

三、计算题

1. 在水准点 A、B 之间进行了水准测量，如图 2-26 所示，已知 $H_A=32.562\text{m}$，填写表 2-12水准测量记录表，求 B 点高程 H_B。

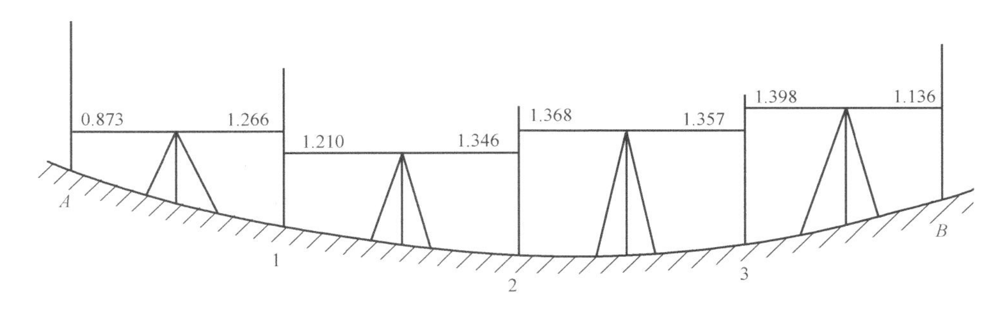

图 2-26　水准测量数据（习题）

表 2-12　普通水准测量记录表（习题）

测站	点号	水准尺读数/m		高差 h/m		高程 H/m	备注
		后视 a	前视 b	+	−		
Ⅰ	A						已知
	1						
Ⅱ	1						
	2						
Ⅲ	2						
	3						
Ⅳ	3						
	B						
计算检核	Σ						
	$\Sigma_a-\Sigma_b=$ $\Sigma h=$ $H_B-H_A=$						

2. 调整图 2-27 所示的闭合水准路线的观测成果，并求出各点的高程。

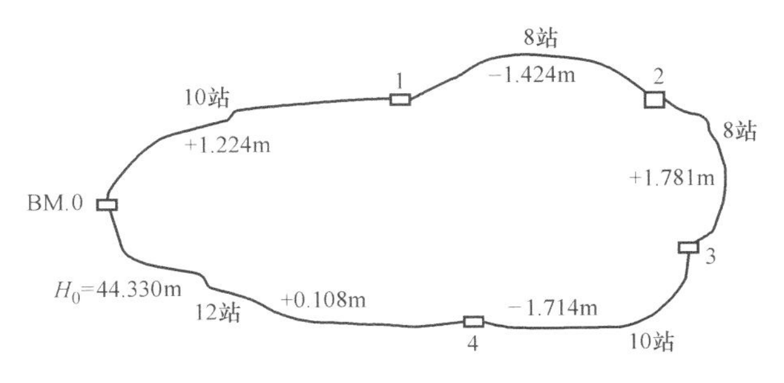

图 2-27　闭合水准路线观测成果（习题）

第3章　角度测量

3.1　角度测量原理

角度是确定点的空间位置的基本要素之一，所以角度测量是一项基本的测量工作。角度可分为水平角和竖直角。水平角是指从空间一点出发的两个方向在水平面上的投影所夹的角度；而竖直角是指某一方向与其在同一铅垂面内的水平线所夹的角度。

3.1.1　水平角定义

从一点出发的两空间直线在水平面上投影的夹角即二面角，称为水平角。其范围：顺时针 0°～360°。水平角测角原理如图 3-1 所示。

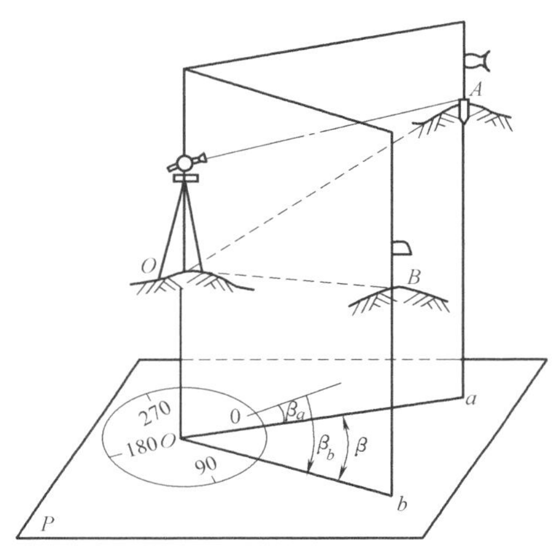

图 3-1　水平角测角原理

3.1.2　竖直角定义

在同一竖直面内，目标视线与水平线的夹角，称为竖直角。其范围在 0°～±90°之间。如图 3-2 所示，当视线位于水平线之上，竖直角为正，称为仰角；反之当视线位于水平线之下，竖直角为负，称为俯角。

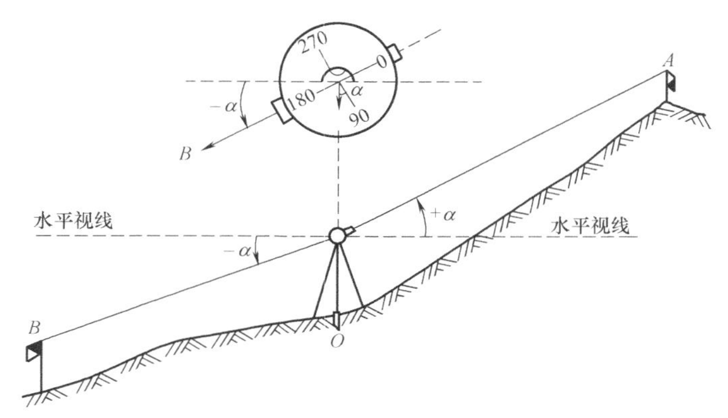

图 3-2　竖直角测量原理

3.2　光学经纬仪

经纬仪是测量角度的仪器，它虽也兼有其他功能，但主要是用来测角。根据测角精度的不同，经纬仪系列分为 DJ_{07}、DJ_1、DJ_2、DJ_6、DJ_{30}等几个等级。D 和 J 分别是大地测量和经纬仪两词汉语拼音的首字母，角码注字是它的精度指标。

3.2.1 DJ_6光学经纬仪的构造

由于厂家的不同，DJ_6光学经纬仪部件及结构也不完全相同，但其主要部分是相同的，都是由照准部（包括望远镜、竖直度盘、水准器、读数设备）、水平度盘、基座三部分组成，如图 3-3 所示。

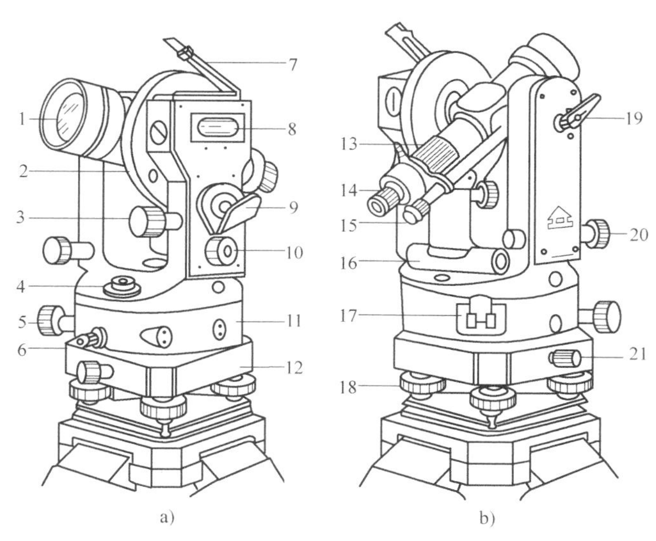

图 3-3 DJ_6光学经纬仪

1—物镜 2—竖直度盘 3—竖盘指标水准管微动螺旋 4—圆水准器 5—照准部微动螺旋 6—照准部制动扳钮 7—水准管反光镜 8—竖盘指标水准管 9—度盘照明反光镜 10—测微轮 11—水平度盘 12—基座 13—望远镜调焦筒 14—目镜 15—读数显微镜目镜 16—照准部水准管 17—复测扳手 18—脚螺旋 19—望远镜制动扳钮 20—望远镜微动螺旋 21—轴座固定螺旋

3.2.2 DJ_6光学经纬仪的读数方法

大多数 6″光学经纬仪都是采用测微尺装置，它是在显微镜读数窗上设置一个带有分划的分微尺，把目标瞄准后，在显微镜里可看到度盘刻划和分微尺的影像。分微尺把 1°分成 60 个小格，其长度等于度盘的一格，即 1°的宽度。如图 3-4 所示的测微尺式读数窗，上面注有“水平”或“H”的窗口为水平度盘读数窗口，下面注有“竖直”或“V”的窗口为竖直度盘读数窗口。分微尺的分划值为 1′，估读到获 0.1′（即 6″）。图 3-4 中，水平度盘读数为 73°04′24″，竖直度盘读数为 87°06′54″。

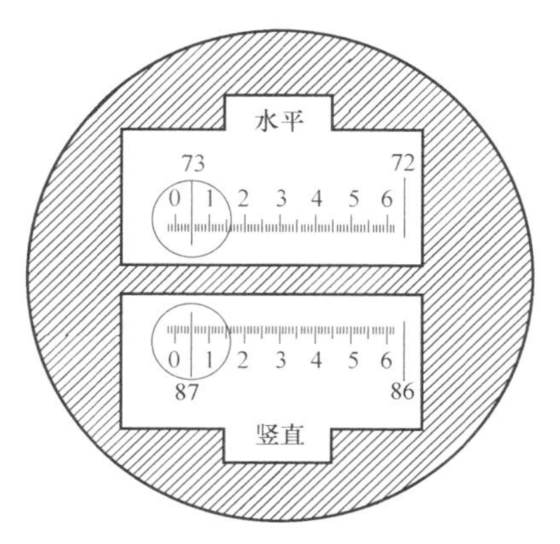

图 3-4 测微尺式读数窗

3.3 经纬仪的使用

1. 仪器的安置

水平角观测的过程中，首先要在测站点上安置好经纬仪。经纬仪的安置主要包括仪器的对中和整平。

对中的目的是使仪器的中心与测站点位于同一个铅垂线上。有垂球对中和光学对中两种方法。整平的目的是使仪器竖轴处于铅直位置和水平度盘处于水平位置。由于对中和整平是两个相互影响的工作，为了能同时满足对中和整平这两个条件，下面分别介绍两种经纬仪的安置方法。

(1) 对中　在安置仪器以前，首先将三脚架打开，抽出架腿，并旋紧架腿的固定螺旋。然后将三个架腿安置在以测站为中心的等边三角形的角顶上。这时架头平面大致水平，且中心与地面点大致在同一铅垂线上。

从仪器箱中取出仪器，用附于三脚架头上的连结螺旋，将仪器与三脚架固连在一起，然后即可精确对中。

根据仪器的结构，可用垂球对中，也可用光学对中器对中。

用垂球对中时，先将垂球挂在三脚架的连结螺旋上，并调整垂球线的长度，使垂球尖刚刚离开地面。再看垂球尖是否与角顶点在同一铅垂线上。如果偏离，则将角顶点与垂球尖连一方向线，将最靠近连线的一条腿，沿连线方向前后移动（图 3-5a），直至垂球与角顶点对准。这时如果架头平面倾斜，则移动与最大倾斜方向垂直的一条腿，从高的方向向低的方向划一以地面顶点为圆心的圆弧（图 3-5b），直至架头基本水平，且对中偏差不超过 1~2cm。最后将架腿踩实。为使精确对中，可稍稍松开连接螺旋，将仪器在架头平面上移动，直至准确对中，最后再旋紧连接螺旋。

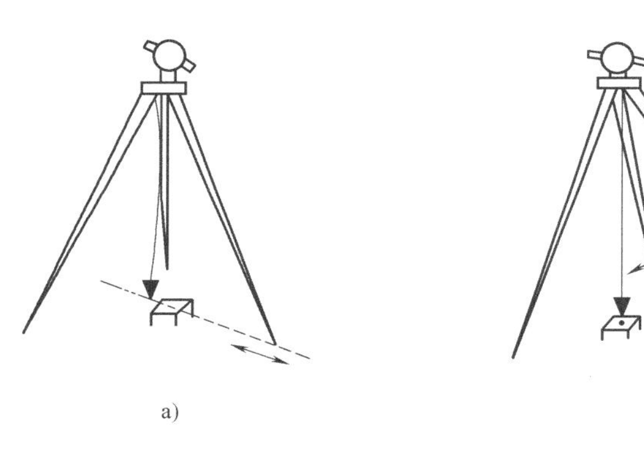

图 3-5　垂球对中

如果使用光学对中器对中，可以先用垂球粗略对中，然后取下垂球，再用光学对中器对中。但在使用光学对中器时，仪器应先利用脚螺旋使圆水准器气泡居中，再看光学对中器是否对中。如有偏离，则在仪器架头上平行移动仪器，在保证圆水准气泡居中的条件下，使其与地面点对准。如果不用垂球粗略对中，则一边观察光学对中器一边移动脚架，使光学对中器与地面点对准。这时仪器架头可能倾斜很大，则根据圆水准气泡偏移方向，伸缩相关架腿，使气泡居中。伸缩架腿时，应先稍微旋松伸缩螺旋，待气泡居中后，立即旋紧。因为光学对中器的精度较高，且不受风力影响，应尽量采用。待仪器精确整平后，仍要检查对中情况。因为只有在仪器整平的条件下，光学对中器的视线才居于铅垂位置，对中才是正确的，如图 3-6 所示。

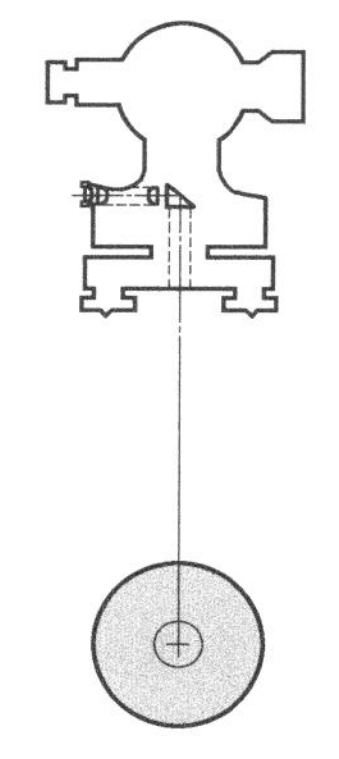

图 3-6　光学对中器对中

(2) 整平　经纬仪整平的目的，是使竖轴居于铅垂位置。整平时要先用脚螺旋使圆水准气泡居中，以粗略整平，再用管水准器精确整平。

由于位于照准部上的管水准器只有一个，可以先使它与一对脚螺旋连线的方向平行（图3-7a），然后双手以相同速度相反方向旋转这两个脚螺旋，气泡移动方向与左手大拇指移动方向一致，使管水准器的气泡居中。再将照准部旋转90°（图3-7b），用另外一个脚螺旋使气泡居中。这样反复进行，直至管水准器在任一方向上气泡都居中为止。在整平后还需检查光学对中器是否偏移。如果偏移，则重复上述操作方法，直至水准气泡居中，对中器对中。

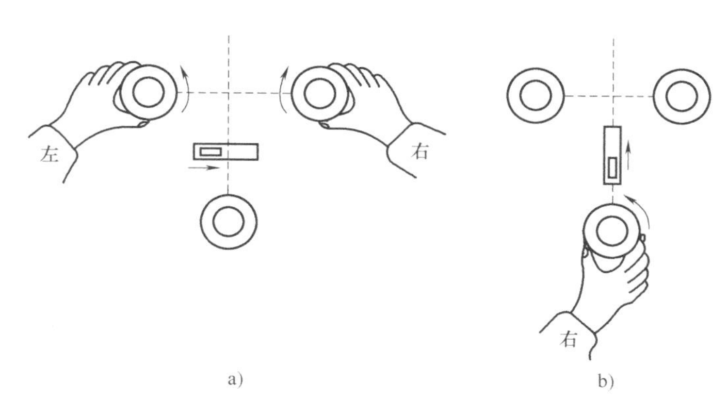

图3-7 经纬仪的整平

2. 瞄准和读数

经纬仪安置好后，用望远镜瞄准目标，首先将望远镜照准远处，调整对光螺旋使十字丝清晰；然后旋松望远镜和照准部制动螺旋，用望远镜的光学瞄准器照准目标。转动物镜对光螺旋使目标影像清晰；而后旋紧望远镜和照准部的制动螺旋，通过旋转望远镜和照准部的微动螺旋，使十字丝交点对准目标，并观察有无视差，如有视差，应重新对光，使之消除。

打开读数反光镜，调节视场亮度，转动读数显微镜对光螺旋，使读数窗影像清晰可见。读数时，除分微尺型直接读数外，凡在支架上装有测微轮的，均须先转动测微轮，使双指标线或对径分划线重合，然后才能读数，最后度盘读数加分微尺读数或测微尺读数，才是整个读数值。

3.4 水平角观测

水平角观测方法一般根据同一测站需观测目标数量的多少而定，常用的方法有测回法和方向观测法。角度观测时，为了减少仪器误差的影响，要求分别采用盘左和盘右进行角度观测并记录数据。

1. 测回法

当所测的角度只有两个方向时，通常都用测回法观测。如图3-8所示，当测 OA、OB 两方向之间的水平角 $\angle AOB$ 时，在角顶 O 安置仪器，在 A、B 处设立观测标志，经过对中、整平以后，即可按下述步骤观测。

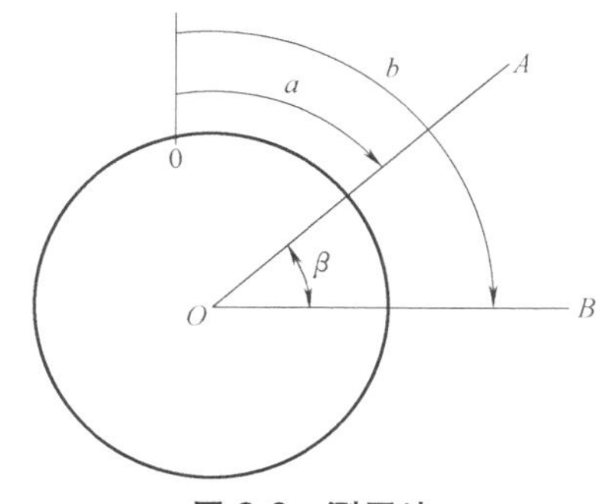

图3-8 测回法

1）将复测扳手扳向上方，松开照准部及望远镜的制动螺旋，利用望远镜上的粗瞄器，以盘左（竖盘在望远镜视线方向的左侧时称盘左）粗略照准左方目标 A。旋紧照准部及望远镜的制动螺旋，再用微动螺旋精确照准目标，同时需要注意消除视差及尽可能照准目标的下部。对于细的目标，宜用单丝照准，使单丝平分目标像；而对于粗的目标，则宜用双丝照准，使目标像平分双丝，以提高照准的精度。最后读取该方向上的读数 $a_{左}$。

2）松开照准部及望远镜的制动螺旋，顺时针方向转动照准部，粗略照准右方目标 B。再旋紧制动螺旋，用微动螺旋精确照准，并读取该方向上的水平度盘读数 $b_{左}$。盘左所得角值即为

$$\beta_{左}=a_{左}-b_{左}$$

以上1）与2）称为上半测回。

3）将望远镜纵转180°，改为盘右（竖盘在望远镜视线方向的右侧时称盘右）。重新照准右方目标 B，并读取水平度盘读数 $b_{右}$。然后逆时针方向转动照准部，照准左方目标 A。读取水平度盘读数 $a_{右}$，则盘右所得角值 $\beta_{右}=a_{右}-b_{右}$。

以上3）称为下半个测回。两个半测回角值之差不超过规定限值时，取盘左盘右所得角值的平均值 $\beta=\frac{\beta_{左}+\beta_{右}}{2}$，为一测回的角值。根据测角精度的要求，可以测多个测回而取其平均值，作为最后成果。观测结果应及时记入手簿，并进行计算，看是否满足精度要求。测回法观测手簿的格式见表3-1。

表3-1 测回法观测手簿

测站	测点	盘位	水平度盘读数 ° ′ ″	水平角值 ° ′ ″	平均角值 ° ′ ″	备注
1	2	3	4	5	6	7
O	A	左	0 06 24	112 39 54	112 39 51	
	B		112 46 18			
	B	右	180 06 48	112 39 48		
	A		292 46 36			

值得注意的是：上下两个半测回所得角值之差，应满足有关测量规范规定的限差，对于 DJ_6 级经纬仪，限差一般为30″或40″。如果超限，则必须重测。如果重测的两半测回角值之差仍然超限，但两次的平均角值十分接近，则说明这是由于仪器误差造成的。取盘左盘右角值的平均值时，仪器误差可以得到抵消，所以各测回所得的平均角值是正确的。

两个方向相交可形成两个角度，计算角值时始终应以右边方向的读数减去左边方向的读数。如果右方向读数小于左方向读数，则应先加360°后再减。所以测得的是哪个角度与照准部的转动方向无关，与先测哪个方向也无关，而是取决于用哪个方向的读数减去哪个方向的读数。在下半测回时，仍要逆时针转动照准部，这是为了消减度盘带动误差的影响。

若要观测 n 个测回，为减少度盘分划误差，各测回间应按 $180°/n$ 的差值来配置水平度盘。测回法测水平角方法，可小结如下：

$$\text{盘左左边}\ A \xrightarrow{\text{顺时针}} \text{右边}\ B \xrightarrow{\text{倒镜}} \text{盘右右边}\ B \xrightarrow{\text{逆时针}} \text{左边}\ A$$

2. 方向观测法测水平角

当在一个测站上需观测多个方向时，宜采用方向观测法，因为可以简化外业工作。它的直接观测结果是各个方向相对于起始方向的水平角值，也称为方向值。相邻方向的方向值之差，就是它的水平角值。

如图3-9所示，设在 O 点有 OA、OB、OC、OD 四个方向，其观测步骤为：

1）在 O 点安置仪器，对中、整平。

2）选择一个距离适中且影像清晰的方向作为起始方向，设为 OA。

3）盘左照准 A 点，并安置水平度盘读数，使其稍大于0°，用测微器读取两次读数。

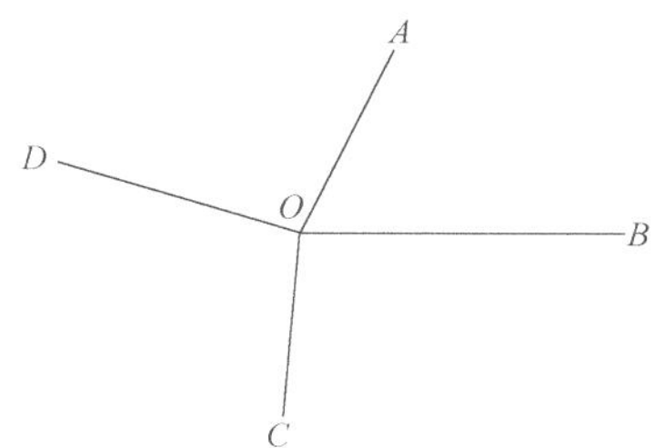

图3-9 方向观测法

4）以顺时针方向依次照准 B、C、D 诸点。最后再照准 A，称为归零。在每次照准时，都用测微器读取两次读数。

以上 1)~4) 称为上半测回。

5) 倒转望远镜改为盘右，以逆时针方向依次照准 A、D、C、B、A，每次照准时，也是用测微器读取两次读数。这称为下半测回。上下两个半测回构成一个测回。

6) 如需观测多个测回时，为了消减度盘刻度不均匀的误差，每个测回都要改变度盘的位置，即在照准起始方向时，改变度盘的安置读数。为使读数在圆周及测微器上均匀分布，当用 DJ_2 级仪器作精密测角时，则各测回起始方向的安置读数依下式计算

$$R=\frac{180°}{n}(i-1)+10'(i-1)+\frac{600''}{n}\left(i-\frac{1}{2}\right)$$

式中　n——总测回数；

i——该测回序数。

每次读数后，应及时记入手簿。方向法观测手簿的格式见表 3-2。

表 3-2　方向法观测手簿

测站	测点	水平盘读数		2c	平均读数	方向值	备注
		盘左	盘右				
		° ′ ″	° ′ ″	″	° ′ ″	° ′ ″	
O	A	60 15 00	240 15 12	-12	(60 15 04) 60 15 06	0 00 00	
	B	101 51 54	281 52 00	-6	101 51 57	41 36 53	
	C	171 43 18	351 43 30	-12	171 43 24	111 28 20	
	D	313 36 06	133 36 12	-6	313 36 09	253 21 05	
	A	60 15 00	240 15 06	-6	60 15 03		

$2c$ 值为同一方向上盘左盘右读数之差，意思是二倍的照准差，它是由于视线不垂直于横轴的误差引起的。因为盘左、盘右照准同一目标时的读数相差 180°，所以 $2c$ = 盘左读数 L-(盘右读数 R±180°)。平均值是盘左盘右的平均值，平均值 = [盘左读数+(盘右读数±180°)]/2，在取平均值时，也是盘右读数减去 180°后再与盘左读数平均。起始方向经过了两次照准，要取两次结果的平均值作为结果。从各个方向的盘左盘右平均值中减去起始方向两次结果的平均值，即得各个方向的方向值。

为避免错误及保证测角的精度，对各项操作都规定了限差。根据《工程测量规范》(GB 50026—2007)，方向观测法的限差见表 3-3。

表 3-3　方向观测法的限差

等级	仪器型号	光学测微器两次重合读数之差/(″)	半测回归零差/(″)	一测回内 2C 互差/(″)	同一方向值各测回较差/(″)
四等及以上	1″级仪器	1	6	9	6
	2″级仪器	3	8	13	9
一级及以下	2″级仪器	—	12	18	12
	6″级仪器	—	18	—	24

3.5　竖直角观测

由竖直角的定义已知，它是倾斜视线与在同一铅垂面内与水平视线所夹的角度。由于水平视线的读数是固定的，所以只要读出倾斜视线的竖盘读数，即可求算出竖直角值。但为了消除仪器误差的影响，同样需要用盘左、盘右观测。

由于指标线偏移，当视线水平时，竖盘读数不是恰好等于 90°或 270°上，而是与 90°或

270°相差一个 x 角，该值称为竖盘指标差。当偏移方向与竖盘注记增加方向一致时，x 为正，反之为负。指标差 $x=(L+R-360°)/2$，取盘左盘右的平均值，可消除指标差的影响。

3.5.1 观测步骤

1）在测站上安置仪器，对中，整平。

2）以盘左照准目标，如果是指标带水准器的仪器，必须用指标微动螺旋使水准器气泡居中，然后读取竖盘读数 L，这称为上半测回。

3）将望远镜倒转，以盘右用同样方法照准同一目标，使指标水准器气泡居中，然后读取竖盘读数 R，这称为下半测回。

如果用指标带补偿器的仪器，在照准目标后即可直接读取竖盘读数。

根据需要可测多个测回。

3.5.2 竖直角的计算

竖直角的计算方法，因竖盘刻划的方式不同而异。但现在已逐渐统一为全圆分度，顺时针增加注字，且在视线水平时盘左的竖盘读数为 90°（图 3-10）。现以这种刻划方式的竖盘为例，说明竖直角的计算方法。如遇其他方式的刻划，可以根据同样的方法推导其计算公式。

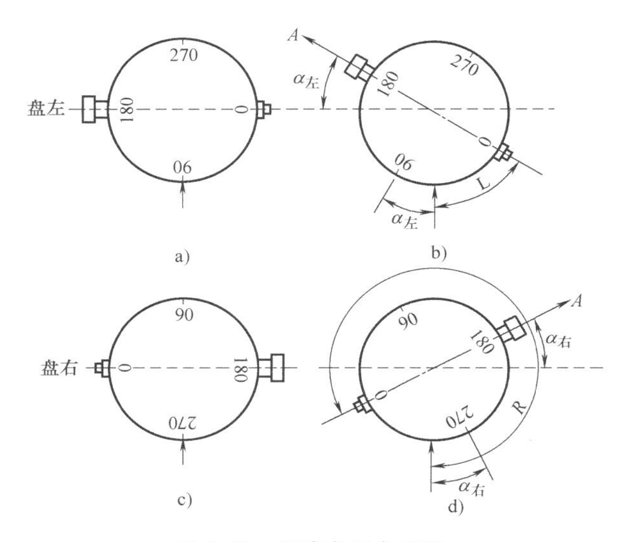

图 3-10 竖直角测角原理

如图 3-10a 所示，当在盘左位置且视线水平时，竖盘的读数为 90°，如照准高处一点 A（图 3-10b，则视线向上倾斜，得读数 L。按前述的规定，竖直角应为“+”值，所以盘左时的竖直角应为

$$\alpha_{左}=90°-L$$

当在盘右位置且视线水平时，竖盘读数为 270°（图 3-10c），在照准高处的同一点 A 时（图 3-10d），得读数 R。则竖直角应为

$$\alpha_{右}=R-270°$$

取盘左、盘右的平均值，即为一个测回的竖直角值，即

$$\alpha=\frac{\alpha_{左}+\alpha_{右}}{2}=\frac{R-L-180°}{2}$$

如果测多个测回，则取各个测回的平均值作为最后成果。

观测结果应及时记入手簿，手簿的格式见表 3-4。

表 3-4 竖直角观测手簿

测站	目标	盘位	竖盘读数 ° ′ ″	半测回竖直角 ° ′ ″	指标差 (″)	一个测回竖直角 ° ′ ″	备注
O	M	左	76 45 12	13 14 48	-6	13 14 42	
		右	283 14 36	13 14 36			
	N	左	122 03 36	-32 03 36	12	-32 03 24	
		右	237 56 48	-32 03 12			

3.6 经纬仪的检验与校正

3.6.1 经纬仪的主要轴线

如图 3-11 所示，经纬仪的主要轴线有视准轴 CC（十字丝交点与物镜光心的连线）、横轴 HH（望远镜旋转轴）、照准部管水准器轴 LL（通过水准管内壁圆弧中点的切线）和竖轴 VV（照准部旋转轴）。根据经纬仪的测角原理，其轴线之间应满足以下条件：

1）照准部管水准器轴线垂直于仪器竖轴（$LL \perp VV$）

2）十字丝竖丝垂直于仪器横轴（竖丝 $\perp HH$）

3）视准轴垂直于仪器横轴（$CC \perp HH$）

4）仪器横轴垂直于仪器竖轴（$HH \perp VV$）

经纬仪在长期使用后，主要轴线间的关系会经常发生变化，对角度测量产生一定影响，因此在使用经纬仪前应对经纬仪的上述关系进行检验，必要时应进行校正。

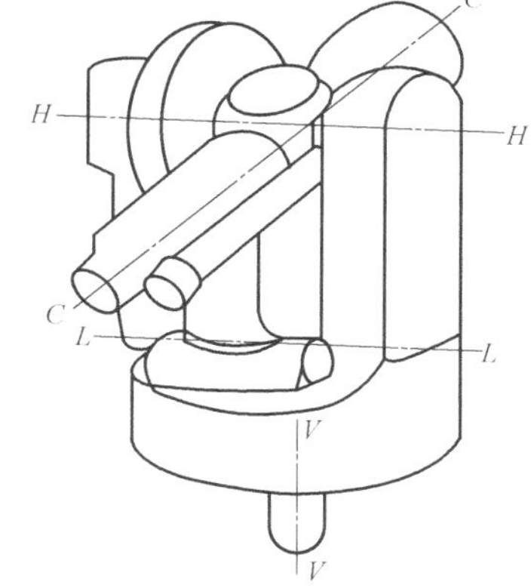

图 3-11 经纬仪的主要轴线

3.6.2 经纬仪的检验与校正

1. 照准部水准管轴的检校

1）检验：用任意两脚螺旋使水准管气泡居中，然后将照准部旋转 180°，若气泡偏离 1 格，则需校正。

2）校正：用脚螺旋使气泡向中央移动一半后，再拨动水准管校正螺丝，使气泡居中。此时若圆水准器气泡不居中，则拨动圆水准器校正螺丝。

2. 十字丝竖丝的检校

1）检验：用十字丝交点对准一目标点，再转动望远镜微动螺旋，看目标点是否始终在竖丝上移动。

2）校正：微松十字丝的四个压环螺丝，转动十字丝环，使目标点始终在竖丝上移动。

3. 视准轴的检校

1）检验：如图 3-12 所示，在平坦地面上选择一直线 AB，约 60~100m，在 AB 中点 O 架仪，并在 B 点垂直横置一小尺。盘左瞄准 A，倒镜在 B 点小尺上读取 B_1；再用盘右瞄准 A，倒镜在 B 点小尺上读取 B_2。则照准差 c 为

$$c=\frac{B_1B_2}{4OB}\cdot\rho$$

当 J_6 的 $2c>60''$，J_2 的 $2c>30''$ 时，则需校正。

2）校正：拨动十字丝左右两个校正螺丝，使十字丝交点由 B_2 点移至 BB_2 中点 B_3。

4. 横轴的检验与校正

1）检验：如图 3-13 所示，在 20~30m 处的墙上选一仰角大于 30°的目标点 P，先用盘左瞄准 P 点，放平望远镜，在墙上定出 P_1 点；再用盘右瞄准 P 点，放平望远镜，在墙上定出 P_2 点。

则仪器的横轴与水平线的夹角 i 为

$$i=\frac{P_1P_2}{2D\cdot\tan\alpha}\cdot\rho$$

式中 α——P 点的竖直角；

D——测站到 P 点的水平距离。

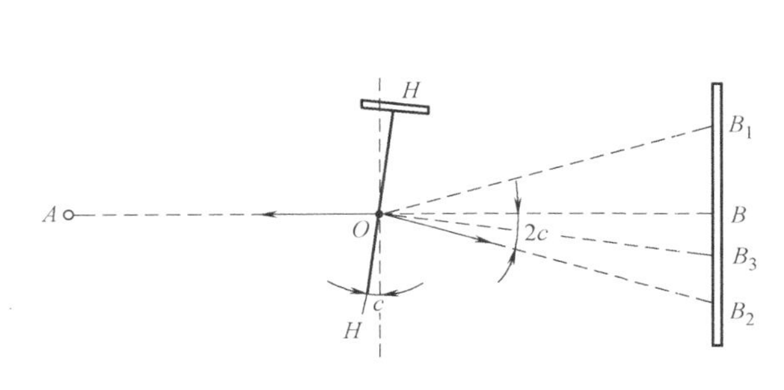

图 3-12 视准轴的检校

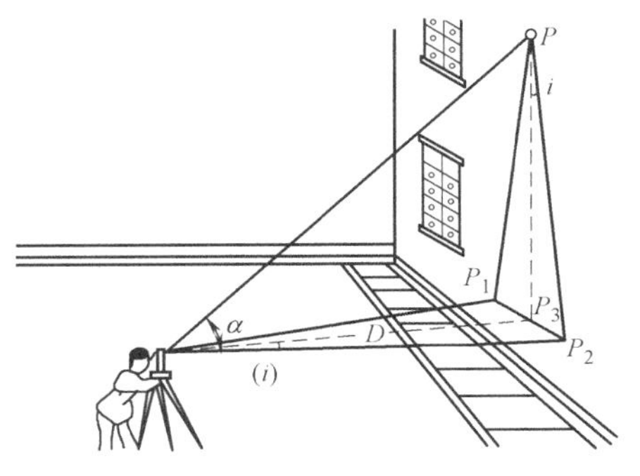

图 3-13 横轴的检验与校正

对于 J_6经纬仪，$i>20''$时，需校正。

2）校正：用十字丝交点瞄准 P_1、P_2的中点 M，抬高望远镜，并打开横轴一端的护盖，调整支承横轴的偏心轴环，抬高或降低横轴一端，直至交点瞄准 P 点。此项校正一般由仪器检修人员进行。

5. 指标差的检校

1）检验：用盘左、盘右先后瞄准同一目标，计算指标差 $x=(L+R-360°)/2$。当 J_6经纬仪 $x>1'$，J_2经纬仪 $x>30''$ 时，要进行校正。

2）校正：用指标水准管微动螺旋使中丝对准（$R-x$）位置（此为盘右正确读数位置），再用拨针使指标气泡居中。

6. 光学对中器的检校

1）检验：精密安置仪器后，将刻划中心在地面上投下一点，再旋转照准部，每隔 120°投下一点，若三点不重合，则需校正。

2）校正：用拨针使刻划中心向三点的外接圆心移动一半。

7. 圆水准器的检校

1）检验：精平（水准管气泡居中）后，若圆水准气泡不居中，则需校正。

2）校正：用圆水准气泡校正螺丝使其居中。

3.7 角度观测的误差分析

3.7.1 仪器构造误差

1）视准轴误差的影响。盘左盘右观测的平均值可抵消该误差。

2）横轴不水平误差的影响。盘左盘右观测的平均值可抵消该误差。

3）纵轴误差的影响。纵轴误差的影响不仅随观测目标的垂直角的增大而增大，而且与横轴所处的方向有关，盘左盘右取平均不能消除该项误差。

4）照准部偏心差的影响。在度盘方向上读取读数而取平均值的方法及盘左、盘右读数的平均值都可消除该项误差的影响。

5）其他仪器误差的影响，如度盘刻划不均匀误差，竖盘指标差等。

3.7.2 与观测者有关的误差

1）仪器对中误差。对中误差指仪器在安置过程中，光学对中器的刻划中心与测站点不在同一铅垂线上，即水平度盘中心与测站点不在同一铅垂线上而造成的测角误差。

2）目标偏心误差。目标偏心误差是指目标点上竖立的瞄准标志（标杆、测钎）没有竖直或没准确地安置在目标点上而产生的测角误差。

3）照准误差。照准误差指测角时，人眼通过望远镜瞄准目标产生的误差。

4）读数误差。读数误差主要取决于经纬仪的读数设备，观测者的读数经验以及仪器内部光路的照明度和读数视窗的清晰度也会有一定影响。对于 DJ_6 型经纬仪，读数误差为 6″；DJ_2 型经纬仪，读数误差为 2"。

3.7.3 与外界条件有关的误差

1）温度变化引起的误差。

2）大风引起的误差。

3）大气折光引起的误差。

4）大气透明度引起的误差。

5）地面稳定性引起的误差。

3.7.4 角度测量的注意事项

1）观测前应检校仪器。

2）安置仪器要稳定，应仔细对中和整平。一测回内不得再对中整平。

3）目标应竖直，尽可能瞄准目标底部。

4）严格遵守各项操作规定和限差要求。

5）当对一水平角进行 n 个测回观测，各测回应配度盘，每测回观测度盘起始读数变动值为 $180/n$。

6）观测时尽量用十字丝中间部分。水平角用竖丝，竖直角用横丝。

7）读数应果断、准确。特别应注意估读数。当场计算，如有错误或超限，应立即重测。

8）选择有利的观测时间和避开不利的外界条件。

3.8 电子经纬仪

随着电子技术、计算机技术、光电技术、自动控制等现代科学技术的发展，1968 年电子经纬仪问世。电子经纬仪与光电测距仪、计算机、自动绘图仪相结合，使地面测量工作实现了自动化和内外业一体化，这是测绘工作的一次历史性变化。

电子经纬仪与光学经纬仪相比较，主要差别在读数系统，其他如照准、对中、整平等装置是相同的。电子经纬仪的外观如图 3-14 所示。

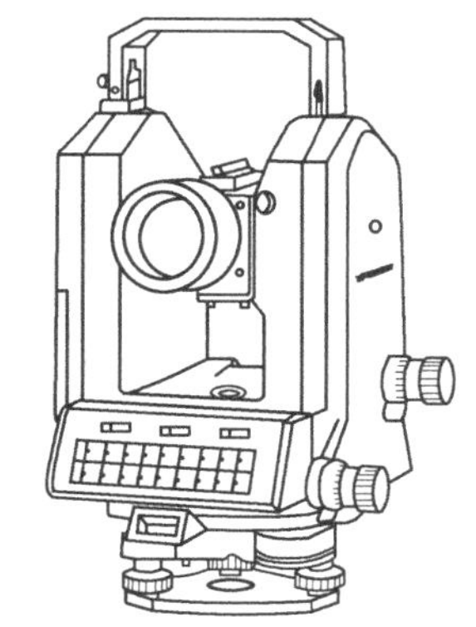

图 3-14 电子经纬仪

3.8.1 电子经纬仪的读数系统

电子经纬仪的读数系统是通过角-码变换器，将角位移量变为二进制码，再通过一定的电路，将其译成度、分、秒，而用数字形式显示出来。

目前常用的角-码变换方法有编码度盘、光栅度盘及动态测角系统等，有的也将编码度盘和光栅度盘结合使用。现以光栅度盘为例，说明角—码变换的原理。

光栅度盘又分透射式及反射式两种。透射式光栅是在玻璃圆盘上刻有相等间隔的透光与不透光的辐射条纹。反射式光栅则是在金属圆盘上刻有相等间隔的反光与不反光的条纹。用得较多的是透射式光栅。

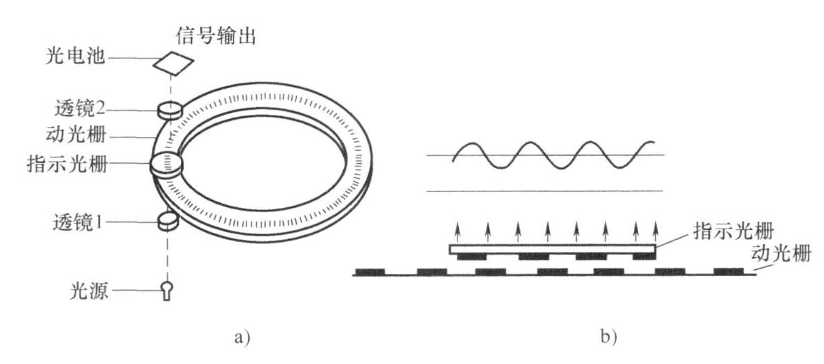

图 3-15 电子经纬仪的读数系统

透射式光栅的工作原理如图 3-15 所示。它有互相重叠、间隔相等的两个光栅，一个是全圆分度的动光栅，可以和照准部一起转动，相当于光学经纬仪的度盘；另一个是只有圆弧上一段分划的固定光栅，它相当于指标，称为指示光栅。在指示光栅的下部装有光源，上部装有光电管。在测角时，动光栅和指示光栅产生相对移动。如图 3-15b 所示，如果指示光栅的透光部分与动光栅的不透光部分重合，则光源发出的光不能通过，光电管接收不到光信号，因而电压为零；如果两者的透光部分重合，则透过的光最强，因而光电管所产生的电压最高。这样，在照准部转动的过程中，就产生连续的正弦信号，再经过电路对信号的整形，则变为矩形脉冲信号。如果一周刻有 21600 个分划，则一个脉冲信号即代表角度的 1′。这样，根据转动照准部时所得脉冲的计数，即可求得角值。为了求得不同转动方向的角值，还要通过一定的电子线路来决定是加脉冲还是减脉冲。只依靠脉冲计数，其精度是有限的，还要通过一定的方法进行加密，以求得更高的精度。目前最高精度的电子经纬仪可显示到 0.1″，测角精度可达 0.5″。

3.8.2 电子经纬仪的特点

由于电子经纬仪是电子计数，通过置于机内的微型计算机，可以自动控制工作程序和计算，并可自动进行数据传输和存储，因而它具有以下特点：

1）读数在屏幕上自动显示，角度计量单位可自动换算。

2）竖盘指标差及竖轴的倾斜误差可自动修正。

3）有与测距仪和电子手簿连接的接口。与测距仪连接可构成组合式全站仪，与电子手簿连接，可将观测结果自动记录，没有读数和记录的人为错误。

4）可根据指令对仪器的竖盘指标差及轴系关系进行自动检测。

5）如果电池用完或操作错误，可自动显示错误信息。

6）可单次测量，也可跟踪动态目标连续测量，但跟踪测量的精度较低。

7）有的仪器可预置工作时间，到规定时间，则自动停机。

8）根据指令，可选择不同的最小角度单位。

9）可自动计算盘左、盘右的平均值及标准偏差。

10）有的仪器内置驱动马达及 CCD 系统，可自动搜寻目标。

根据仪器生产的时间及档次的高低，某种仪器可能具备上述的全部或部分特点。随着科学技术的发展，其功能还在不断扩展。

3.8.3 电子经纬仪的操作

1. 测量前的准备工作

把电池盒底部的导块插入装电池的导孔，安装好电池。

2. 仪器的安置

1）在实验场地上选择一点，作为测站，另外两点作为观测点。

2）将经纬仪安置于点，对中、整平。

3. 角度测量

1）首先从显示屏上确定是否处于角度测量模式，如果不是，则按操作转换为角度测量模式。

2）盘左瞄准左目标 A，按置零键，使水平度盘读数显示为 0°00′00″，顺时针旋转照准部，瞄准右目标 B，读取显示读数。

3）同样方法可以进行盘右观测。

4）如果测竖直角，可在读取水平度盘的同时读取竖盘的显示读数。

4. 距离测量

1）首先从显示屏上确定是否处于距离测量模式，如果不是，则按操作键转换为距离测量模式。

2）照准棱镜中心，这时显示屏上能显示箭头前进的动画，前进结束则完成坐标测量，得出距离，“HD”为水平距离，“VD”为倾斜距离。

3.9　全站仪

全站仪，即全站型电子测距仪，是一种集光、机、电为一体的高技术测量仪器，是集水平角、垂直角、距离（斜距、平距）、高差测量功能于一体的测绘仪器系统。与光学经纬仪比较，全站仪将光学度盘换为光电扫描度盘，将人工光学测微读数改为自动记录和显示读数，使测角操作简单化，且可避免读数误差的产生。因其一次安置仪器就可完成该测站上全部测量工作，所以称之为全站仪。全站仪广泛用于地上大型建筑和地下隧道施工等精密工程测量或变形监测领域。

3.9.1　全站仪结构及功能键

1. 仪器各部件名称

全站仪各部件名称如图 3-16 所示。

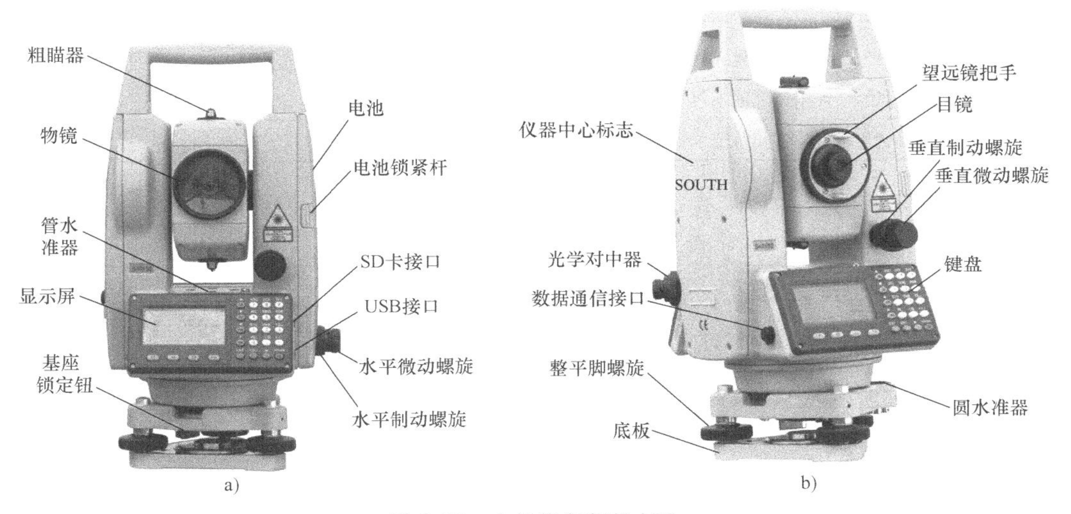

图 3-16　全站仪各部件名称

2. 键盘功能与信息显示

全站仪的键盘与显示屏如图 3-17 所示。

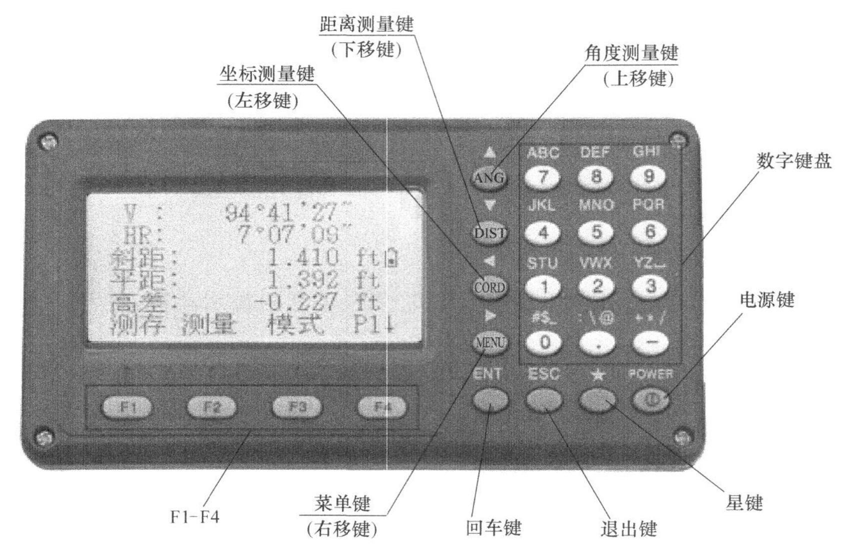

图 3-17 全站仪的键盘与显示屏

全站仪的键盘符号及功能见表 3-5。

表 3-5 全站仪的键盘符号及功能

按键	名称	功能
ANG	角度测量键	进入角度测量模式(▲光标上移或向上选取选择项)
DIST	距离测量键	进入距离测量模式(▼光标下移或向下选取选择项)
CORD	坐标测量键	进入坐标测量模式(◀光标左移)
MENU	菜单键	进入菜单模式(▶光标右移)
ENT	回车键	确认数据输入或存入该行数据并换行
ESC	退出键	取消前一操作,返回到前一个显示屏或前一个模式
POWER	电源键	控制电源的开/关
F1~F4	软键	功能参见所显示的信息
0~9	数字键	输入数字和字母或选取菜单项
· ~ -	符号键	输入符号、小数点、正负号
★	星键	用于仪器若干常用功能的操作

全站仪的显示符号及内容见表 3-6。

表 3-6 全站仪的显示符号及内容

显示符号	内容	显示符号	内容
V%	垂直角(坡度显示)	E	东向坐标
HR	水平角(右角)	Z	高程
HL	水平角(左角)	*	EDM(电子测距)正在进行
HD	水平距离	m	以米为单位
VD	高差	ft	以英尺为单位
SD	斜距	fi	以英尺与英寸为单位
N	北向坐标		

3. 功能键

在各测量模式下功能键［F1］~［F4］的意义如图3-18所示。

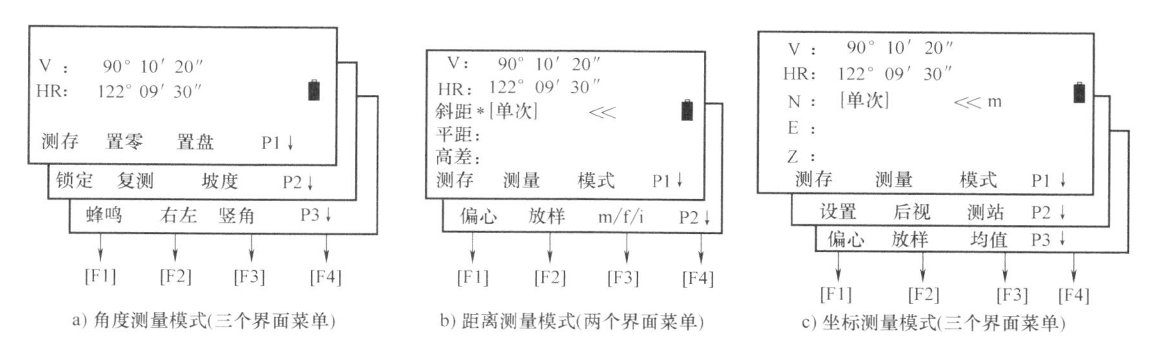

a) 角度测量模式(三个界面菜单)　b) 距离测量模式(两个界面菜单)　c) 坐标测量模式(三个界面菜单)

图3-18　功能键［F1］~［F4］的意义

3.9.2 仪器操作说明

1. 仪器参数设置

首先按“★”。

→按［F2］键选择“补偿”设置垂直角和水平角的倾斜改正。

→按MENU键，先把反射体类型设置成棱镜、免棱镜、反射片。

→按［F4］键选择“参数”，对棱镜常数、PPM值和温度气压进行设置，并且可以查看回光信号的强弱。

2. 测量前准备

(1) 仪器开箱和存放

1) 开箱：轻轻地放下箱子，让其盖朝上，打开箱子的锁栓，开箱盖，取出仪器。

2) 存放：盖好望远镜镜盖，使照准部的垂直制动手轮和基座的水准器朝上，将仪器平卧(望远镜物镜端朝下)放入箱中，轻轻旋紧垂直制动手轮，盖好箱盖，并关上锁栓。

(2) 安置仪器　将仪器安装在三脚架上，精确整平和对中，以保证测量成果的精度，通过对光学对中器或激光点的观察，使仪器精确对准测站点，此项操作重复至仪器精确对准测站点为止。

3.9.3 数据采集

1) 选择数据采集文件，使其所采集数据存储在该文件中。

2) 选择存储坐标文件，将原始数据转换成的坐标数据存储在该文件中。

3) 选择调用坐标数据文件，可进行测站坐标数据及后视坐标数据的调用。(当无需调用已知点坐标数据时，可省略此步骤。)

4) 置测站点，包括仪器高和测站点号及坐标。

5) 置后视点，通过测量后视点进行定向，确定方位角。

6) 置待测点的目标高，开始采集，存储数据。

3.9.4 坐标放样

放样模式有两个功能，即测定放样点和利用内存中的已知坐标数据设置新点。用于放样的坐标数据可以是内存中的点，也可以是从键盘输入的坐标。坐标数据可通过传输电缆从计算机装入仪器内存。

在放样的过程中，有以下步骤：

1）选择放样文件，可进行测站坐标数据、后视坐标数据和放样点数据的调用。

2）设置放样点。

3）设置后视点，确定方位角。

4）输入所需的放样坐标，开始放样。

全站仪坐标放样如图 3-19 所示。

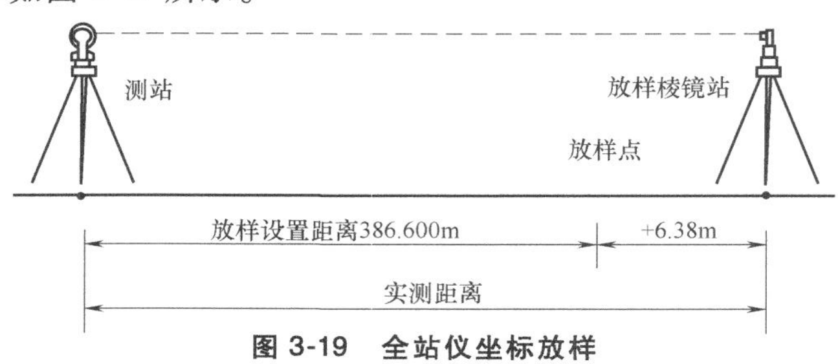

图 3-19 全站仪坐标放样

3.9.5 后方交会

全站仪后方交会如图 3-20 所示。在新站上安置仪器，用最多可达 7 个已知点的坐标和这些点的测量数据计算新坐标。后方交会的观测如下：

1）距离测量后方交会：测定 2 个或更多的已知点。

2）角度测量后方交会：测定 3 个或更多的已知点。

测站点坐标按最小二乘法解算（当仅用角度测量做后方交会时，若只有观测 3 个已知点，则无需做最小二乘法计算）。

3.9.6 悬高测量

为了得到不能放置棱镜的目标点高度，只需将棱镜架设于目标点所在垂线上的任一点，然后进行悬高测量，如图 3-21 所示。

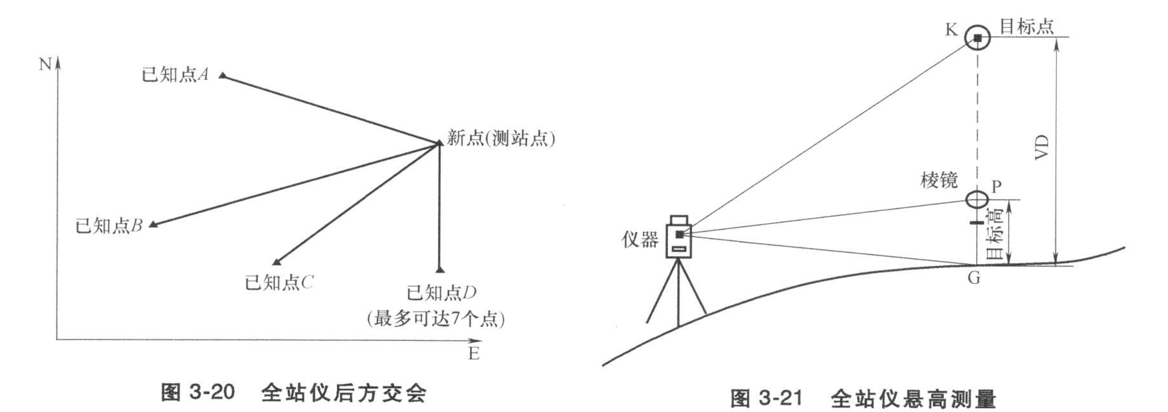

图 3-20 全站仪后方交会

图 3-21 全站仪悬高测量

3.9.7 对边测量

对边测量能测量两个目标棱镜之间的水平距离、斜距、高差和水平角，也可直接输入坐标值或调用坐标数据文件进行计算。

对边测量的方法有两个（图 3-22）：

MLM—1（A—B，A—C）：测量 A—B，A—C，A—D……

MLM—2（A—B，B—C）：测量 A—B，B—C，C—D……

3.9.8 一般操作注意事项

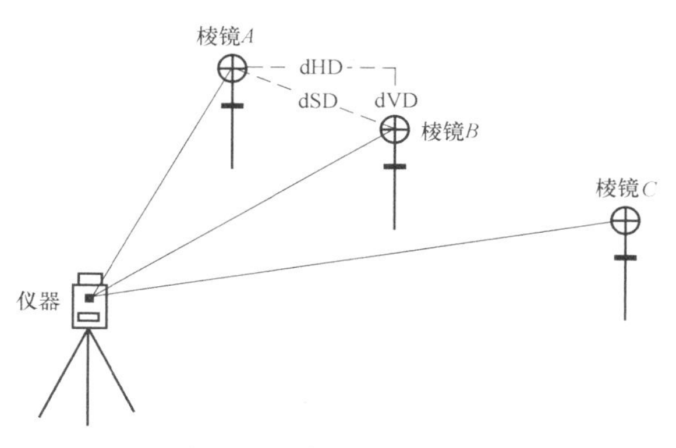

图 3-22 全站仪对边测量

1）日光下测量应避免将物镜直接对准太阳。建议使用太阳滤光镜以减弱这一影响。

2）避免在高温和低温下存放仪器，亦应避免温度骤变（使用时气温变化除外）。

3）仪器不使用时，应将其装入箱内，置于干燥处，并注意防震、防尘和防潮。

4）若仪器工作处的温度与存放处的温度差异太大，应先将仪器留在箱内，直至适应环境温度后再使用。

5）若仪器长期不使用，应将电池卸下分开存放。并且电池应每月充电一次。

6）运输仪器时应将其装于箱内进行，运输过程中要小心，避免挤压、碰撞和剧烈震动。长途运输最好在箱子周围使用软垫。

7）架设仪器时，尽可能使用木脚架。因为使用金属脚架可能会引起震动影响测量精度。

8）外露光学器件需要清洁时，应用脱脂棉或镜头纸轻轻擦净，切不可用其他物品擦拭。

9）仪器使用完毕后，应用绒布或毛刷清除仪器表面灰尘。仪器被雨水淋湿后，切勿通电开机，应用干净软布擦干并在通风处放一段时间。

10）作业前应仔细全面检查仪器，确定仪器各项指标、功能、电源、初始设置和改正参数是否符合要求，均符合要求时再进行作业。

11）若发现仪器功能异常，非专业维修人员不可擅自拆开仪器，以免发生不必要的损坏。

12）免棱镜型系列全站仪发射光是激光，使用时不能对准眼睛。

思考题与习题

1. 什么是水平角和竖直角？如何定义竖直角的符号？
2. 根据测角的要求，经纬仪应具有哪些功能？其相应的构造是什么？
3. 试述测回法测水平角的步骤，并根据表 3-7 的记录计算平均值及平均角值。

表 3-7 测回法测水平角手簿（习题）

测站	测点	盘位	水平度盘读数 ° ′ ″	水平角值 ° ′ ″	平均角值 ° ′ ″	备注
O	A	左	20 01 10			A, O, β, B
	B		67 12 30			
	B	右	247 12 56			
	A		200 01 50			

4. 完成表 3-8 竖直角观测手簿的计算，不需要写公式，全部计算均在表格中完成。

表 3-8 竖直角观测手簿（习题）

测站	目标	竖盘位置	竖盘读数 ° ′ ″	半测回竖直角 ° ′ ″	指标差 ″	一测回竖直角 ° ′ ″
A	B	左	81 18 42			
		右	278 41 30			
	C	左	124 03 30			
		右	235 56 54			

5. 什么是竖盘指标差？怎样测定它的大小？怎样决定其符号？

6. 经纬仪有哪些轴线？轴线之间应满足什么关系？

7. 影响水平角和竖直角测量精度的因素有哪些？应如何消除或降低其影响？

8. 电子经纬仪与光学经纬仪相比较，其最主要的区别是什么？

第 4 章　距离测量与直线定向

4.1　距离测量概述

距离测量是测量工作的三项基本要素之一，是确定地面点位的重要环节。距离指的是两点间的水平直线的长度。根据测量所使用的工具、方法的不同，距离测量可分为钢尺量距、视距测量、光电测距等。

4.2　钢尺测量

4.2.1　测量工具

钢尺是主要的测量工具。一般是钢制的带尺，精度可达到 1/1000 至几万分之一。因瓦基线尺是用温度膨胀系数很小的因瓦合金钢制作的高精度带状尺，量距精度可达 1/100000。钢尺宽约 10~15mm，厚约 0.4mm，长度有 20m、30m、50m 等几种。钢尺可弯曲，卷放在尺盒中或尺架上（图 4-1）。

根据钢尺零点位置的不同可分为端点尺和刻线尺。端点尺以尺的端点作为零点（图 4-2a），而刻线尺以近端点处的一条刻线作为零点（图 4-2b），使用前应注意。

图 4-1　钢尺

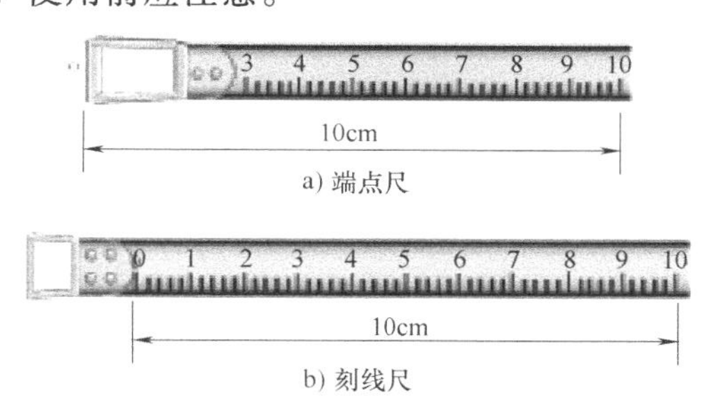

图 4-2　端点尺和刻线尺

测钎是进行钢尺量距时用来标定整尺端点位置的。一般由铁丝制成，长约 25~35mm、直径约 3~4mm，其一端卷成圆环状，另一端呈尖锥状（图 4-3a）。

花杆又称标杆，用于直线定线和投点，由圆木杆或金属制成，长度约 2~3m，其上每隔 20cm 相间涂有红、白油漆（图 4-3b）。

垂球用于对点、标点，由金属制成，为近圆锥状（图 4-3c）。

4.2.2　直线定线

在进行距离测量时，有时两点之间距离较长或地势起伏较大，就需要在直线方向上标定若干分段点，再利用钢尺进行分段量测。此项工作称为直线定线，简称定线。定线方法有目估定线和经纬仪定线。

1. **目估定线**

目估定线适用于钢尺量距的一般方法。如图4-4所示，A、B为地面上待测距离的两个可通视端点，要在A、B两点间定出若干中间点，需要先在A、B两点各竖立一标杆，甲站在A点标杆后约1~2m处，自A点标杆的后面目测瞄准B点标杆。另一人乙手持一标杆，站在距A点大致一尺段长的位置，听从甲的指挥左右移动标杆，直至标杆位于AB直线上为止，插上标杆，得到点1。同样的方法可定出A、B直线上的其他点。

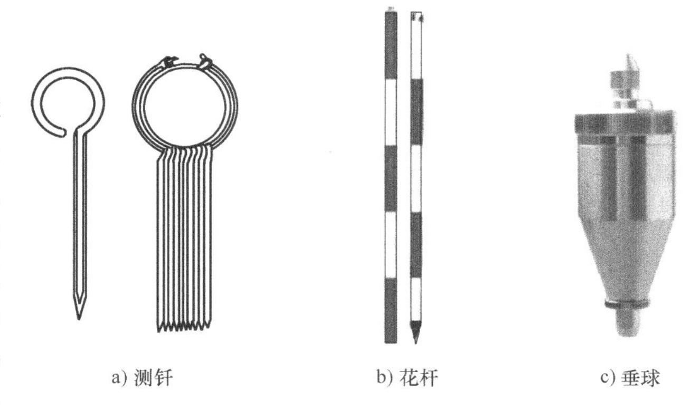

图4-3 钢尺量距的辅助工具

2. **经纬仪定线**

经纬仪定线适用于钢尺精密测量。如图4-5所示，A、B为可通视两点，定线前先清除沿线障碍物，由甲将经纬仪安置在端点A，对中、整平后，用望远镜纵丝瞄准另一点B上的标志，制动水平照准部。乙持标杆站在自A点相距略小于整尺长度的位置，甲上下转动望远镜，指挥乙左右移动标杆，直至望远镜纵丝平分标杆，定出尺段点1，并钉上木桩（桩顶高出地面10~20cm），使木桩在十字丝纵丝上，并在木桩顶上画十字线。用同样的方法钉出2，3等尺段桩。

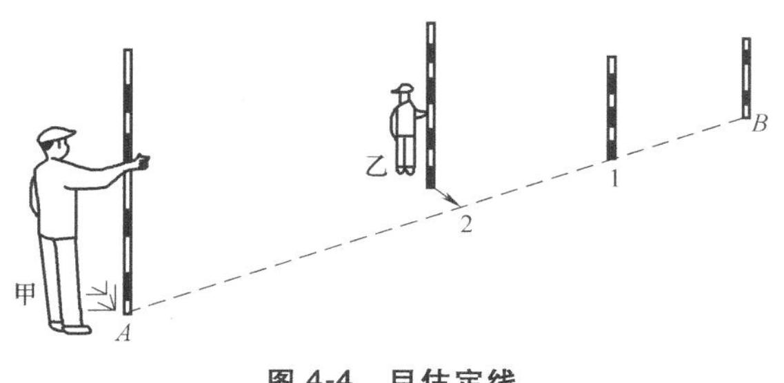

图4-4 目估定线

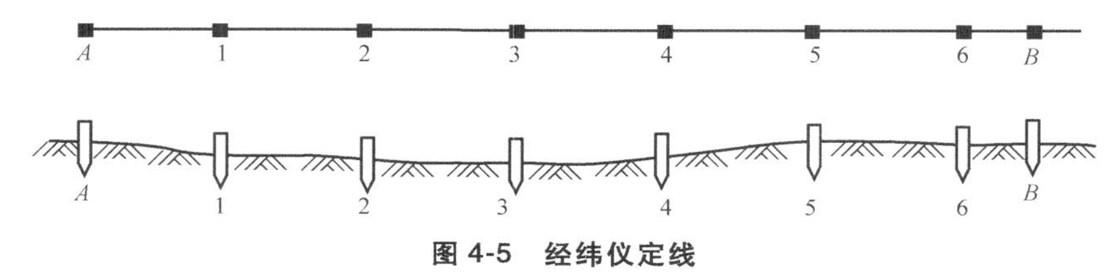

图4-5 经纬仪定线

4.2.3 一般方法量距

1. **平坦地段距离丈量**

如图4-6所示，欲丈量两点间的水平距离D_{AB}，先清除待测直线上的障碍物。由甲持尺零端位于起点A，乙持尺末端、测钎和标杆沿直线方向前进，至一整尺段时，竖立标杆；由甲指

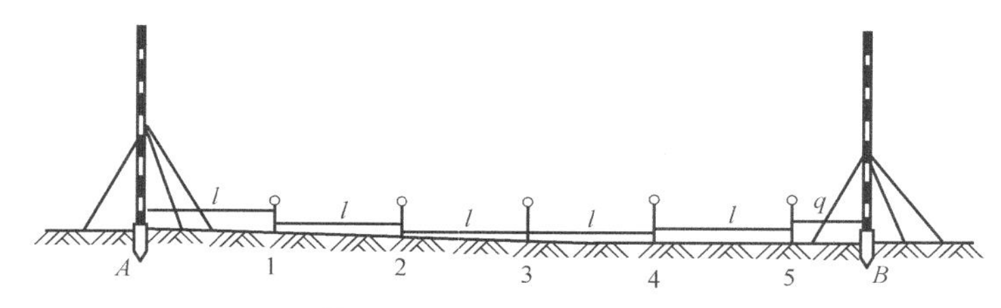

图4-6 平坦地面距离丈量

挥定线，将标杆插在 AB 直线上；将尺平放在 AB 直线上，两人拉直、拉平尺子，乙发出“预备”信号，甲将尺零刻划对准 A 点标志后，发出丈量信号“好”，此时乙把测钎对准尺子终点刻划垂直插入地面，这样就完成了第一尺段的丈量。同法继续丈量直至终点。每量完一尺段，甲拔起后面的测钎再走。最后不足一整尺段的长度称为余尺段，丈量时，甲将零端对准最后一只测钎，乙以 B 点标志读出余长 q，读至 mm。甲“收”到 n（整尺段数）只测钎，A、B 两点间的水平距离 D_{AB} 按下式计算

$$D_{AB}=nl+q$$

式中　l——尺长。

以上称为往测。为了进行检核和提高精度，调转尺头自 B 点再丈量至 A 点，称为返测。往返各丈量一次称为一个测回。往返丈量长度之差称为较差，用 ΔD 表示

$$\Delta D=D_{往}-D_{返}$$

较差 ΔD 的绝对值与往返丈量平均长度 $D_{均}$ 之比，称为相对误差，用 K 表示，它是衡量距离丈量的精度指标。K 通常以分子为 1 的分数形式表示，即

$$K=\frac{1}{D_{均}/|D_{往}-D_{返}|}$$

若 K 满足精度要求，取往返丈量的平均值 $D_{均}$ 作为结果。相对误差分母通常取整百、整千、整万，不足的一律舍去，不得进位。相对误差分母越大，量距精度越高。在平坦地区量距，精度应大于 1/3000，量距困难地区也应大于 1/1000。若超限，则应分析原因，重新丈量。

2. 倾斜地区的距离丈量

如果地面是倾斜的，视地形情况采用水平量距法或倾斜量距法。

水平量距法：当地势起伏不大时，可由两人共同将钢尺抬高，拉平丈量，这称为水平量距法。如图 4-7a 所示，丈量时一般使尺子的一段着地，便于对准端点位置。由甲将钢尺零端点对准 A 点标志中心，乙将钢尺抬高，并且目估使钢尺水平，然后放开垂球，使之自由下垂，垂球尖将尺段的末端投影到地面上，插上测钎。量第二段时，甲用零端对准第一根测钎根部，乙同法插上第二个测钎，依次类推直到 B 点。

倾斜量距法：倾斜地面的坡度均匀时，可采用倾斜量距法。如图 4-7b 所示，沿着斜坡丈量出斜距 L，并用经纬仪测出地面倾斜角 α，然后计算 AB 的水平距离 D，称为倾斜量距法。显然水平距离 D 的计算式为

$$D=L\cos\alpha$$

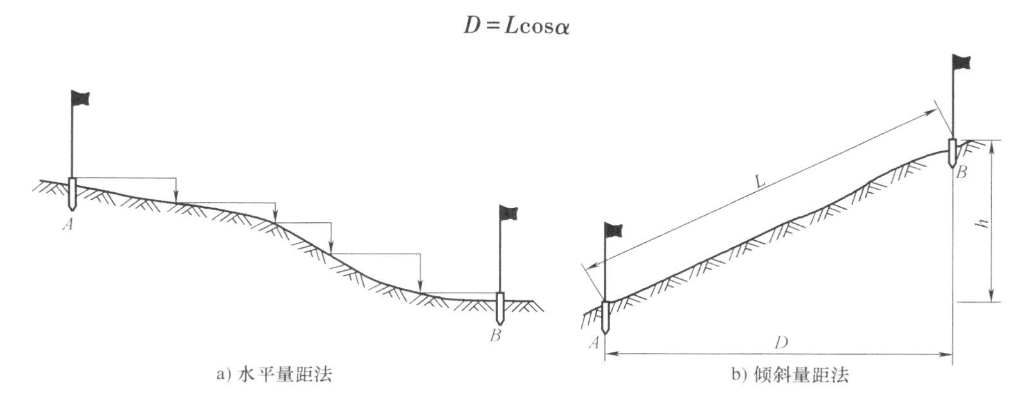

图 4-7　倾斜地面距离丈量

4.2.4 钢尺量距的误差来源

1. 误差来源

1）尺长误差。钢尺名义长度与实际长度不符的话会产生尺长误差，丈量距离越长，误差越大。新购的或使用一段时间后的钢尺应经过检验，测出尺长改正数，以便进行尺长改正。

2）温度误差。钢尺的长度会随温度的变化而变化。精度要求较高的丈量，应进行温度改正，并尽可能用半导体温度计测定尺温，或尽可能在阴天进行，以减小空气温度与钢尺温度的差值。

3）拉力误差。拉力的大小会影响钢尺的长度。精密量距时，必须使用弹簧秤，以控制钢尺在丈量时所受拉力与检定时拉力相同。

4）钢尺不水平的误差。用平量法丈量时应尽可能使钢尺保持水平，否则会产生误差。精密量距时，测出尺段两端点的高差，进行倾斜改正，可消除钢尺不水平的影响。

5）定线误差。钢尺没有准确地放在所量直线的方向上，会产生误差。当距离较长或精度要求较高时，可利用仪器定线。

6）丈量误差。丈量误差属于偶然误差，也是丈量工作中一项主要误差来源，无法完全消除。在量距时应尽量认真操作，以减小丈量误差。

2. 误差改正

1）尺长改正。钢尺在标准拉力 P_0 和标准温度 t_0 时的实际长度 L_0 与其名义长 L 之差 ΔL，称为整尺段的尺长改正数。则钢尺每米的改正数为 $\Delta L/L$。若丈量的距离为 S，则应加入的尺长改正数 ΔS_L 为

$$\Delta S_L = \frac{\Delta L}{L} S$$

2）温度改正。钢尺受外界气温变化的影响，尺长要发生伸缩变化，从而使量得的距离将比实际距离增大或缩短，因此需进行温度改正。若丈量的距离为 S，则应加入的温度改正数 ΔS_t 为

$$\Delta S_t = S \times \alpha \times (t - t_0)$$

式中 α——钢尺的线膨胀系数，$\alpha = 0.000012\text{m/℃}$；

t_0——钢尺检定时的标准温度；

t——量距时的温度。

3）倾斜改正。所量距离为倾斜边长 L，换算成平距 l 为

$$l = L\cos\delta$$

式中 δ——所测倾斜边长的倾角。

当倾斜坡度小于3%时，改正数为

$$\Delta S_h = \frac{h^2}{2L} \text{（}\Delta S_h\text{ 恒为负）}$$

式中 h——高差值；

L——倾斜边长。

当倾斜坡度大于3%时，平距为

$$l = \sqrt{L^2 - h^2}$$

4.2.5 量距注意事项

1）丈量距离时的三个基本要求是：“直”“平”“准”。“直”指的是两点间的直线长度，

所以定线要直，尺要拉直；“平”指的是尺身要保持水平，保证量取的是两点间的水平距离；“准”指的是对点准、投点准、计算准。

2）距离丈量时，前后尺手相互配合，以保持尺身水平。尺要拉紧，用力均匀，尺稳定时再读数。

3）要爱护工具。钢尺性能脆弱，易磨损，要防止折断、压断，防止扭曲、拖拉。用完后要用软布擦干净，涂防锈油。

4.3　视距测量

视距测量是利用水准仪或经纬仪望远镜内的视距丝，根据几何光学原理测定距离的方法。这种方法受地形的影响较小，但精度较低，常用于地形碎部测量中。

4.3.1　视距测量原理

水准仪或经纬仪的望远镜内都有视距丝装置。如图 4-8 所示，从视距丝的下丝 M_2 和上丝 N_2 发出的光线在竖直面内所夹的角度 φ 称为视场角，角度是固定的。该角的两条边在尺上截得一段距离 $M_iN_i=l_i$，称为尺间隔。由已知固定角 φ 和尺间隔 l_i 即可推算出两点间的距离（视距）为

$$D_i=\frac{l_i}{2}\cot\frac{\varphi_i}{2}$$

角度 φ 不变，则 l_i 与 D_i 成正比。视距测量就是根据此原理来进行测距的。

4.3.2　视准轴水平时的视距计算公式

如图 4-9 所示，AB 为待测距离，在 A 点安置水准仪，B 点立尺，水准仪望远镜整平，瞄准 B 点视距尺，则望远镜视线与视距尺垂直。M、N 点在视距丝成像为 m、n，MN 的长度由视距丝的上、下丝之差求出。即尺间隔 l，p 为视距丝间距，f 为物镜焦距，δ 为物镜到仪器中心的距离，$\triangle MNF$ 和 $\triangle m'n'F$ 是相似三角形，由几何关系可得

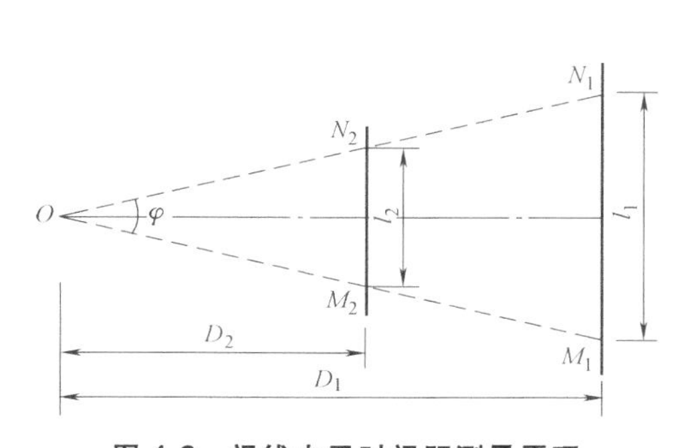

图 4-8　视线水平时视距测量原理

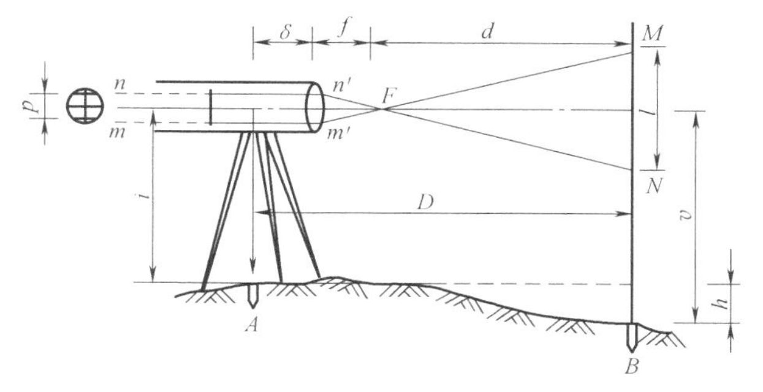

图 4-9　视线水平时的视距公式推导

$$\frac{d}{l}=\frac{f}{p}$$

则

$$d=\frac{f}{p}l$$

由图 4-9 可知

$$D=d+f+\delta$$

则 $$D=\frac{f}{p}l+f+\delta$$

令$\frac{f}{p}=k$，$f+\delta=c$，则有 $$D=kl+c$$

式中 k——视距乘常数；

c——视距加常数。

目前使用的望远镜的视距常数 $k=100$，c 近似为 0，则水平距离公式可写成

$$D=kl=100\times l$$

如果安置的是一台经纬仪，视线水平时的测距原理是一样的。使用经纬仪，视线水平而且竖盘指标水准管气泡居中的时候，竖盘的读数是一个固定值，一般为 90°的整数倍。所以，当竖盘读数为 90°整数倍时，而且竖盘指标水准管气泡居中的时候，视线就是水平的。

4.3.3 视线倾斜时的视距公式

如图 4-10 所示，视线是倾斜的，而标尺竖直立在 B 点，故视线与标尺不垂直。所以需要将尺间隔 MN 换算为与视线垂直的尺间隔 $M'N'$，这样可以按上面的公式来计算倾斜距离 D'，再根据角 α 计算出水平距离 D 和高差 h。

由图 4-10 可知

$$\angle MQM'=\angle NQN'=\alpha$$

$$\angle QM'M=90°-\frac{1}{2}\varphi$$

$$\angle QN'N=90°+\frac{1}{2}\varphi$$

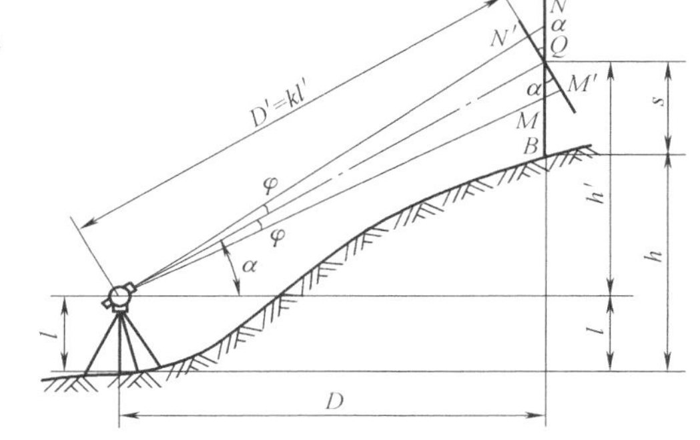

图 4-10 视线倾斜时的视距公式推导

由于$\frac{1}{2}\varphi$ 很小，所以可以把$\angle QM'M$ 和$\angle QN'N$ 近似看成直角，在直角$\triangle M'QM$ 和$\triangle N'QN$ 中，可以求得

$$l'=M'Q+Q'N=MQ\cos\alpha+QN\cos\alpha=l\cos\alpha$$

将该式代入视线水平时的公式得

$$D'=kl'=kl\cos\alpha$$

则视线倾斜时的水平距离为

$$D=D'\cos\alpha=kl\cos^2\alpha$$

4.3.4 视距测量的误差来源

1. 读数误差

视距尺的最小分划、测量距离远近、望远镜的放大倍数及读取视距间隔产生的误差，都是视距测量的误差来源，所以读数时一定要仔细，认真消除视差。可用上丝或下丝对准视距尺上的一条整分划线，用另一条视距丝估读出视距读数，这样可以减少读数误差的影响。

2. 视距尺倾斜引起的误差

多数情况下地表不是平坦的，而坡度会给人错觉。因此，当所测的竖角是仰角的时候，标尺容易前倾；所测的竖角是俯角的时候，标尺容易后仰。所以应使用带有圆水准器的视距尺，使视距尺尽量保持竖直。

3. 视距常数 K 不准确的误差

视距常数 K 通常取 100，但是仪器制造的误差和空气温度变化，都会影响 K 值，使 K 值不等于 100，若按 $K=100$ 计算，就会使所测距离有误差。要对每台仪器进行检查，若 K 值不在 99.95～100.05 之间，就应采用实测的 K 值。

4. 竖直角观测的误差

由距离公式 $D=Kl\cos^2\alpha$ 可知，测定 α 值时产生的误差必然会影响到距离。

5. 外界条件的影响

外界影响测距的因素很多，主要有：

1）大气的竖直折光。在靠近地面的地方，温差造成大气密度不均匀，视线通过的大气密度是不相等的，使光线成为曲线。

2）空气对流使视距尺的成像不稳定。这种现象在晴天或是视线通过水面上空和视线离地表太近的时候比较突出，成像不稳定造成的误差对视距精度影响很大。

3）风力使尺子抖动。风力较大使尺子不能立稳而发生抖动，使两根视距丝读数时不能严格在同一时间进行，对视距间隔产生影响。对此，应选择合适的天气进行视距测量。

4.4 光电测距

传统的测距方法如钢尺测距和视距测量，都存在或精度低，或效率低和受地形限制的缺点，而光电测距是一种利用光和电子技术测距的技术，具有高精度、高效率、自动化、不受地形限制的特点。世界上第一台测距仪是由瑞典物理学家 Bergstrand 于 1948 年研制成功的，用白炽灯作光源。瑞典 AGA 公司在 1967 年推出了第一台商品化激光测距仪，是第二代光电测距仪的代表。

目前光电测距仪的种类很多，按其光源不同可分为：普通光源、红外光源和激光光源三种；按测程可分为短程（测距在 3km 以下）、中程（测距在 3～15km）和远程（测距在 15km 以上）三种；按其光波在测段内传播的时间测定方法，可分为脉冲法和相位法两种；按测量精度划分为Ⅰ级、Ⅱ级、Ⅲ级。光电测距仪测程分类与技术等级见表 4-1。

表 4-1　光电测距仪测程分类与技术等级

仪器种类	短程光电测距仪	中程光电测距仪	远程光电测距仪
测程(km)	<3	3～15	>15
精度	±(5mm+5ppm$D$)	±(5mm+2ppm$D$)	±(5mm+1ppm$D$)
光源	红外光源(GaAs 发光二极管)	红外光源(GaAs 发光二极管) 激光光源(激光管)	He-Ne 激光器
测距原理	相位法	相位法	相位法
使用范围	地形测量,工程测量	大地测量,精密工程测量	大地测量,航空、航天、制导等空间距离测量
技术等级	Ⅰ	Ⅱ	Ⅲ
精度	<5mm	5～10mm	11～20mm

注：$1\text{ppm}=1\times10^{-6}$；$D$ 为测程。

4.4.1 光电测距仪的原理

如图 4-11 所示，欲测定 A、B 两点间的距离 D，在 A 点安置能发射和接收光波的测距仪，B 点安置反射棱镜，A 点测距仪光源发射器向 B 点发射光波，B 点反射镜把光波反射回到测距仪的接收器上。测定光波在待测距离两端点间往返传播一次的时间 t_{2D} 是已知的，根据光波在大气中的传播速度 c 可计算 A、B 间的距离 D。

$$D=\frac{1}{2}ct_{2D}$$

光电测距仪根据测定时间 t_{2D} 的方式，可分为直接测定时间的脉冲测距法和间接测定时间的相位测距法。

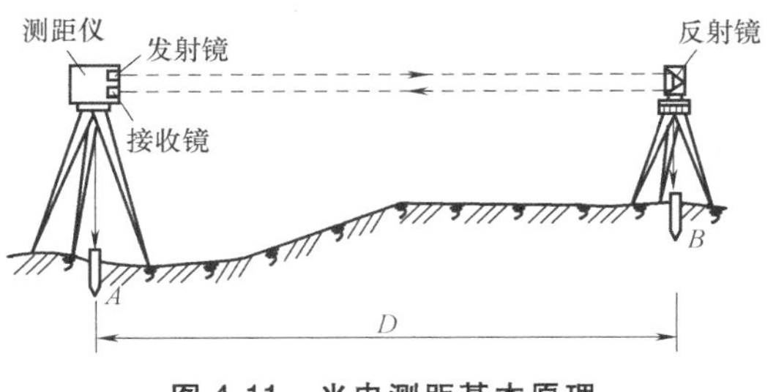

图 4-11 光电测距基本原理

1. 脉冲测距法

直接测定光脉冲发射和接收的时间差来确定距离的方法，称为脉冲法测距。光波在待测距离两端点间往返传播一次的时间 t_{2D} 为

$$t_{2D}=qT_0=\frac{q}{f_0}$$

式中 T_0——相邻脉冲间的时间间隔；

f_0——脉冲的振荡频率；

q——计数器计得的时钟脉冲个数。

脉冲法测距具有脉冲发射的瞬时功率很大、测程远、被测地点无须安置合作目标的优点。但受到脉冲宽度和电子计数器时间分辨率的限制，绝对精度较低，一般为± (1~5)m。

2. 相位测距法

相位测距法是将发射光波的光强调制成正弦波的形式，通过测量正弦光波在待测距离上往返传播的相位移来计算距离。相位法测距的量大优点是测距精度高，一般精度均可达到±(5~20)mm。工程测量中常用的是短程的Ⅰ级相位式红外测距仪。

如图 4-12 所示，将反光镜 B 反射后回到 A 点的光波沿测线方向展开，则调制光往返经过了 $2D$ 的路程。设调制光的角频率为 ω ，波长为 λ_S，光强变化一周期 T 的相位差为 2π，调制光在两倍距离上传播时间为 t，每秒钟光强变化的周期数为频率 f。依据光学原理，f 可表示为

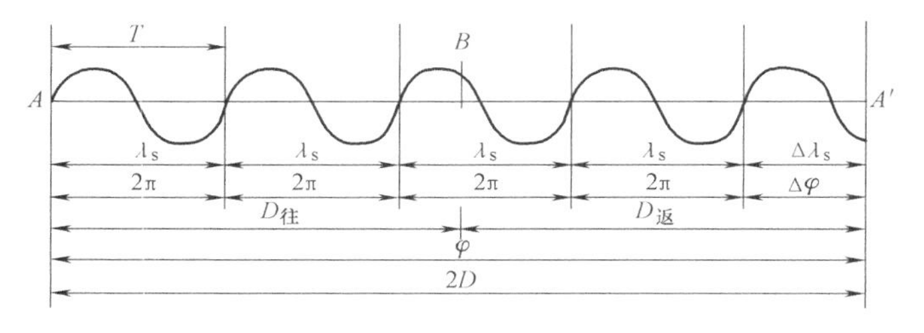

图 4-12 相位法测距原理

$$f=\frac{c}{\lambda_S}$$

则正弦光波经过 t 后振荡的相位移为

$$\varphi=2\pi ft$$

于是

$$t=\frac{\varphi}{2\pi f}$$

将上式带入 $D=\frac{1}{2}ct_{2D}$ 中，得

$$D=\frac{c}{2f}\frac{\varphi}{2\pi}$$

同时，相位差 φ 可表示为 $\varphi=2\pi N+\Delta\varphi$，代入上式后得

$$D=\frac{c}{2f}\left(N+\frac{\Delta\varphi}{2\pi}\right)=\frac{\lambda_S}{2}(N+\Delta N)$$

式中　N——整周期数；

$\frac{\lambda_S}{2}$——测尺长，不同的调制频率 f 对应的测尺长见表 4-2。

表 4-2　测尺的长度

调制频率 f/MHz	15	7.5	1.5	0.15	0.075
测尺长 $\frac{\lambda_S}{2}$/m	10	20	100	1000	2000

4.4.2　测距仪的构成与使用

1. 测距仪的构成

测距仪通常是安置在经纬仪上方，与经纬仪配合使用。主机通过连接器安置在经纬仪上部，经纬仪可以是普通光学经纬仪，也可以是电子经纬仪。利用光轴调节螺旋，可使主机的发射-接收器光轴与经纬仪视准轴位于同一竖直面内。另外，测距仪横轴到经纬仪横轴的高度与觇牌中心到反射棱镜高度一致，从而使经纬仪瞄准觇牌中心的视线与测距仪瞄准反射棱镜中心的视线保持平行。配合主机测距的反射棱镜，根据距离远近，可选用单棱镜（1500m 内）或三棱镜（2500m 内），棱镜安置在三脚架上，根据光学对中器和管水准器进行对中、整平。

2. 测距仪的使用

在测站点上对准、整平经纬仪，在经纬仪上安置测距仪；在目标点上安置反射棱镜，使棱镜反射面大致朝向测站点方向；在测站点用经纬仪上的望远镜瞄准反射棱镜下方的觇板，测量水平角或垂直角；用测距仪的望远镜瞄准反射棱镜中心，打开测距仪电源，依次输入各项参数，使仪器自动进行各项误差改正，完成后按下测距按钮，进行自动测距；所测距离的数值显示在显示窗内，将数据记入手簿中。

4.5　直线定向

直线定向就是确定直线方向与标准方向的关系。首先要选定一个标准方向作为依据，再测出直线与标准方向之间的水平角，即确定了该直线的方向。

4.5.1　标准方向

1. 真子午线方向

通过地球表面某点的真子午线的切线方向，称为该点的真子午线方向。其北端指示方向又称真北方向。可用天文测量方法或者陀螺经纬仪来测定。

2. 磁子午线方向

在地球磁场的作用下，磁针自由静止时所指的方向称为磁子午线方向。磁子午线方向都指向磁地轴。通过地面某点磁子午线的切线方向称为该点的磁子午线方向。其北端指示方向又称磁北方向。可用罗盘仪测定。

3. 坐标纵轴方向

高斯平面直角坐标系中，每带的中央子午线为坐标纵轴，在每带内把坐标纵轴作为标准方向，称为坐标纵轴方向或中央子午线方向。坐标纵轴北向为正，又称轴北方向。如采用假定坐标系，则用假定的坐标纵轴（x 轴）作为标准方向。坐标纵轴方向是测量工作中常用的标准方向。

以上真北、磁北、轴北方向称为三北方向。

4.5.2 直线方向的表示方法

1. 方位角

测量工作中，常用方位角来表示直线的方向。方位角是由标准方向的北端起，顺时针方向度量到某直线的夹角，取值范围为 0 °~360°，如图 4-13 所示。若标准方向为真子午线方向，则其方位角称为真方位角，用 A 表示；若标准方向为磁子午线方向，则其方位角称为磁方位角，用 A_m 表示。若标准方向为坐标纵轴，则称其为坐标方位角，用 α 表示。

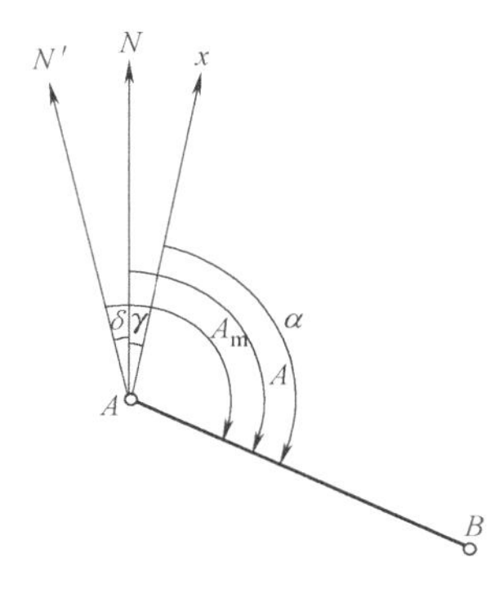

图 4-13 方位角

2. 三种方位角间的关系

由于地球的南北两极与地球的南北两磁极不重合，所以地面上同一点的真子午线方向与磁子午线方向是不一致的，两者间的水平夹角称为磁偏角，用 δ 表示。过同一点的真子午线方向与坐标纵轴方向的水平夹角称为子午线收敛角，用 γ 表示。以真子午线方向北端为基准，磁子午线和坐标纵轴方向偏于真子午线以东叫东偏，δ、γ 为正；偏于西侧叫西偏，δ、γ 为负。不同点的 δ、γ 值一般是不相同的。如图 4-13 所示，直线 AB 的三种方位角之间的关系如下

$$A=A_m+\delta$$

$$A=\alpha+\gamma$$

$$\alpha=A_m+\delta-\gamma$$

3. 坐标方位角和象限角

在同一直线的不同端点测量，方位角就不同。测量中把直线的前进方向成为正方向，反之为反方向。如图 4-14 所示，直线 AB 的坐标方位角 α_{AB} 为直线 AB 的正坐标方位角，直线 BA 的坐标方位角 α_{BA} 为直线 AB 的反坐标方位角，是直线 BA 的正坐标方位角。

$$\alpha_{AB}=\alpha_{BA}\pm180°$$

测量上有时用象限角来确定直线的方向。所谓象限角，就是由标准方向的北端或南端起量至某直线所夹的锐角，常用 R 表示。角值范围 0°~90°。

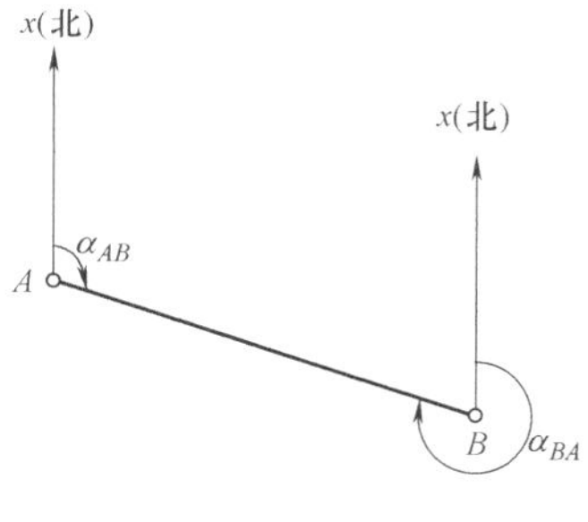

图 4-14 正反坐标方位角

表示直线的方向时应注明北偏东、北偏西或南偏东、南偏西。如北东 85°，南西 47°等。当知道了直线的方位角，就可以换算出它的象限角；由已知象限角也可以推算出方位角。

坐标方位角与象限角的换算关系见表 4-3。

表 4-3 坐标方位角与象限角的换算关系

直线定向	方位角	由坐标方位角推算坐标象限角	由坐标象限角推算坐标方位角
北东(NE) 第Ⅰ象限	0°~ 90°	$R=\alpha$	$\alpha=R$
南东(SE) 第Ⅱ象限	90°~ 180°	$R=180°-\alpha$	$\alpha=180°-R$

（续）

直线定向	方位角	由坐标方位角推算坐标象限角	由坐标象限角推算坐标方位角
南西(SW) 第Ⅲ象限	180°～270°	$R=\alpha-180°$	$\alpha=180°+R$
北西(NW) 第Ⅳ象限	270°～360°	$R=360°-\alpha$	$\alpha=360°-R$

4. 坐标方位角的推算

如图 4-15 所示，α_{12}是已知的，通过测量水平角，可求出 12 边和 23 边的转折角 β_2 以及 23 边与 34 边的转折角 β_3，现在推算 α_{23}，α_{34}分别为多少。

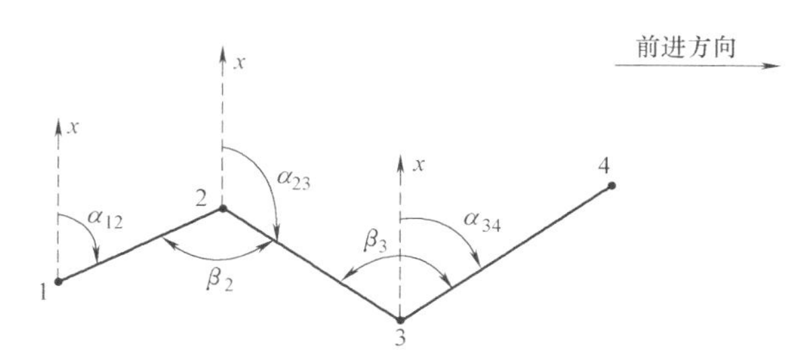

图 4-15　坐标方位角计算

由图 4-15 中分析得：由于每条边的正、反坐标方位角相差 180°，因此

$$\alpha_{23}=\alpha_{21}-\beta_2=\alpha_{12}+180°-\beta_2$$

$$\alpha_{34}=\alpha_{32}-(360°-\beta_3)=\alpha_{23}-180°+\beta_3$$

在计算时，注意 β 角有左、右角之分，这会导致推算的公式不同。左角是指该角位于推算路线前进方向左侧的水平角，右角则是位于推算路线前进方向右侧的水平角。由此得到推算坐标方位角的通用公式

$$\alpha_{前}=\alpha_{后}\mp 180°\pm\beta_{右}^{左}$$

当 β 角为左角时，取+，并且-180°；当 β 角为右角时，取-，并且+180°。另外，坐标方位角的取值范围为 0°～360°，如果计算的结果 $\alpha_{前}$ 大于 360°，就减去 360°，如果 $\alpha_{前}$ 结果小于 0°，就加上 360°。

5. 坐标正算

坐标正算，就是知道已知点的坐标方位角和到待定点的水平距离，求待定点的坐标的计算。如图 4-16 所示，已知 A 点的坐标（x_A，y_A），A 点到 B 点的距离 D_{AB}和坐标方位角 α_{AB}，则 B 点的坐标计算如下：

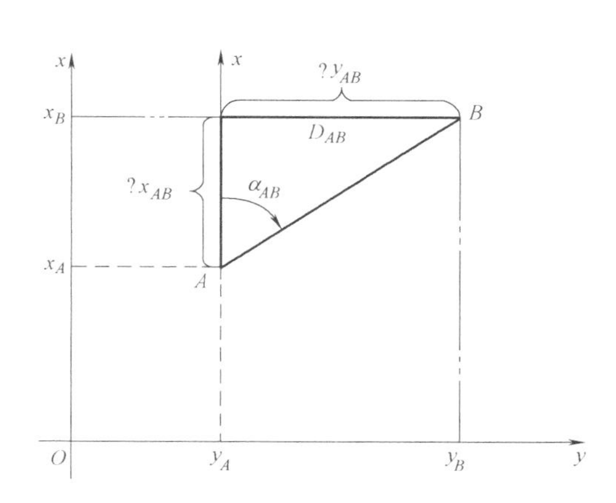

图 4-16　坐标正算

直线两端点 A、B 的坐标值之差，称为坐标增量，用 Δx_{AB}、Δy_{AB}表示。

坐标增量的计算公式为

$$\left.\begin{aligned}\Delta x_{AB}=x_B-x_A=D_{AB}\cos\alpha_{AB}\\ \Delta y_{AB}=y_B-y_A=D_{AB}\sin\alpha_{AB}\end{aligned}\right\}$$

则 B 点坐标的计算公式为

$$\left.\begin{aligned}x_B &= x_A+\Delta x_{AB}=x_A+D_{AB}\cos\alpha_{AB}\\ y_B &= y_A+\Delta y_{AB}=y_A+D_{AB}\sin\alpha_{AB}\end{aligned}\right\}$$

6. 坐标反算

坐标反算就是已知直线两端点 A、B 的坐标，计算 A、B 间水平距离和坐标方位角的过程。首先，计算坐标增量 Δx、Δy，按 Δx、Δy 的正负号判断 A 点到 B 点的方向所在象限。

$$\Delta x_{AB}=x_B-x_A$$

$$\Delta y_{AB}=y_B-y_A$$

再计算 A 点到 B 点的象限角和水平距离。

$$\alpha_{AB}=\arctan\left|\frac{\Delta y_{AB}}{\Delta x_{AB}}\right|$$

$$D_{AB}=\sqrt{\Delta x_{AB}^2+\Delta y_{AB}^2}$$

根据以上计算，可知直线 AB 象限角大小，可换算成方位角。

思考题与习题

1. 什么叫直线定线？直线定线的目的是什么？有哪些方法？如何进行？

2. 钢尺量距的方法有几种？

3. 钢尺量距时有哪些主要误差？如何消除和减少这些误差？

4. 设 AB 的往、返测距离分别为 135.781m 和 135.764m，该直线的距离应该是多少？其相对误差是多少？

5. 倾斜视线测距时，竖直角度 $\alpha=3°40'36''$，$l=2.365$m，K 值取 100，求 $D_{AB}=$？

6. 测距仪的基本组成部分有哪些？

7. 真方位角、磁方位角和坐标方位角之间的关系是什么？

8. 陀螺经纬仪测定的方位角是什么？

9. 如图 4-17 所示，A 点坐标为（3706.783，4075.731），$D_{AB}=213.85$m，$\alpha_{AB}=34°57'30''$，求 B 点坐标（x_B，y_B）。

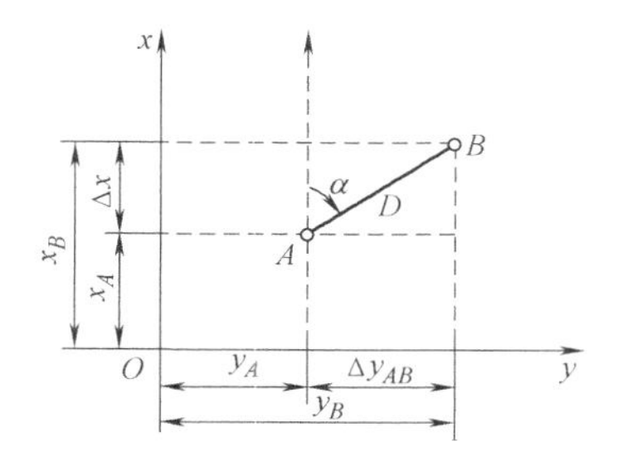

图 4-17 坐标示意（习题）

10. 已知 A、B 点两点坐标分别为 A（1376.389，2045.263）、B（1407.471，1911.578），求直线 AB 的距离和方位角。

第5章　测量误差的基本知识

5.1　测量误差的概念

要准确认识事物，必须对事物进行定量分析，要进行定量分析必须要先对认识对象进行观测并取得数据。在取得观测数据的过程中，由于受到多种因素的影响，在对同一对象进行多次观测时，每次的观测结果总是不完全一致或与预期目标（真值）不一致。之所以产生这种现象，是因为在观测结果中始终存在测量误差。这种观测量之间的差值或观测值与真值之间的差值，称为测量误差，也称观测误差。

用 l 代表观测值，X 代表真值，则有

$$\Delta = l - X$$

式中，Δ 就是测量误差，通常称为真误差，简称误差。

一般说来，观测值中都含有误差。例如，同一人用同一台经纬仪对某一固定角度重复观测多次，各测回的观测值往往互不相等；同一组人，用同样的测距工具，对同一段距离重复测量多次，各次的测距值也往往互不相等；闭合水准测量线路各测段高差之和的真值应为0，但经过大量水准测量的实践证明，各测段高差的观测值之和一般也不等于0。这些现象在测量实践中普遍存在，究其原因，是由于观测值中不可避免地含有观测误差的缘故。

5.2　测量误差的来源

任何一项测量工作都离不开人、测量仪器和测量时所处的外界环境。不同的人，有不同的操作习惯，每个人的感觉器官也不可能十分完善和准确，都会产生一些分辨误差，这些都会对测量结果产生影响。测量仪器的构造也不可能十分完善，观测时测量仪器各轴系之间也许存在不严格平行或垂直的问题，这些会导致测量仪器误差。测量时所处的外界环境（如风、温度、土质等）也在不断变化之中，风力影响测量仪器和观测目标的稳定，温度影响大气介质的变化，从而影响测量视线在大气中的传播线路等。这些影响因素，就是测量误差的三大来源。通常把观测者、仪器设备、环境三方面综合起来，称为观测条件。

不管观测条件如何，受上述因素的影响，测量中存在误差是不可避免的。应该指出，误差与粗差是不同的，粗差是指观测结果中出现的错误，如测错、读错、记错等，是不允许存在的。要杜绝粗差，除了加强作业人员的责任心，提高操作技术外，还应采取必要的检校措施。

5.3　测量误差的分类

测量误差按其性质不同可分为系统误差和偶然误差。

1. 系统误差

在相同的观测条件下，对某量进行一系列观测，若出现的误差在数值大小或符号上保持不

变或按一定的规律变化，这种误差称为系统误差。例如，用名义长度为 30m，而实际长度为 30.004m 的钢尺量距，每量一尺就有 0.004m 的系统误差，它就是一个常数。又如水准测量中，视准轴与水准管轴不能严格平行，存在一个微小夹角 i，i 角一定时，在尺上的读数随视线长度成比例变化，但大小和符号总是保持一致性。

系统误差具有累计性，对测量结果影响甚大，但它的大小和符号有一定的规律，可通过计算或观测方法加以消除，或者最大限度地减小其影响。如尺长误差可通过尺长改正加以消除；水准测量中的 i 角误差，可以通过前后视线等长消除其对高差的影响。

2. 偶然误差

在相同的观测条件下，对某量进行一系列观测，如出现的误差在数值大小和符号上均不一致，且从表面看没有任何规律性，这种误差称为偶然误差。如水准标尺上毫米数的估读，有时偏大，有时偏小。由于大气的能见度和人眼的分辨能力等因素使照准目标有时偏左，有时偏右。

偶然误差亦称随机误差，其符号和大小在表面上无规律可循，找不到予以完全消除的方法，因此须对其进行研究。因为在表面上是偶然性在起作用，实际上却始终是受其内部隐蔽着的规律所支配，问题是如何把这种隐蔽的规律揭示出来。

5.4 偶然误差的特性

观测结果不可避免地存在偶然误差，而大量的实践证明，在相同的观测条件下对某量进行一系列观测所出现的偶然误差呈现出一定的规律性。为了评定测量结果的质量，及求得未知量的最可靠值，有必要对偶然误差的性质进行研究。例如，在相同的观测条件下，观测了 358 个三角形的内角，因观测存在误差，每一个三角形内角之和 l_i 都不等于真值 180°，其差值 Δ_i 称为三角形内角和的真误差，即

$$\Delta_i = l_i - 180°$$

将 358 个三角形内角和的真误差的大小和正负按一定的区间统计误差个数，见表 5-1。

表 5-1 三角形内角和真误差统计

误差区间 dΔ	正误差		负误差		合计	
	个数 k	频率 k/n	个数 k	频率 k/n	个数 k	频率 k/n
0″~2″	46	0.126	45	0.126	91	0.254
2″~4″	41	0.115	40	0.112	81	0.226
4″~6″	33	0.092	33	0.092	66	0.184
6″~8″	21	0.059	23	0.064	44	0.123
8″~10″	16	0.045	17	0.047	33	0.092
10″~12″	13	0.036	13	0.036	26	0.073
12″~14″	5	0.014	6	0.017	11	0.031
14″~16″	2	0.006	4	0.011	6	0.017
16″以上	0	0	0	0	0	0
合计	177	0.495	181	0.505	358	1

从以上的统计数字可以看出，偶然误差有如下特征：

1）小误差的个数比大误差个数多。

2）绝对值相等的正负误差的个数大致相等。

3）最大误差不超过 16″。

为了能更直观地观察偶然误差的分布情况，将表 5-1 的数据用直方图的形式表示出来。以

真误差的大小为横坐标，以各区间内误差出现的频率 k/n 与区间 $d\Delta$ 的比值为纵坐标，如图 5-1 所示。

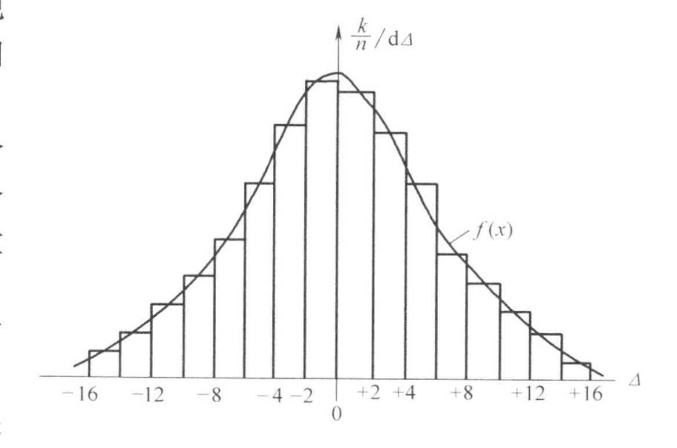

图 5-1　偶然误差频率分布

在相同条件下，不断增加观测的三角形个数，误差出现在每一个区间的概率趋向于一个稳定值。各区间的频率趋向于一个确定的数值，即概率。

综合上述分析，总结出偶然误差具有如下的特性：

1）有限性：在一定的观测条件下，偶然误差的绝对值不会超过一定的限值。

2）集中性：绝对值小的误差比绝对值大的误差出现的机会多。

3）对称性：绝对值相等的正误差与负误差出现的机会相等。

4）抵偿性：偶然误差的算术平均值，随着观测次数的无限增加而趋向于零，即

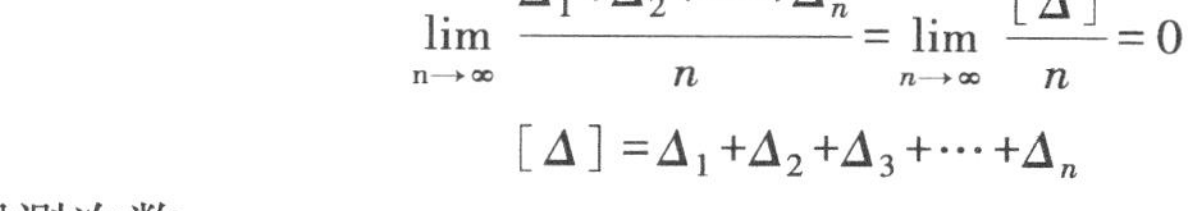

$$\lim_{n\to\infty}\frac{\Delta_1+\Delta_2+\cdots+\Delta_n}{n}=\lim_{n\to\infty}\frac{[\Delta]}{n}=0$$

$$[\Delta]=\Delta_1+\Delta_2+\Delta_3+\cdots+\Delta_n$$

式中　n——观测次数。

以上四个特性中，第一个特性说明误差的范围；第二个特性说明误差绝对值大小的规律；第三个特性说明误差符号出现的规律；第四个特性说明了偶然误差具有互相抵消的性能。因此采用增加观测次数，取其算术平均值，可以大大减弱偶然误差的影响。这四个特性是误差理论的基础。

由于偶然误差本身的特性，不能用改变观测方法或计算改正的办法加以消除，只能根据偶然误差的理论加以处理，以减小它对测量成果的影响，求出最可靠的结果。

5.5　评定精度的标准

5.5.1　评定精度的标准

在实际测量工作中，我们需要对测量成果的精确程度做出评定，因此要建立一种评定精度的标准。下面介绍几种常用的衡量精度的指标：中误差、相对误差和极限误差。

1. 中误差

设在相同观测条件下，对真值为 X 的一个未知量 l 进行 n 次观测，观测值结果为 l_1、l_2、…、l_n，每个观测值相应的真误差（真值与观测值之差）为 Δ_1、Δ_2、…、Δ_n。则以各个真误差之平方和的平均数的平方根作为精度评定的标准，称为观测值中误差，用 m 表示。

$$m=\sqrt{\frac{[\Delta\Delta]}{n}}$$

式中：$[\Delta\Delta]=\Delta_1\Delta_1+\Delta_2\Delta_2+\cdots+\Delta_n\Delta_n$ 为各个真误差 Δ 的平方的总和。

上式表明了中误差与真误差的关系，中误差并不等于每个观测值的真误差，中误差仅是一组真误差的代表值。当一组观测值的测量误差越大，中误差也就越大，其精度就越低；测量误

差越小，中误差也就越小，其精度就越高。

例如，甲、乙两个小组，各自在相同的观测条件下，对某三角形内角和分别进行了 7 次观测，则每次三角形内角和的真误差分别为：

甲组：+2″、−2″、+3″、+5″、−5″、−8″、+9″

乙组：−3″、+4″、0″、−9″、−4″、+1″、+13″

则甲、乙两组观测值中误差为

$$m_{甲} = \pm\sqrt{\frac{2^2+(-2)^2+3^2+5^2+(-5)^2+(-8)^2+9^2}{7}} = \pm 5.5''$$

$$m_{乙} = \pm\sqrt{\frac{(-3)^2+4^2+(-9)^2+(-4)^2+1^2+13^2}{7}} = \pm 6.3''$$

由此可知，乙组观测精度低于甲组，这是因为乙组的观测值中有较大误差出现。因中误差能明显反映出较大误差对测量成果可靠程度的影响，所以成为被广泛采用的一种评定精度的标准。

2. 相对误差

测量工作中对于精度的评定，在很多情况下用中误差这个标准是不能完全有效的。例如，用钢卷尺丈量了 100m 和 1000m 两段距离，其观测值中误差均为±0.1m，若以中误差来评定精度，显然就要得出错误结论。因为量距误差与其长度有关，为此需要采取另一种评定精度的标准，即相对误差。相对误差是指误差的绝对值与相应观测值之比，通常以分子为 1、分母为整数形式表示

$$相对误差 = \frac{误差的绝对值}{观测值} = \frac{1}{T}$$

绝对误差指中误差、真误差、容许误差、闭合差和较差等，它们具有与观测值相同的单位。上例前者相对中误差为$\frac{0.1}{100}=\frac{1}{1000}$，后者为$\frac{0.1}{1000}=\frac{1}{10000}$，很明显后者的精度高于前者。

相对误差常用于距离丈量的精度评定，而不能用于角度测量和水准测量的精度评定，这是因为后两者的误差大小与观测量角度、高差的大小无关。

3. 极限误差

由偶然误差第一个特性可知，在一定的观测条件下，偶然误差的绝对值不会超过一定的限值。根据误差理论和大量的实践证明，大于两倍中误差的偶然误差，出现的机会仅有 5 %，大于三倍中误差偶然误差的出现机会仅为 0.3%。即大约在 300 次观测中，才可能出现一个大于三倍中误差的偶然误差，因此，在观测次数不多的情况下，可认为大于三倍中误差的偶然误差实际上是不可能出现的。

故常以三倍中误差作为偶然误差的极限值，称为极限误差，用 $\Delta_{限}$ 表示

$$\Delta_{限} = 3m$$

在实际工作中，一般常以两倍中误差作为极限值

$$\Delta_{限} = 2m$$

如观测值中出现了超过 $2m$ 的误差，可以认为该观测值不可靠，应舍去不用。

5.5.2 误差传播定律

5.5.1 中讲到了可以通过计算观测值的中误差来衡量观测结果的精度，但在实际工作中，有些数值并不能直接得到，需要通过一定的函数关系来计算。例如，在水准测量中，某测站测

得后视、前视数据 a、b，得到高差 $h=a-b$。读取 a、b 的时候存在误差，那高差 h 自然也受到影响而存在误差，这就是误差传递。下面就具体分析一下几种常见函数的误差传递的定律。

1. 线性函数

设有一般线性函数

$$z=k_1x_1+k_2x_2+\cdots+k_nx_n$$

式中 x_1、x_2、…、x_n——独立的观测值；

z——函数；

k_1、k_2、…、k_n——系数；

m_1、m_2、…、m_n——中误差。

设 x_1、x_2、…、x_n 的真误差分别为 Δ_{x_1}、Δ_{x_2}、…、Δ_{x_n}，函数 z 的真误差为 Δ_z，则上式可表示为

$$z+\Delta_z=k_1(x_1+\Delta_{x_1})+k_2(x_2+\Delta_{x_2})+\cdots+k_n(x_n+\Delta_{x_n})$$

$$\Delta_z=k_1\Delta_{x_1}+k_2\Delta_{x_2}+\cdots+k_n\Delta_{x_n}$$

如对 x_1、x_2、…、x_n 各观测 n 次，可得

$$\left.\begin{aligned}\Delta_{z_1}&=k_1\Delta_{x_1^{(1)}}+k_2\Delta_{x_2^{(1)}}+\cdots+k_n\Delta_{x_n^{(1)}}\\\Delta_{z_2}&=k_1\Delta_{x_1^{(2)}}+k_2\Delta_{x_2^{(2)}}+\cdots+k_n\Delta_{x_n^{(2)}}\\&\cdots\cdots\\\Delta_{z_n}&=k_1\Delta_{x_1^{(n)}}+k_2\Delta_{x_2^{(n)}}+\cdots+k_n\Delta_{x_n^{(n)}}\end{aligned}\right\}$$

将上式平方后求和，再除以 n 得

$$\frac{[\Delta_z^2]}{n}=\frac{k_1^2[\Delta_{x_1}^2]}{n}+\frac{k_2^2[\Delta_{x_2}^2]}{n}+\cdots+\frac{k_n^2[\Delta_{x_n}^2]}{n}+2\frac{k_1k_2[\Delta_{x_1}\Delta_{x_2}]}{n}+\cdots+2\frac{k_{n-1}k_n[\Delta_{x_{n-1}}\Delta_{x_n}]}{n}$$

由于 Δ_{x_1}，Δ_{x_2}，…，Δ_{x_n} 均为独立观测值的偶然误差，所以乘积 $\Delta_{x_i}\Delta_{x_j}$（$i\neq j$）也必然呈现偶然性。有偶然误差的特性知，当观测次数 $n\rightarrow\infty$ 时，上式右边非自乘项均等于零。根据中误差的定义，可得到函数 z 的中误差

$$m_z=\pm\sqrt{k_1^2m_1^2+k_2^2m_2^2+\cdots+k_n^2m_n^2}$$

2. 一般函数

设有一般函数

$$Z=F(X_1,X_2,\cdots,X_n)$$

式中 X_1、X_2、…、X_n——可直接观测的未知量；

Z——函数，是间接观测量。

设 X_i（$i=1$，2，…，n）的独立观测值为 x_i，其相应的真误差为 Δ_{x_i}。由于 Δ_{x_i} 的存在，函数 Z 也产生相应的真误差 Δ_Z，将上式取全微分得到

$$\mathrm{d}Z=\frac{\partial F}{\partial x_1}\mathrm{d}x_1+\frac{\partial F}{\partial x_2}\mathrm{d}x_2+\cdots+\frac{\partial F}{\partial x_n}\mathrm{d}x_n$$

因误差 Δ_{x_i} 和 Δ_Z 都很小，在上式中用 Δ_{x_i} 代替 $\mathrm{d}x_i$，用 Δ_Z 代替 $\mathrm{d}Z$，得到

$$\Delta_Z=\frac{\partial F}{\partial x_1}\Delta_{x_1}+\frac{\partial F}{\partial x_2}\Delta_{x_2}+\cdots+\frac{\partial F}{\partial x_n}\Delta_{x_n}$$

式中，$\frac{\partial F}{\partial x_i}$ 为函数 F 对各自变量的偏导数，令 $\frac{\partial F}{\partial x_i}=f_i$

则上式就能写成

$$\Delta_Z = f_1\Delta_{x_1} + f_2\Delta_{x_2} + \cdots + f_n\Delta_{x_n}$$

为了求函数和观测值之间的中误差关系，假设对各式进行了 k 次观测，则可得到下面的关系式

$$\left.\begin{aligned}
\Delta_{Z^{(1)}} &= f_1\Delta_{x_1^{(1)}} + f_2\Delta_{x_2^{(1)}} + \cdots + f_n\Delta_{x_n^{(1)}} \\
\Delta_{Z^{(2)}} &= f_1\Delta_{x_1^{(2)}} + f_2\Delta_{x_2^{(2)}} + \cdots + f_n\Delta_{x_n^{(2)}} \\
\Delta_{Z^{(k)}} &= f_1\Delta_{x_1^{(k)}} + f_2\Delta_{x_2^{(k)}} + \cdots + f_n\Delta_{x_n^{(k)}}
\end{aligned}\right\}$$

将以上各等式取平方和得到

$$[\Delta_Z^2] = f_1^2[\Delta_{x_1}^2] + f_2^2[\Delta_{x_2}^2] + \cdots + f_n^2[\Delta_{x_n}^2] + \sum_{i,j=1,i\neq j}^{n} f_i f_j [\Delta_{x_i}\Delta_{x_j}]$$

上式两端各除以 k 得

$$\frac{[\Delta_Z^2]}{k} = f_1^2\frac{[\Delta_{x_1}^2]}{k} f_2^2\frac{[\Delta_{x_2}^2]}{k} + \cdots + f_n^2\frac{[\Delta_{x_n}^2]}{k} + \sum_{i,j=1,i\neq j}^{n} f_i f_j \frac{[\Delta_{x_i}\Delta_{x_j}]}{k}$$

由于对各个 x_i 的观测值为相对独立的，$\Delta_{x_i}\Delta_{x_j}$（$i\neq j$）也具有偶然误差的特性。所以上式的末端趋近于0，即

$$\lim_{k\to\infty}\frac{|\Delta_{x_i}\Delta_{x_j}|}{k} = 0$$

根据中误差的定义，得到

$$m_z^2 = f_1^2 m_1^2 + f_2^2 m_2^2 + \cdots + f_n^2 m_n^2$$

即

$$m_z = \pm\sqrt{\left(\frac{\partial F}{\partial x_1}\right)^2 m_1^2 + \left(\frac{\partial F}{\partial x_2}\right)^2 m_2^2 + \cdots + \left(\frac{\partial F}{\partial x_n}\right)^2 m_n^2}$$

这是计算函数中误差的一般形式，在具体应用时，应注意个观测值必须是相互独立的变量。

思考题与习题

1. 什么是真误差？

2. 什么是偶然误差？它有哪些特性？

3. 什么是中误差？

4. 用钢尺反复测量地面上两点的距离，观测值中误差的计算公式是什么？

5. 水准测量中，某测站后视读数为2.596m，前视读数为4.351m，水准仪在水准尺上的读数中误差均为±2mm，求这一测站的高差和中误差。

第6章　控制测量

6.1　概述

施工测量是工程建设阶段测量的主要任务，指将工程设计目标的位置标定于现场，作为施工依据，开展施工控制网建立、施工放样工作，部分工程还需开展变形监测、设备安装测量、竣工测量等工作。控制测量是工程测量的主要内容之一，也是施工测量的首要工作。

6.1.1　控制测量的概念

控制测量是指为建立测量控制网而进行的测量工作，包括平面控制测量、高程控制测量和三维控制测量。

工程控制网指针对某项具体工程建设的测图、施工或管理需要，在一定区域内布设的平面控制网和高程控制网。工程控制网具有控制全局、提供基准和控制测量误差积累的作用。在测区范围内选择若干有控制作用的点（称为控制点），按一定的规律和要求构成的网状几何图形，即为控制网。

6.1.2　工程控制网分类

1. 按用途划分

按照用途，工程控制网可分为测图控制网、施工控制网、安装控制网和变形控制网。专用控制网可分为施工控制网、安装控制网和变形控制网。

测图控制网是在工程规划阶段，以服务地形图测绘为目的而建立的工程控制网；施工控制网是在工程建设阶段，以服务施工放样为目的而建立的工程控制网；安装控制网是在工程建设阶段后期，以服务大型设备构件安装定位为目的而建立的工程控制网；变形监测网是在工程建设和运营阶段，以服务工程对象变形监测为目的而建立的工程控制网。

2. 按其他标准划分

按照网点性质，可分为一维网（水准网、高程控制网）、二维网（平面控制网）、三维网。

按照网形，可分为三角网、导线网、混合网、方格网等。

按照施测方法，可分为测角网、测边网、边角网、GPS网等。

按控制网的规模可分为国家控制网、城市控制网、小区域控制网、图根控制网。

（1）国家控制网　国家控制网是在全国范围内按统一的方案建立的控制网，它是用精密仪器和精密方法测定，按最小二乘法原理科学地进行测量数据处理，合理地分配测量误差，最后求得控制点的平面坐标和高程。国家控制网依其精度可分为一、二、三、四等四个级别，而且是由高级到低级逐级加以控制。就平面控制而言，如图6-1所示，先在全国范围内，沿经纬线方向布设一等网，作为平面控制骨干；在一等网内再布设二等全面网，作为全面控制的基础；为了满足测图和其他工程建设的需要，再在二等网的基础上加密三、四等控制网。

如图 6-2 所示，对国家高程控制网，首先是在全国范围内布设纵、横方向的一等水准路线，锁长 200～250km，构成许多锁环。一等三角锁内由近于等边的三角形组成，边长为 20～30km。在此基础上布设二等水准闭合或附合路线。二等三角测量有两种布网形式，一种是由纵横交叉的两条二等基本锁将一等锁环划分成 4 个大致相等的部分，这 4 个空白部分用二等补充网填充，称纵横锁系布网方案；另一种是在一等锁环内布设全面二等三角网，称全面布网方案。二等基本锁的边长为 20～25km，二等网的平均边长为 13km。再在二等水准路线上加密三、四等闭合或附合水准路线。国家一、二等网合称为天文大地网。我国天文大地网于 1951 年开始布设，1961 年基本完成，1975 年修补测工作全部结束，全网约有 5 万个大地点。国家高程控制测量，主要采用精密水准测量。

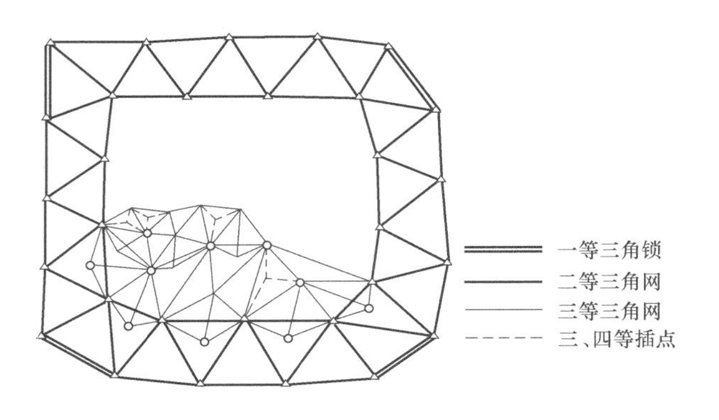

图 6-1 平面控制网

图 6-2 国家高程控制网

（2）城市控制网 城市控制网是在国家控制网的基础上建立起来的，目的在于为城市规划、市政建设、工业民用建筑设计和施工放样服务。城市控制网建立的方法与国家控制网相同，只是控制网的精度有所不同。为了满足不同目的和要求，城市控制网也要分级建立，分为二、三、四等（按城市面积大小，从其中第一等级开始）和一、二、三级，以及直接为测图服务的图根控制网。国家控制网和城市控制网均由专门的测绘单位承担测量。控制点的平面坐标和高程，由测绘部门统一管理，为社会各部门服务。

城市平面控制网在国家控制网的控制下布设三角网，也可布设导线网。由于导线是一种常用的平面控制方法，表 6-1～表 6-4 列出了各级导线的主要技术指标。

表6-1 三角测量的主要技术要求

等级		平均边长/km	测角中误差/(″)	起始边边长相对中误差	最弱边边长相对中误差	测回数			三角形最大闭合差/(″)
						DJ_1	DJ_2	DJ_3	
二等		9	±1	≤1/250000	≤1/120000	12	—	—	±3.5
三等	首级	4.5	±1.8	≤1/150000	≤1/70000	6	9	—	±7
	加密			≤1/120000					
四等	首级	2	±2.5	≤1/100000	≤1/40000	4	6	—	±9
	加密			≤1/70000					
一级小三角		1	±5	≤1/40000	≤1/20000	—	2	4	±15
二级小三角		0.5	±10	≤1/20000	≤1/10000	—	1	2	±30

注：当测区测图的最大比例尺为1∶1000时，一、二级小三角的边长可适当放大，但最大长度不应大于表中规定的2倍。

表6-2 图根三角测量的主要技术要求

边长/m	测角中误差	三角形个数	DJ_6测回数	三角形最大闭合差/(″)	方位角闭合差/(″)
≤1.7倍测图最大视距	±20	≤13	1	±60	$\pm40\sqrt{n}$

注：表中n为测站数。

表6-3 导线测量的主要技术要求

等级	导线长短/km	平均长度/km	测角中误差/(″)	测距中误差/mm	测距相对中误差	测回数			方位角闭合差/(″)	相对闭合差
						DJ_1	DJ_2	DJ_6		
三等	14	3	±1.8	±20	≤1/150000	6	10		$\pm3.6\sqrt{n}$	≤1/55000
四等	9	1.5	±2.5	±18	≤1/80000	4	6		$\pm5\sqrt{n}$	≤1/35000
一级	4	0.5	±5	±15	≤1/30000		2	4	$\pm10\sqrt{n}$	≤1/15000
二级	2.4	0.25	±8	±15	≤1/14000		1	3	$\pm16\sqrt{n}$	≤1/10000
三级	1.2	0.1	±12	±15	≤1/7000		1	2	$\pm24\sqrt{n}$	≤1/5000

注：表中n为测站数。

表6-4 图根导线测量的主要技术要求

导线长度/m	相对闭和差	边长	测角中误差/(″)		DJ_6测回数	方位角闭和差/(″)	
			一般	首级控制		一般	首级控制
≤1M	≤1/2000	≤1.5倍测图最大视距	±30	±20	1	$\pm60\sqrt{n}$	$\pm40\sqrt{n}$

注：1. M为测图比例尺的分母。
2. 隐蔽或施测困难地区导线相对闭合差可放宽，但不应大于1/1000。

(3) 小区域控制网 所谓小区域控制网，是指在面积小于15km^{2}范围内建立的控制网。原则上它的建立应与国家或城市控制网相连，形成统一的坐标系和高程系，但当连接有困难时，为了建设的需要，也可以建立独立控制网。小区域控制网，也要根据面积大小分级建立，其面积和等级的关系，见表6-5。

表6-5 小区域控制网布设要求

测区面积	首级控制	图根控制
2~15km^2	一级小三角或一级导线	二级图根
0.5~2km^2	二级小三角或二级导线	二级图根
0.5km^{2}以下	图根控制	

(4) 图根控制网 直接以测图为目的建立的控制网称为图根控制网，其控制点称图根点。图根控制网也应尽可能与上述各种控制网连接，形成统一系统。个别地区连接有困难时，也可

建立独立图根控制网。由于图根控制专为测图而做，所以图根点的密度和精度要满足测图要求。表6-6是对平坦地区图根点密度的规定。对山区或特困地区，图根点的密度，可适当增大。

表6-6 图根控制点密度（平坦地区）

测图比例尺	1:500	1:1000	1:2000	1:5000
每平方公里图根点个数	150	50	15	5
每幅图图根点个数	9~10	12	15	20

6.1.3 工程控制网特点

1. 测图控制网

测图控制网具有控制范围较大、点位分布尽量均匀、点位选择取决于地形条件、精度取决于测图比例尺等特点。

2. 施工控制网

施工控制网具有控制范围较小、点位密度较大、精度要求较高、点位使用频繁、受施工干扰大等特点。具体而言，施工控制网的特点如下：

1）控制网大小、形状、点位分布应与工程范围、建筑物形状相适应，点位布设要便于施工放样，如隧道控制网的点位布设要保证隧道两端都有控制点。

2）控制网不要求精度均匀，但要保证某方向或某几点的相对精度较高，如桥梁控制网要求纵向精度高于其他方向精度。

3）投影面的选择应满足“控制点坐标反算的两点间长度与实地两点间长度之差应尽可能小”的要求，如隧道控制网的投影面一般选在贯通平面上，或选在放样精度要求最高的平面上。

4）平面控制网采用独立坐标系，其坐标轴与建筑物的主轴线平行或垂直。

3. 变形监测网

变形监测网除具有施工控制网的特点外，还具有精度要求高、重复观测等特点。

6.1.4 控制测量的方法

平面控制测量按其测量方法不同，可分为三角测量、三边测量、导线测量、GPS测量等。三角测量是将三角形三个内角测定出来，并测定其中一条边长，然后根据三角公式解算出各点的坐标。三边测量是测量三角形的三条边长，然后根据三角公式解算各点坐标。而导线测量则是测量各边的边长转折角，根据解析几何的知识解算各点的坐标。GPS测量是利用卫星定位的方法确定各点的坐标。

高程控制测量常用的有两种方法，即水准测量和三角高程测量。水准测量是利用水准仪测定两点之间的高差，从而计算待定点的高程。而三角高程测量是利用全站仪测量两点之间的倾角和距离，利用三角关系解算出两点的高差，从而计算出待定点的高程。

6.2 工程控制网的建立

6.2.1 工程控制网建立过程

工程控制网建立过程如下：

1. 设计

根据工程特点确定控制网的布设和观测方案。

2. 选点埋石

按照布设方案实地选定点位，埋设标石，制作点之记。

控制点的点位一般应选在基础稳定，视野开阔，环境影响小，便于埋石、观测和保存处。对于施工控制网，点位应选在方便施工放样处，并应有足够的密度，保证使用时有较大的选择余地。对于变形监测网，参考点应选在变形区外的稳定处。目标点选在变形体上能充分反映变形状况处。

平面控制点标石有普通标石、深埋式标志、带强制对中装置的观测墩等类型。深埋式标志用于施工控制网和变形监测网。带强制对中装置的观测墩用于施工控制网、安装控制网和变形监测网。高程控制点标石有平面点标石、混凝土水准标石、地表岩石标、平硐岩石标、深埋式钢管标等类型。地表岩石标宜作变形监测网的工作基点或低等级水准点网的基准点。平硐岩石标用于变形监测网观测。

3. 观测

按照观测方案进行观测，并对观测数据进行概算。

4. 平差计算

控制网平差计算，并评定成果精度。

6.2.2 工程控制网设计

1. 工程控制网的设计步骤

1）根据控制网建立目的、要求和控制范围，经过图上规划和野外踏勘，确定控制网的图形和参考基准（起算数据）。

2）根据测量仪器条件，拟定观测方法和观测值先验精度。

3）根据观测所需的人力、物力，预算控制网建设成本。

4）根据控制网图形和观测值先验精度，估算控制网成果精度，改进布设方案。

5）根据需要，进行控制网优化设计。

2. 工程控制网坐标系选择

为利用高精度的国家大地测量成果，在满足工程精度的前提下，工程控制网一般采用国家统一的三度带高斯平面直角坐标系。当不能满足工程对高斯投影长度变形的要求（通常不大于2.5 cm/km）时，可自定义中央子午线和投影基准面，建立任意带的独立高斯平面直角坐标系，但应与国家坐标系衔接，建立双向的坐标转换关系。根据工程需要，也可假定参考基准，建立假定平面直角坐标系。如下五种平面直角坐标系可供工程控制网选用：

1）国家统一的三度带高斯平面直角坐标系。

2）抵偿投影面的三度带高斯平面直角坐标系。

3）任意带的高斯平面直角坐标系。

4）选择通过测区中心的子午线作为中央子午线，测区平均高程面作为投影面，按高斯投影计算的平面直角坐标系。

5）假定平面直角坐标系。

3. 工程控制网布设原则

工程控制网的布设原则包括：要有足够的精度和可靠性；要有足够的点位密度；要有统一的规格。

4. 工程控制网布设

（1）测图控制网　测图控制网一般基于国家坐标系布设成附合网，小型或局部工程也可布设成独立网。通常该网先布设覆盖全测区的首级网，再根据测图需要分区布设若干级加密网。GPS 网可以越级布设或一次布网。

平面控制网通常采用 GPS 网的形式一次布网，也可首级网采用 GPS 网的形式布设，加密网采用导线等常规形式布设。高程控制网一般采用水准网、三角高程网的形式布设。

平面控制网的精度要能满足 1∶500 比例尺地形图测图要求，四等以下（含四等）平面控制网最弱点的点位中误差不得超过图上 0.1mm，即实地 5cm，这一数值可作为平面控制网精度设计的依据。

（2）施工控制网　施工控制网一般基于施工坐标系（假定坐标系）布设成独立网。该网通常分二级布设，第一级作为总体控制，第二级直接用于施工放样。

平面控制网通常采用 GPS 网的形式布设，也可采用导线网、三角形网（含三角网、三边网、边角网）、方格网等常规形式布设；高精度的平面控制网可采用 GPS 网与三角形网构成的混合网形式布设。高程控制网通常采用水准网形式布设。地下施工控制网通常采用微型边角网、测距导线、水准路线形式布设。

施工控制网的精度由工程性质决定，一般要求精度不必具有均匀性，而应具有方向性，有时次级网的相对精度不低于首级网。大型工程的施工控制网还要具有一定的可靠性。

（3）变形监测网　当变形体的范围较大且形状不规则时，可基于国家坐标系布设成附合网或独立网；对于具有明显结构性特征的变形体，最好基于独立坐标系布设成独立网。

平面控制网通常采用 GPS 网、导线网、三角形网形式布设。高程控制网采用水准网形式布设。

变形监测网的精度由变形体的允许变形值决定，一般要求变形测定中误差不超过允许变形值的 1/10～1/20 或 1～2mm。变形监测网还要求有高可靠性和高灵敏度。

6.3 导线测量

将测区内相邻控制点连成直线而构成的折线图形，称为导线。构成导线的控制点称为导线点。导线测量就是依次测定各导线边的长度和各转折角值；再根据起算数据，推算各边的坐标方位角和坐标增量，从而求出各导线点的坐标。

用经纬仪测量转折角，用钢尺测定边长的导线，称为经纬仪导线；若用光电测距仪测定导线边长，则称为光电测距导线。

6.3.1 导线布设形式

导线测量是建立小地区平面控制网常用的一种方法。根据测区的具体情况，单一导线的布设有下列三种基本形式。

1. 闭合导线

如图 6-3 所示，导线从已知控制点 B 和已知方向 BA 出发，经过 1、2、3、4 最后仍回到起点 B，形成一个闭合多边形，这样的导线称为闭合导线。闭合导线本身存在着严密的几何条件，具有检核作用。

2. 附合导线

如图 6-4 所示，导线从已知控制点 B 和已知方向 BA 出发，经过 1、2、3 点，最后附合到

另一已知点 C 和已知方向 CD 上，这样的导线称为附合导线。这种布设形式，具有检核观测成果的作用。

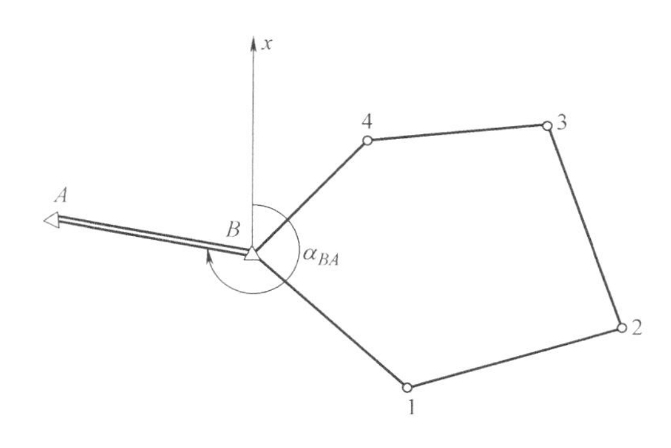

图6-3 闭合导线

3. 支导线

由一已知点和已知方向出发，既不附合到另一已知点，又不回到原起始点的导线，称为支导线。如图6-5所示，B 为已知控制点，α_{BA} 为已知方向，1、2为支导线点。

6.3.2 导线测量的外业工作

导线测量的外业工作包括踏勘选点及建立标志、量边、测角和连测，分述如下。

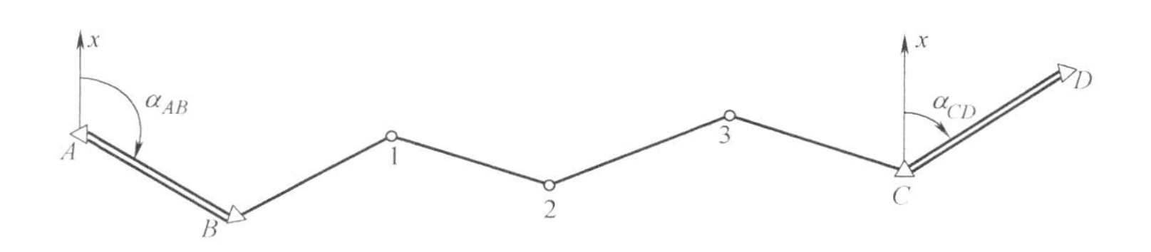

图6-4 附合导线

1. 踏勘选点及建立标志

在踏勘选点前，应调查收集测区已有地形图和高一级控制点的成果资料，把控制点展绘在地形图上，然后在地形图上拟定导线的布设方案，最后到野外去踏勘，实地核对、修改、落实点位。如果测区没有地形图资料，则需详细踏勘现场，根据已知控制点的分布、测区地形条件及测图和施工需要等具体情况，合理地选定导线点的位置。

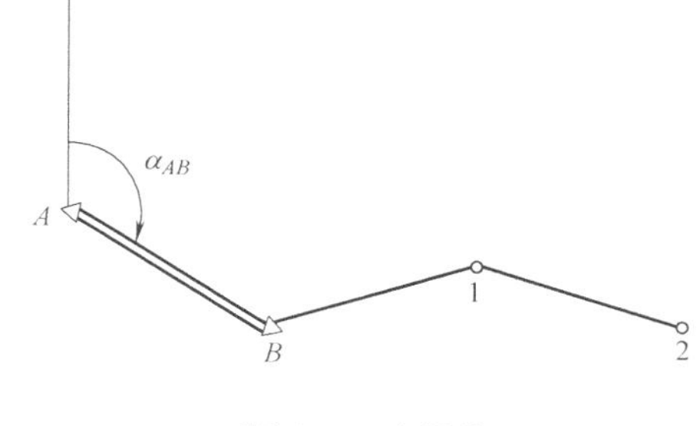

图6-5 支导线

实地选点时，应注意下列几点：

1）相邻点间通视良好，地势较平坦，便于测角和量距。

2）点位应选在土质坚实处，便于保存标志和安置仪器。

3）视野开阔，便于施测碎部。

4）导线各边的长度应大致相等，除特别情形外，对于二、三级导线，其边长应不大于350m，也不宜小于50m，平均边长参见表6-3和表6-4。

5）导线点应有足够的密度，且分布均匀，便于控制整个测区。

导线点选定后，要在每个点位上打一大木桩，桩顶钉一小钉，作为临时性标志。若导线点需要保存的时间较长，就要埋设混凝土桩，桩顶刻“十”字，作为永久性标志。导线点应统一编号。为了便于寻找，应量出导线点与附近固定而明显的地物点的距离，绘一草图，注明尺寸，这称为“点之记”，如图6-6所示。

2. 量边

导线边长可用光电测距仪测定，测量时要同时观测竖直角，供倾斜改正之用。若用钢尺丈量，钢尺必须经过检定。对于一、二、三级导线，应按钢尺量距的精密方法进行丈量。对于图根导线，用一般方法往返丈量，取其平均值，并要求其相对误差不大于1/3000。钢尺量距结束后，应进行尺长改正、温度改正和倾斜改正，以三项改正后的结果作为最后成果。

3. 测角

用测回法施测导线左角（位于导线前进方向左侧的角）或右角（位于导线前进方向右侧的角）。一般在附合导线或支导线中测量导线的左角，在闭合导线中均测内角。若闭合导线按顺时针方向编号，则其右角就是内角。不同等级的导线的测角主要技术要求见表 6-3 及表 6-4。对于图根导线，一般用 DJ_6 型光学经纬仪观测一个测回。若盘左、盘右测得角值的较差不超过 40″，则取其平均值作为一测回成果。

测角时，为了便于瞄准，可用测钎、觇牌作为照准标志，也可在标志点上用仪器的脚架吊一垂球线作为照准标志。

4. 连测

如图 6-7 所示，导线与高级控制点连接，必须观测连接角 β_B、β_1、连接边 D_{B1}，作为传递坐标方位角和传递坐标之用。如果附近无高级控制点，则应用罗盘仪施测导线起始边的磁方位角，并假定起始点的坐标为起算数据。

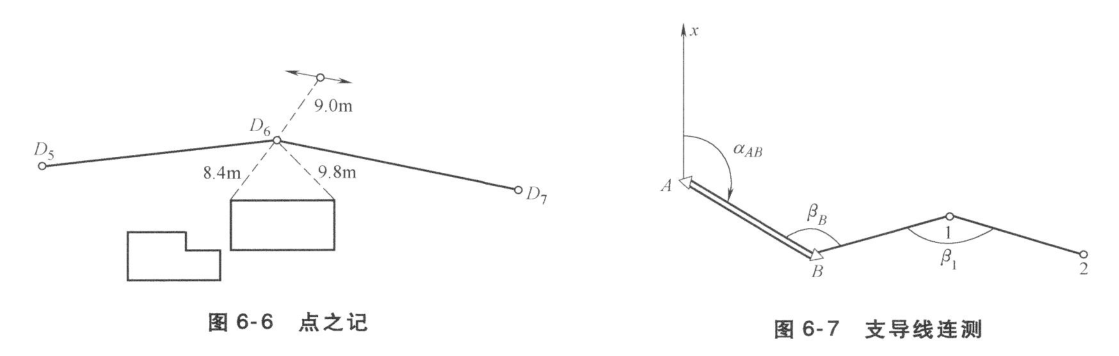

图 6-6 点之记　　图 6-7 支导线连测

6.3.3 导线测量的内业计算

导线测量内业计算的目的就是求得各导线点的坐标。计算之前，应全面检查导线测量外业记录，确认数据是否齐全，有无记错、算错，成果是否符合精度要求，起算数据是否准确。然后绘制导线略图，把各项数据注于图上相应位置，如图 6-8 所示。

1. 内业计算中数字取位的要求

内业计算中数字的取位，对于四等以下的小三角及导线，角值取至秒，边长及坐标取至毫米（mm）。对于图根导线，角值取至秒，边长和坐标取至厘米（cm）。

2. 闭合导线坐标计算

现以图 6-8 中的实测数据为例，说明闭合导线坐标计算的步骤。

（1）准备工作　将校核过的外业观测数据及起算数据填入“闭合导线坐标计算表”（表 6-7）中，起算数据用双线标明。

（2）角度闭合差的计算与调整　n 边形闭合导线内角和的理论值为

$$\sum \beta_{理} = (n-2) \times 180° \quad (6\text{-}1)$$

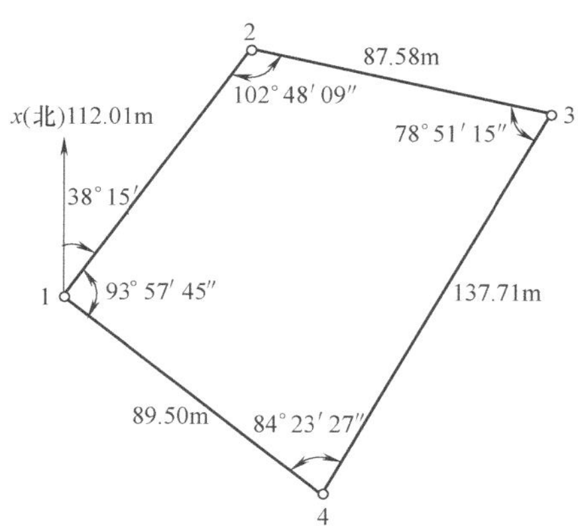

图 6-8 闭合导线实测数据

由于观测角度不可避免地含有误差，致使实测的内角之和$\sum\beta_{测}$不等于理论值，而产生角度闭合差f_β为

$$f_\beta=\sum\beta_{测}-\sum\beta_{理} \tag{6-2}$$

表 6-7 闭合导线坐标计算表

点号	角度观测值 °	′	″	改正后角度 °	′	″	方位角 °	′	″	水平距离 /m	坐标增量 Δx/m	Δy/m	改正后增量 Δx/m	Δy/m	坐标 x/m	y/m
(1)	(2)			(3)			(4)			(5)	(6)	(7)	(8)	(9)	(10)	(11)
1															200.00	500.00
2	102	48	−9 09	102	48	00	38	15	00	112.01	+3 87.96	−1 69.34	87.99	69.33	287.99	569.33
3	78	51	−9 15	78	51	06	115	27	00	87.58	+2 −37.64	0 79.08	−37.62	79.08	250.37	648.41
4	84	23	−9 27	84	23	18	216	35	54	137.71	+4 −110.56	−1 −82.10	−110.52	−82.11	139.85	566.30
1	93	57	−9 45	93	57	36	312	12	36	89.50	+2 60.13	−1 −66.29	60.15	−66.30	200.00	500.00
2							38	15	00							
Σ	360	00	36	360	00	00				426.80	−0.11	+0.03	0.00	0.00		

$f_\beta=\sum\beta-180°\times(n-2)=+36''$　$\sum D=426.80\text{m}$　$f=\sqrt{f_x^2+f_y^2}=0.114\text{m}$

$f_{\beta容}=(\pm40\sqrt{n})''=+80''$　$f_x=\sum\Delta_x=-0.11\text{m}$

$f_\beta\leqslant f_{\beta容}$（合格）　$f_x=\sum\Delta_y=+0.03\text{m}$　$K=\frac{f}{\sum D}=\frac{1}{3700}<\frac{1}{2000}$（符合精度要求）

各级导线角度闭合差的容许值$f_{\beta容}$，见表 6-3 及表 6-4。f_β超过$f_{\beta容}$，则说明所测角度不符合要求，应重新检测角度。若f_β不超过$f_{\beta容}$，可将闭合差反符号平均分配到各观测角度中。改正后内角和应为$(n-2)\times180°$，本例应为 360°，以作计算校核。

（3）用改正后的导线左角或右角推算各边的坐标方位角　根据起始边的已知坐标方位角及改正后的水平角，按下列公式推算其他各导线边的坐标方位角。

$$\alpha_{前}=\alpha_{后}-180°+\beta_{左}\text{（适用于测左角）} \tag{6-3}$$

$$\alpha_{前}=\alpha_{后}+180°-\beta_{右}\text{（适用于测右角）} \tag{6-4}$$

本例观测右角，按式（6-4）推算导线各边的坐标方位角，列入表 6-7 的第（4）栏。在推算过程中必须注意：

1）如果算出的$\alpha_{前}>360°$，则应减去 360°。

2）用式（6-4）计算时，如果$(\alpha_{后}+180°)<\beta_{右}$，则应加 360°再减$\beta_{右}$。

推算闭合导线各边坐标方位角。最后推算出起始边坐标方位角，它应与原有的起始边已知坐标方位角值相等，否则应重新检查计算。

（4）坐标增量的计算　如图 6-9 所示，设点 1 的坐标(x_1, y_1)和 1、2 边的坐标方位角α_{12}均为已知，水平距离D_{12}也已测得，则点 2 的坐标为：

$$\begin{cases}x_2=x_1+\Delta x_{12}\\ y_2=y_1+\Delta y_{12}\end{cases} \tag{6-5}$$

式中，Δx_{12}、Δy_{12}称为坐标增量，也就是直线两端点的坐标值之差。

式（6-5）说明，欲求待定点的坐标，必须先求出坐标增量。根据图 6-9 中的几何关系，可写出坐标增量的计算公式：

$$\begin{cases}\Delta x_{12}=D_{12}\cos\alpha_{12}\\ \Delta y_{12}=D_{12}\sin\alpha_{12}\end{cases} \tag{6-6}$$

式中 Δx 及 Δy 的正负号，由 $\cos\alpha$ 及 $\sin\alpha$ 的正负号决定。本例按式（6-6）所算得的坐标增量，填入表 6-7 中的第（6）、（7）两栏中。

（5）坐标增量闭合差的计算与调整。从图 6-10 中可以看出，闭合导线纵、横坐标增量代数和的理论值应为零，即

$$\begin{cases}\sum\Delta x_{理}=0\\ \sum\Delta y_{理}=0\end{cases} \tag{6-7}$$

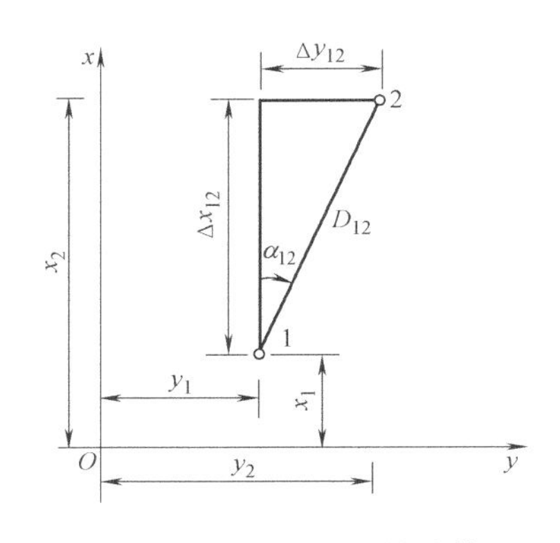

图 6-9 坐标增量的计算

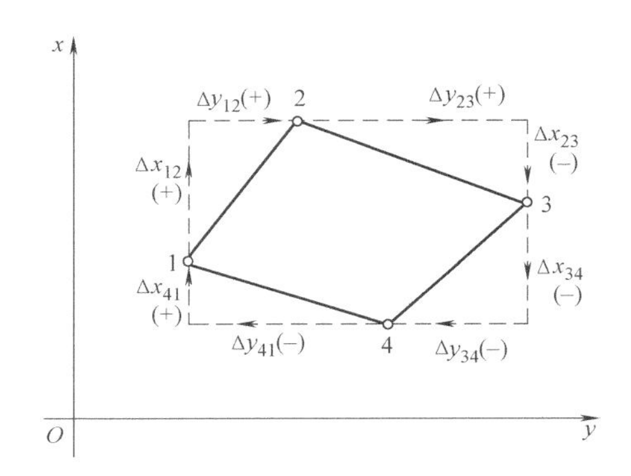

图 6-10 坐标增量闭合差

实际上由于量边的误差和角度闭合差调整后的残余误差，往往使$\sum\Delta x_{测}$和$\sum\Delta y_{测}$不等于零，而产生纵坐标增量闭合差f_x与横坐标增量闭合差f_y，即

$$\begin{cases}f_x=\sum\Delta x_{测}\\ f_y=\sum\Delta y_{测}\end{cases} \tag{6-8}$$

从图 6-11 明显看出，由于f_x、f_y的存在，使导线不能闭合，1-1′之长度f_D称为导线全长闭合差，并用下式计算

$$f_D=\sqrt{f_x^2+f_y^2} \tag{6-9}$$

仅从f_D值的大小还不能显示导线测量的精度，应当将f_D与导线全长$\sum D$相比，用分子为 1 的分数来表示导线全长相对闭合差，即

$$K=\frac{f_D}{\sum D}=\frac{1}{\sum D/f_D} \tag{6-10}$$

以导线全长相对闭合差 K 来衡量导线测量的精度，K 的分母越大，精度越高。不同等级的导线全长相对闭合差的容许值$K_{容}$已列入表 6-3 和表 6-4。若 K 超过$K_{容}$，则说明成果不合格，此时应首先检查内业计算有无错误，必要时重测。若 K 不超过$K_{容}$，则说明符合精

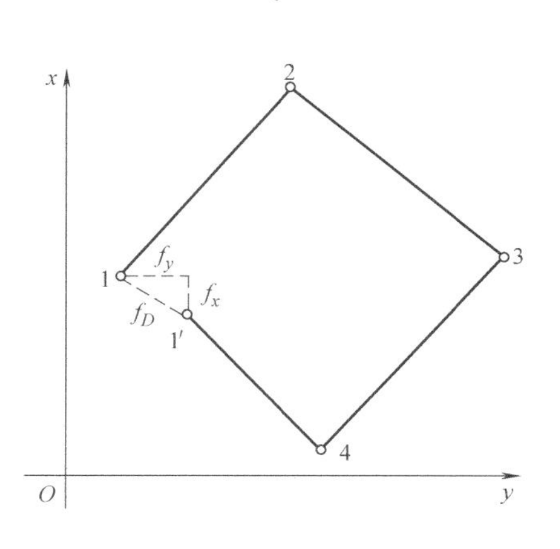

图 6-11 导线全长闭合差

度要求，可以进行调整，即将f_x、f_y反符号按边长成正比分配到各边的纵、横坐标增量中去。以V_{xi}、V_{yi}分别表示第i边的纵、横坐标增量改正数，即

$$\left.\begin{aligned} V_{xi} &= -\frac{f_x}{\sum D} \cdot D_i \\ V_{yi} &= -\frac{f_y}{\sum D} \cdot D_i \end{aligned}\right\} \tag{6-11}$$

纵、横坐标增量改正数之和应满足下式

$$\left.\begin{aligned} \sum V_x &= -f_x \\ \sum V_y &= -f_y \end{aligned}\right\} \tag{6-12}$$

算出的各增量改正数（取位到 cm）填入表 6-7 中的第（6）、(7）两栏增量计算值的右上方（如+3，-1 等）。各边增量值加改正数，即得各边的改正后增量，填入表 6-7 中的第（8）、(9）两栏。改正后纵、横坐标增量之代数和应分别为零，以作计算校核。

（6）计算各导线点的坐标　根据起点 1 的已知坐标（本例为假定值：$x_1 = 200.00\text{m}$，$y_1 = 500.00\text{m}$）及改正后增量，用下式依次推算 2、3、4 各点的坐标

$$\begin{cases} x_{前} = x_{后} + \Delta x_{改} \\ y_{前} = y_{后} + \Delta y_{改} \end{cases} \tag{6-13}$$

算得的坐标值填入表 6-7 中的第（10）、（11）两栏。最后还应推算起点 1 的坐标，其值应与原有的已知数值相等，以作校核。

上面所介绍的根据已知点的坐标、已知边长和已知坐标方位角计算待定点坐标的方法，称为坐标正算。如果已知两点的平面直角坐标，反算其坐标角和边长，则称为坐标反算。例如，已知 1、2 两点的坐标（x_1，y_1）和（x_2，y_2），用下式计算 1-2 边的坐标方位角 α 和边长 D_{12}。

$$\begin{cases} \alpha = \arctan \dfrac{y_2 - y_1}{x_2 - x_1} = \arctan \dfrac{\Delta y_{12}}{\Delta x_{12}} \\ D_{12} = \dfrac{\Delta y_{12}}{\sin\alpha_{12}} = \dfrac{\Delta x_{12}}{\cos\alpha_{12}} = \sqrt{\Delta x_{12}^2 + \Delta y_{12}^2} \end{cases} \tag{6-14}$$

按式（6-14）计算出来的 α 是有正负号的，根据象限角 α 及 Δx、Δy 的正负号来确定 1-2 边的坐标方位角值，则：

当 $\Delta x>0$，$\Delta y>0$ 时，$\alpha_{12} = \alpha$；

当 $\Delta x<0$，$\Delta y>0$ 时，$\alpha_{12} = 180° - \alpha$；

当 $\Delta x<0$，$\Delta y<0$ 时，$\alpha_{12} = \alpha + 180°$；

当 $\Delta x>0$，$\Delta y<0$ 时，$\alpha_{12} = 360° - \alpha$；

3. 附合导线坐标计算

附合导线的坐标计算步骤与闭合导线相同。仅由于两者形式不同，致使角度闭合差与坐标增量闭合差的计算稍有区别。下面着重介绍其不同点。

（1）角度闭合差的计算。设有附合导线如图 6-12 所示，用式（6-3）根据起始边已知坐标方位角 α_{BA} 及观测的左角（包括连接角 β_B 和 β_C）可以算出终边 CD 的坐标角 α_{CD}。

$$\alpha_{A1} = \alpha_{BA} - 180° + \beta_A$$

$$\alpha_{12} = \alpha_{A1} - 180° + \beta_1$$

……

$\alpha_{CD} = \alpha_{4C} - 180° + \beta_C$

以上各式左右分别相加，得

$\alpha_{CD}=\alpha_{BA}-6\times180°+\sum\beta_{左}$

写成一般公式为：

$$\alpha_{终}=\alpha_{始}-n\times180°+\sum\beta_{左} \quad (6\text{-}15)$$

若观测右角，则按下式计算：

$$\alpha_{终}=\alpha_{始}+n\times180°-\sum\beta_{右} \quad (6\text{-}16)$$

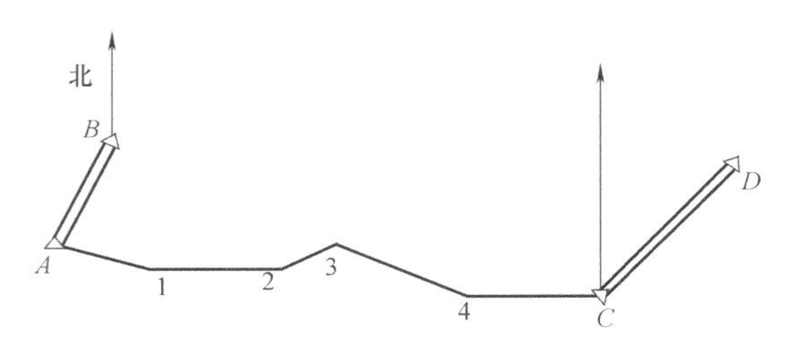

图 6-12 附合导线图

式中，n 为观测的水平角个数。

满足上式的 $\beta_{左}$、$\beta_{右}$ 即为其理论值，将上式整理可得

$$\sum\beta_{左}^{理}=\alpha_{终}-\alpha_{始}+n\times180° \quad (6\text{-}17)$$

$$\sum\beta_{右}^{理}=\alpha_{始}-\alpha_{终}+n\times180° \quad (6\text{-}18)$$

关于角度闭合差的调整，当用左角计算 $\alpha_{终}$ 时，改正数与 f_β 反号；当用右角计算 $\alpha_{终}$ 时，改正数与 f_β 同号。

（2）坐标增量闭合差的计算　按附合导线的要求，各边坐标增量代数和的理论值应等于终、始两点的已知坐标值之差，即

$$\begin{cases}\sum\Delta x_{理}=x_{终}-x_{始}\\ \sum\Delta y_{理}=y_{终}-y_{始}\end{cases} \quad (6\text{-}19)$$

按式（6-6）计算 $\Delta x_{测}$ 和 $\Delta y_{测}$，则纵、横坐标增量闭合差按下式计算

$$\begin{cases}f_x=\sum\Delta x_{测}-(x_{终}-x_{始})\\ f_y=\sum\Delta y_{测}-(y_{终}-y_{始})\end{cases} \quad (6\text{-}20)$$

附合导线的导线全长闭合差、全长相对闭合差和容许相对闭合差的计算，以及增量闭合差的调整，与闭合导线相同。附合导线坐标计算的全过程，若附合导线测点布置如图 6-12 所示，计算过程见表 6-8。

6.3.4 导线测量错误的查找方法

在导线计算中，如果发现闭合差超限，则应首先复查导线测量外业观测记录、内业计算时的数据抄录和计算。如果都没有发现问题，则说明导线外业中的测角、量距有错误，应到现场去返工重测。但在去现场之前，如果能分析判断错误可能发生在某处，则首先应到该处重测，这样就可以避免角度或边长的全部重测，大大减少返工的工作量。下面介绍仅有一个错误存在的查找方法。

1. 一个角度测错的查找方法

在图 6-13 中，设附合导线的第 3 点上的转折角 β_3 发生一个 $\Delta\beta$ 的错误，使角度闭合差超限。如果分别从导线两端的已知坐标方位角推算各边的坐标方位角，则到测错角度的第 3 点为止，导线边的坐标方位角仍然是正确的。经过第 3 点的转折角 β_3 以后，导线边的坐标方位角开始向错误方向偏转，使以后各边坐标方位角都包含错误。

表 6-8 附和导线坐标计算表

点号	观测角（左角） ° ′ ″	改正数 ″	改正角 ° ′ ″	坐标方位角 α ° ′ ″	距离 D /m	增量计算值 Δx/m	增量计算值 Δy/m	改正后增量 Δx/m	改正后增量 Δy/m	坐标值 x/m	坐标值 y/m	点号
1	2	3	4=2+3	5	6	7	8	9	10	11	12	13
B												
A	99 01 00	+6	99 01 06	237 59 30						2507.69	1215.63	A
1	167 45 36	+6	167 45 42	157 00 36	225.85	+5 −207.91	−4 +88.21	−207.86	+88.17	2299.83	1303.80	1
2	123 11 24	+6	123 11 30	144 46 18	139.03	+3 −113.57	−3 +80.20	−113.54	+80.17	2186.29	1383.97	2
3	189 20 36	+6	189 20 42	87 57 48	172.57	+3 +6.13	−3 +172.46	+6.16	+172.43	2192.45	1556.40	3
4	179 59 18	+6	179 59 24	97 18 30	100.07	+2 −12.73	−2 +99.26	−12.71	+99.24	2179.74	1655.64	4
C	129 27 24	+6	129 27 30	97 17 54	102.48	+2 −13.02	−2 +101.65	−13.00	+101 63	2168.74	1757.27	c
D				46 45 24								
总和	888 45 18	+36	888 45 54		740.00	−341.10	+541.78	−340.95	+541.64			

辅助计算：

$f_{\beta容}=(\pm40\sqrt{n})''=+97''$

$\sum\beta_{理}=\alpha_{终}-\alpha_{始}+n\times180°=888°45'54''$

$f_\beta=\sum\beta-\sum\beta_{理}=-36''$

$f_\beta\leqslant f_{\beta容}$

$\sum D=740.00\mathrm{m}$

$\sum\Delta x=-340.10\mathrm{m}$

$\sum\Delta y=541.78\mathrm{m}$

$f_x=\sum\Delta x-(x_{终}-x_{始})=0.15\mathrm{m}$

$f_y=\sum\Delta y-(y_{终}-y_{始})=0.14\mathrm{m}$

$f=\sqrt{f_x+f_y}=0.2\mathrm{m}$

$K=\dfrac{0.2}{740}=\dfrac{1}{3700}<\dfrac{1}{2000}$（符合精度要求）

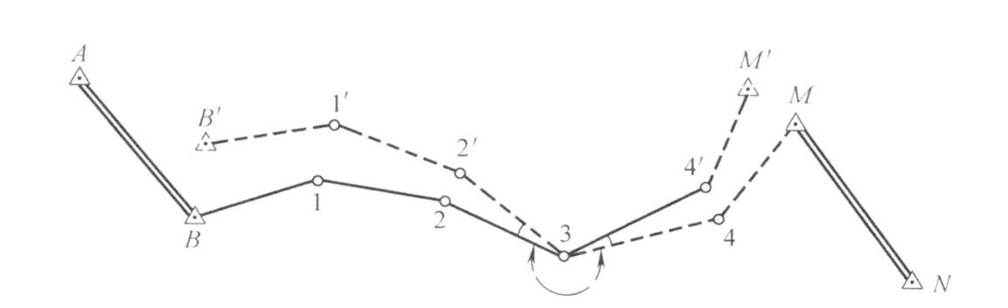

图 6-13 一个角度测错的查找方法

因此，一个转折角测错的查找方法为：分别从导线两端的已知点及已知坐标方位角出发，按支导线计算导线各点的坐标，则所得到的同一个点的两套坐标值非常接近的点，最有可能为角度测错的点。对于闭合导线，方法也相类似，只是从同一个已知点及已知坐标方位角出发，分别沿顺时针方向和逆时针方向，按支导线计算两套坐标值，去寻找两套坐标值接近的点。

2. 一条边长测错的查找方法

当角度闭合差在容许范围以内，而坐标增量闭合差超限，说明边长测量有误。在图 6-14 中，设闭合导线中的 3-4 边 D_{34}发生错误量为 Δ_D。由于其他各边和各角没有错误，因此从第 4 点开始及以后各点，均产生一个平行于 3-4 边的移动量 Δ_D 。如果其他各边、角中的偶然误差忽略不计，则按（6-9）式计算的导线全长闭合差即等于 Δ_D，即 $f=\sqrt{f_x^2+f_y^2}=\Delta_D$ 。

按式（6-14）计算的全长闭合差的坐标方位角即等于 3-4 边或 4-3 边的坐标方位角 α_{34} 或

α_{43} ，即 $\alpha_f = \arctan\dfrac{f_y}{f_x} = \alpha_{34}$（或 α_{43}）。

据此原理，求得的 α_f 值等于或十分接近于某导线边方位角（或其反方位角）时，此导线边就可能是量距错误边。

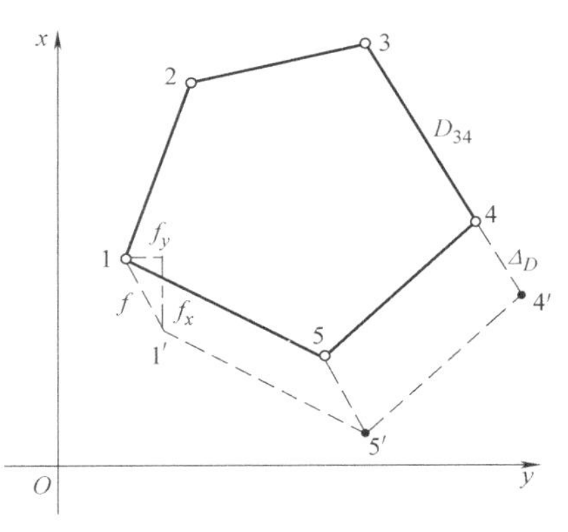

图 6-14 一条边长测错的查找方法

6.4 交会定点测量

平面控制网是通过测量和计算来同时获得一系列平面坐标后形成的。但在测量中往往会遇到只需要确定一个或两个点的平面坐标的情况。如增设个别图根点，这时可以根据已知控制点采用交会法确定该点的平面坐标。

6.4.1 前方交会

在两个已知控制点上，分别对待定点观测水平角，以计算待定点的坐标。如图 6-15 所示，为了进行检核和提高点位精度，在实际工作中通常要在 3 个控制点上进行交会，用两个三角形分别计算待定点的坐标，既可取其平均值作为所求结果，又可根据两者的差值来判定观测结果是否可靠。如图 6-15a 所示，A、B 为已知控制点，P 为待定点，A、B、P 三点按逆时针顺序排列。

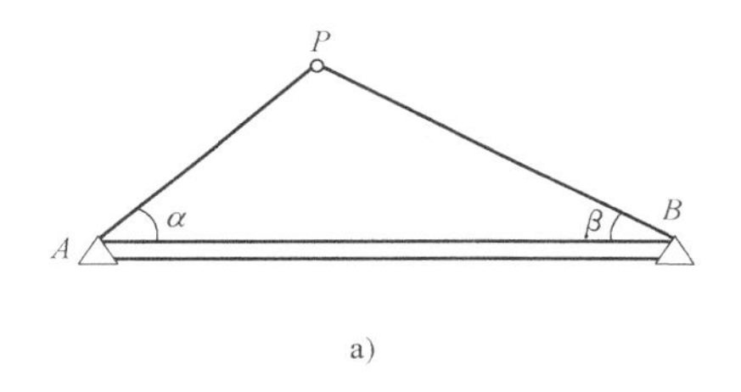

a)

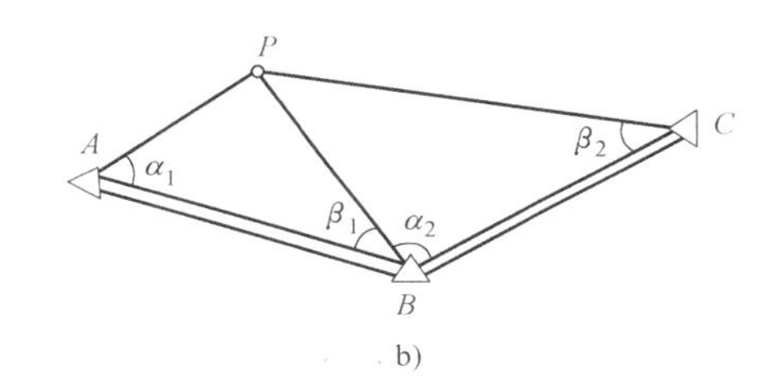

b)

图 6-15 前方交会

1. 根据已知坐标计算已知边 AB 的方位角和边长

$$\alpha_{AB} = \arctan\frac{y_B - y_A}{x_B - x_A} \tag{6-21}$$

$$D_{AB} = \sqrt{(x_B - x_A)^2 + (y_B - y_A)^2} \tag{6-22}$$

2. 计算 AP 和 BP 边的坐标方位角和边长

$$\begin{cases}\alpha_{AP} = \alpha_{AB} - \alpha \\ \alpha_{BP} = \alpha_{BA} + \beta\end{cases} \tag{6-23}$$

$$\begin{cases}D_{AP} = D_{AB}\sin\beta/\sin[180° - (\alpha + \beta)] \\ D_{BP} = D_{AB}\sin\alpha/\sin[180° - (\alpha + \beta)]\end{cases} \tag{6-24}$$

3. 计算 P 点坐标

分别由 A 点和 B 点按式（6-5）、式（6-6）推算 P 点坐标，并进行校核。

$$
\begin{cases}
x_p = x_A + D_{AP}\cos\alpha_{AP} \\
y_P = y_A + D_{AP}\sin\alpha_{AP} \\
x_p = x_A + D_{BP}\cos\alpha_{BP} \\
y_P = y_A + D_{BP}\sin\alpha_{BP}
\end{cases}
\tag{6-25}
$$

应用电子计算器直接计算 P 点坐标时可用下式：

$$
\begin{cases}
x_p = \dfrac{x_A\cot\beta + x_B\cot\alpha + (y_B - y_A)}{\cot\alpha + \cot\beta} \\
y_P = \dfrac{y_A\cot\beta + y_B\cot\alpha + (x_B - x_A)}{\cot\alpha + \cot\beta}
\end{cases}
\tag{6-26}
$$

式（6-26）称为余切公式，要注意 A、B、P 按逆时针顺序排列，如图 6-15 所示。A、B、P 按顺时针顺序排列时，式（6-26）中的 A、B 数据要交换使用。

为了校核和提高 P 点精度，前方交会时通常在 A、B、C 三个已知点上向 P 点观测，测得两组角值 α_1、β_1 与 α_2、β_2，如图 6-15b 所示，分两个三角形按式（6-26）计算 P 点坐标。当这两组坐标的差不大于 0. 2mm 时，取它们的平均值作为 P 点的终坐标。计算实例见表 6-9。

表 6-9　前方交会计算实例

点名	x/mm		y/mm		观测角	
A	x_A	37477. 54	y_A	16307. 24	α_1	40°41′57″
B	x_B	37327. 2	y_B	16078. 9	β_1	75°19′02″
P	$x_P{}'$	37194. 58	$y_P{}'$	16226. 42		
B	x_B	37327. 2	y_B	16078. 9	α_2	58°11′35″
C	x_C	37163. 69	y_C	16046. 65	β_2	69°06′23″
P	$x_P{}''$	37194. 54	$y_P{}''$	16226. 42		
中数	x_P	37194. 56	y_P	16226. 42		
简略图	B A C P α_1 β_1 α_2 β_2		辅助计算	前方交会测量中，为了校核精度规定，规定两组坐标较差 e 不大于两倍比例尺精度，用公式表示为： $e=\sqrt{\delta_x^2+\delta_x^2}\leqslant e_{容}=2\times0.1M(\text{mm})$ 其中 M 为测图比例尺分母 则有：$\delta_x=x'_P-x''_P=0.04$；$\delta_y=y'_P-y''_P=0$ $e=0.04$；$e_{容}=2\times0.1M=0.2\text{mm}$ $e<e_{容}$		

在前方交会中，当不能在一个已知点（如图 6-16 中的 A 点）安置仪器时，在一个已知点 B 及待求点 P 上观测两个角度 β 和 γ 则同样可以计算 P 点的坐标（图 6-16），这就是角度侧方交会法。此时只要先计算出 A 点的 α 角，即可按照式（6-26）求解 x_P和 y_P。

6.4.2　后方交会

如图 6-17 所示，后方交会是在待定点上对三个或两个以上的已知控制点进行角度观测，从而计算出待定点 P 的坐标，其中 A、B、C 为三个已知控制点。

计算后方交会点坐标的公式很多，这介绍一种仿权计算法，该法适合于编程计算。计算公式如下：

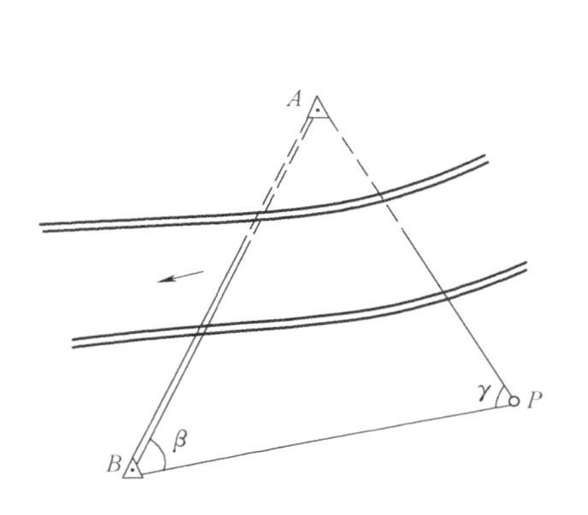

图 6-16 角度侧方交会法

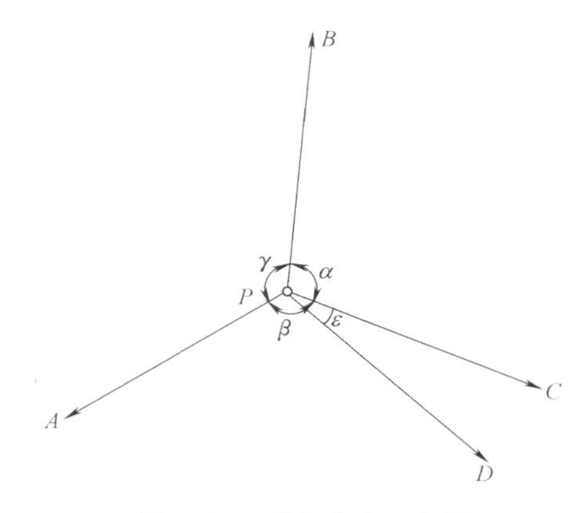

图 6-17 后方交会示意图

$$\begin{cases} P_A = \dfrac{1}{\cot A - \cot\alpha} \\ P_B = \dfrac{1}{\cot B - \cot\beta} \\ P_C = \dfrac{1}{\cot C - \cot\gamma} \\ x_p = \dfrac{P_A x_A + P_B x_B + P_C x_C}{P_A + P_B + P_C} \\ y_P = \dfrac{P_A y_A + P_B y_B + P_C y_C}{P_A + P_B + P_C} \end{cases} \tag{6-27}$$

A、B、C 三个已知点可以任意编排，$\angle A$、$\angle B$、$\angle C$ 为三个已知点构成的三角形内角，其值根据三条已知边的方位角计算。计算式要求三角形的内角 $\angle A$、$\angle B$、$\angle C$ 对应的三条边 BC、CA、AB 必须对应待定点 P 上的三个角 α、β、γ，且 $\alpha+\beta+\gamma=360$。

若 P 点选在三角形任意两条边延长线的夹角之间，应用式（6-27）计算坐标时，α、β、γ 均以负值代入。为了检验测量结果的准确性，必须在 P 点上对第四个已知点进行观测，即再观测角 ε，如图 6-17 所示。

由 P 点的计算坐标与已知点 C、D 的坐标计算出 α_{PD}、α_{PC}，从而计算得到：

$$\varepsilon' = \alpha_{PD} - \alpha_{PC}$$

将 ε' 值与观测到的 ε 值对比计算差值：

$$\Delta\varepsilon = \varepsilon' - \varepsilon$$

由此计算出 P 点的横向位移 e：

$$e = \frac{D_{PD} \cdot \Delta\varepsilon}{\rho} \tag{6-28}$$

式中，$\rho = 206265''$

在测量规范中，一般规定横向位移 e 不大于比例尺精度的 2 倍，即 $e \leqslant 2\times0.1M$（单位为 mm），其中 M 为测图比例尺的分母。

在后方交会中，若 P 点与 A、B、C 三个点位于同一圆周上，则这一圆周上的任意点与 A、B、C 组成的角 α、β 的值都相等，故 P 点的位置无法确定，这个圆称为危险圆。在作后方交会时，必须注意不要使待定点位于危险圆附近。

6.4.3　距离交会

距离交会法是在两已知控制点上分别测定到待定点的距离，进而求出待定点的坐标，如图6-18所示。

图6-18中，A、B为已知点，P为未知点。做$PQ \perp AB$，并令$PQ=h$，$AQ=r$。根据A、B的已知坐标可反算出A、B的边长D和坐标方位角α：

$$D = \sqrt{(x_B - x_A)^2 + (y_B - y_A)^2}$$

$$\alpha = \arctan \frac{y_B - y_A}{x_B - x_A}$$

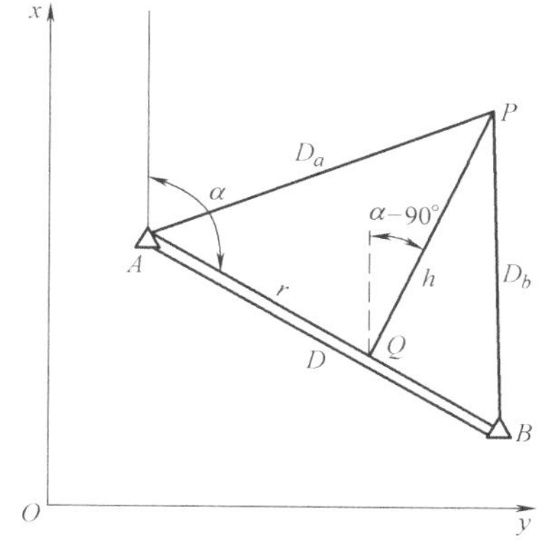

图6-18　距离交会示意图

根据余弦定理得：

$$D_b^{\ 2} = D_a^{\ 2} + D^2 - 2D_a D\cos A = D_a^{\ 2} + D^2 - 2Dr$$

故：

$$\begin{cases} r = \dfrac{D_a^2 + D^2 - D_b^2}{2D} \\ h = \sqrt{D_a^2 - r^2} \end{cases}$$

根据r和h求A、P的坐标增量如下：

$$\begin{cases} \Delta x_{AP} = r\cos\alpha + h\sin\alpha \\ \Delta y_{AP} = r\sin\alpha - h\cos\alpha \end{cases}$$

故：

$$\begin{cases} x_P = x_A + r\cos\alpha + h\sin\alpha \\ y_P = y_A + r\sin\alpha - h\cos\alpha \end{cases} \tag{6-29}$$

应用上述公式时，点A、B、P应按逆时针方向排列。为了检核，可选三个已知点进行两组距离交会。两组所得的点位误差规定如前所述。

6.5　高程控制测量

高程控制测量分为水准测量和三角高程测量两种。水准测量一般采用三、四等水准测量以及图根水准测量；三角高程测量用于测定各等级平面控制点的高程。

水准测量的原理和方法参见第2章，本节介绍三角高程测量。

当在地形起伏大的地区进行高程控制测量时，不便于进行水准测量施测。可采用三角高程测量的方法测定两点间的高差，从而求得高程。

1. 三角高程测量原理

三角高程测量是根据两点间的水平距离和观测的竖直角计算两点间的高差。如图6-19所示，已知点A的高程H_A，欲求点B的高程H_B。在点A处安置经纬仪，在点B处竖立观测目标，用经纬仪照准目标的某一特定位置，测量竖直角α，量取仪器高i和地面标志点至特定位置的高度ν（目标高）。如已知（或测出）A、B两点间的水平距离D_{AB}，就可求得两点间的高差：

$$h_{AB} = D_{AB}\tan\alpha + i - \nu \tag{6-30}$$

那么B点高程为：

$$H_B = H_A + h_{AB} = H_A + D_{AB}\tan\alpha + i - \nu \tag{6-31}$$

2. 地球曲率和大气折光对高差的影响

应用三角高程测量方法测量距离较大的两点间高差时，应对所测的高差进行地球曲率和大气折光的改正，这两项改正简称球气差改正。

(1) 地球曲率的改正　当两点间的距离较大(大于300m)时，大地水准面是一个曲面，而不是水平面，应用式(6-30)或式(6-31)计算时，需加上地球曲率影响的改正，简称球差改正，其改正数为：

$$\Delta h = \frac{D^2}{2R}$$

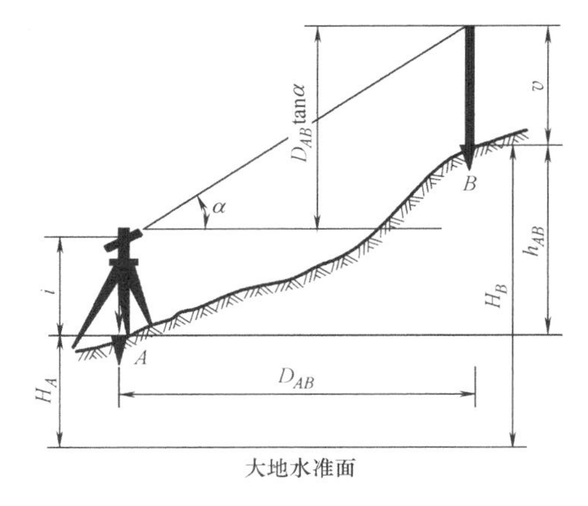

图 6-19　三角高层测量原理

式中　D——两点间的水平距离；

R——地球的平均曲率半径。

(2) 大气折光的改正　在进行竖直角测量时，大气层的密度分布不均匀使得观测视线受大气折光的影响面总是呈一条向上凸起的曲线，这使得测得的竖直角比实际值偏大，因此应进行大气折光的改正，简称气差改正。一般认为大气折光的曲率半径约为地球曲率半径的7倍，则其改正数为：

$$r = \frac{D^2}{14R}$$

则球气差改正数为：

$$f = \Delta h - r = \frac{D^2}{2R} - \frac{D^2}{14R} \approx 0.43\frac{D^2}{R} \tag{6-32}$$

或

$$f = 0.66D^2 \tag{6-33}$$

其中，D 以100m为单位，f 的单位为mm。

三角高程测虽一般采用对向观测，即先由 A 点观测 B 点，再由 B 点观测 A 点。取对向观测所得高差绝对值的平均值，可以消除或减弱球气差的影响。

3. 三角高程测量的观测和计算

在进行平面控制的同时进行三角高程测量。采用盘左、盘右观测竖直角 α，取仪器高 i 和目标高 ν，水平距离由电磁波测距仪测得或由三角测量方法计算求得。

三角高程测量最佳测量路线应布设成闭合路线或附合路线，每边均采用对向观测。计算的高差经地球曲率和大气折光改正后，当对向观测所求得的高差互差小于0.1s（单位为m；s 为边长，以km为单位。）时，取高差中数。由对向观测所求得的高差中数计算闭合路线或附合三角高程路线的闭合差 f_{h}（单位为m），其容许值 $f_{\mathrm{h容}}$ 为：

$$f_{\mathrm{h容}} = \pm 0.05\sqrt{\sum D^2} \tag{6-34}$$

其中，水平距离 D 的单位为km。若 $f_{\mathrm{h}} \leqslant f_{\mathrm{h容}}$，则将闭合差反号按与边长成正比的原则分配给各高差，再按经调整后的高差推算各点的高程。

如图6-20所示，在 A、1、2、B 四点间进行三角高程测量，高差计算结果标注于图上，高差计算见表6-10。

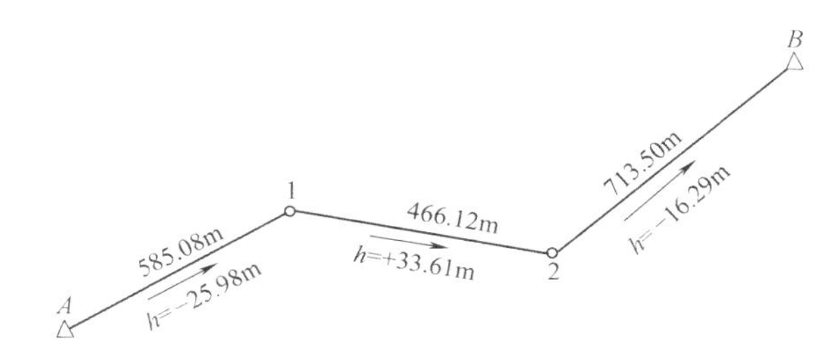

图 6-20 三角高程计算差值

表 6-10 三角高程测量的高差计算

起算点	A	A	1	1	2	2
待求点	1	1	2	2	B	B
觇法	直	反	直	反	直	反
α	-2°28′54″	2°32′18″	4°07′12″	-3°52′24″	-1°17′42″	1°21′52″
D/m	585. 08	585. 08	466. 12	466. 12	713. 50	713. 50
Dtanα/m	-25. 36	25. 94	33. 58	-31. 56	-16. 13	16. 00
i/m	1. 34	1. 30	1. 30	1. 32	1. 32	1. 28
ν/m	2. 00	1. 30	1. 30	-3. 40	1. 50	2. 00
f/m	0. 02	0. 02	0. 02	0. 02	0. 03	0. 03
h/m	-26. 00	25. 96	33. 60	-33. 62	-16. 28	16. 29
高差中数/m	-25. 98		+33. 61		-16. 29	

思考题与习题

1. 测绘地形图和施工放样为什么要先建立控制网？控制网分为哪几种？

2. 选择控制点前应做哪些准备工作？选点应遵循哪些原则？

3. 导线的形式主要有哪几种？各在什么情况下采用？

4. 如何计算闭合导线和附合导线的角度闭合差？

5. 何谓导线坐标增量闭合差？何谓导线全长相对闭合差？坐标增量闭合差是根据什么原则进行分配的？

6. 闭合导线与附合导线的内业计算有何异同点？

7. 什么是坐标正算？什么是坐标反算？坐标反算时坐标方位角如何确定？

8. 交会测量哪几种形式？各适用于什么场合？

9. 已知 $\alpha_{AB}=89°12'01''$，$x_B=3065.347$m，$y_B=2135.265$m，坐标推算路线为 B→1→2，测得坐标推算路线的右角分别是 $\beta_B=32°30'12''$，$\beta_1=261°06'16''$，水平距离分别是 $D_{AB}=123.704$m，$D_{12}=98.506$m，试计算 1、2 点的平面坐标。

10. 根据图 6-21 中的观测数据和已知数据，进行导线观测内业计算。

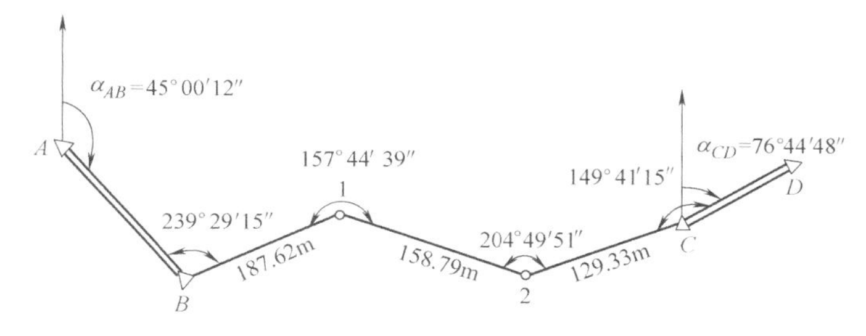

图 6-21 观测数据和已知数据（习题）

第7章　地形图的测绘与应用

7.1　地形图的基本知识

地形图是按一定的方法，将地面上的地物和地貌用规定的符号，依照一定的比例尺缩绘成的正射投影图。所谓地物是指地面上的固定物体，包括人工地物和自然地物，如城镇、厂矿、房屋、道路、桥梁、河流、湖泊等，用符号加注记来表示；而地貌则是指地球表面高低起伏、倾斜变化的形态，如高山、丘陵、平原、盆地等，用等高线来表示。

7.1.1　地形图的比例尺

地形图上一段直线的长度与地面上相应线段的实际水平长度之比，称为该地形图的比例尺。地图比例尺表示了实际事物在地图上缩小的程度，如比例尺为 1∶10000，就是说地图上 1cm，相当于实地 100m 的距离。

1. 比例尺的种类

（1）数字比例尺　数字比例尺表示成分子为 1、分母为整数的分数。如：

$$\frac{d}{D}=\frac{1}{M}$$

M 为数字比例尺分母。M 越小，则比例尺越大。数字比例尺一般写成 1∶M 的形式，如 1∶500、1∶1000 等。

测图用的比例尺越大，越能精确表示地面情况，但测图所需的工作量越大。因此测图比例尺的大小取决于实际情况、成图时间和测图费用，一般以工作需要作为主要考虑因素。

为了满足经济建设和国防建设的需要，需要测绘和编制各种不同比例尺的地形图。通常称 1∶500、1∶1000、1∶2000、1∶5000 为大比例尺，大比例尺地形图主要适用于城市和工程建设。称 1∶1 万、1∶2.5 万、1∶5 万、1∶10 万为中比例尺，中比例尺地形图是国家的基本图，采用航空摄影测量。称 1∶20 万、1∶50 万、1∶100 万为小比例尺，小比例尺地形图由中比例尺地形图缩小编绘。

（2）图示比例尺　为了用图方便，以及减小因图纸伸缩而引起的使用中的误差，在绘制地形图时，常在图上绘制图示比例尺。最常见的为“直线比例尺”，如图 7-1 所示的 1∶500 的直线比例尺，取 2cm 长度为基本单位，将左端的一段基本单位又分成十等分，则从直线比例尺上直接可读得基本单位的 1/10，可估读到 1/100。

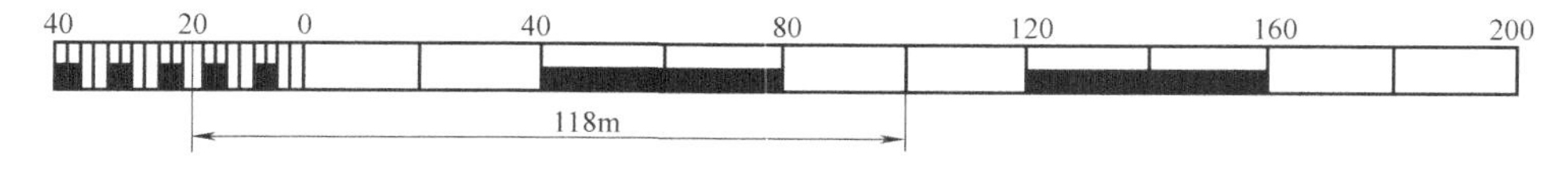

图 7-1　图示比例尺

图示比例尺印刷于图纸下方，便于直接用分规在图上量取直线段的水平距离。

（3）复式比例尺　复式比例尺是由主比例尺与局部比例尺组合而成的比例尺，故又称投影比例尺。绘制地图必须用地图投影来建立数学基础，但每种投影都存在着变形。在大于 1：100 万的地形图上，投影变形非常微小，故可用同一个比例尺即主比例尺表示或进行量测。但在使用更小比例尺绘制广大地区地图上，一些部位则有明显的变形，因而不能用同一比例尺表示和量测。为了消除投影变形对图上量测的影响，需要根据投影变形和地图主比例尺绘制成复式比例尺，以备使用。复式比例尺由主比例尺的尺线与若干条局部比例尺的尺线构成，分经线比例尺和纬线比例尺两种。以经线长度比计算基本尺段相应实地长度所作出的复式比例尺，称经线比例尺，用于量测沿经线或近似经线方向某线段的长度；以纬线长度比计算基本尺段相应实地长度所作出的复式比例尺，称纬线比例尺，用于量测沿纬线或近似纬线方向某线段的长度。当量标准线上某线段长度，则用主比例尺尺线；量其他部位某线段长度，则应据此线段所在的经度或纬度来确定使用哪一条局部比例尺尺线。

2. 比例尺精度

人们用肉眼能分辨的图上最小距离为 0.1mm，因此一般在图上量度或者实地测图描绘时，就只能达到图上 0.1mm 的精确性。因此我们把图上 0.1mm 所表示的实地水平长度称为比例尺精度。不同比例尺的比例尺精度见表 7-1。可以看出，比例尺越大，其比例尺精度也越高。

表 7-1　不同比例尺的比例尺精度

比例尺	1：500	1：1000	1：2000	1：5000	1：10000
比例尺精度/m	0.05	0.1	0.2	0.5	1.0

例如在测 1：50000 图时，实地量距只需取到 5m，因为若量得更精细，在图上是无法表示出来的。此外，当设计规定需在图上能量出的最短长度时，根据比例尺的精度，可以确定测图比例尺。例如某项工程建设，要求在图上能反映地面上 10cm 的精度，则采用的比例尺不得小于 1：1000。

7.1.2　大比例尺地形图图式

1. 地物符号

（1）比例符号　比例符号是指能将地物的形状、大小和位置按比例尺缩小绘在图上以表达轮廓特征的符号。这类符号一般是用实线或点线表示其外围轮廓，如房屋、运动场、湖泊、森林、农田等。

（2）非比例符号　一些具有特殊意义的地物，轮廓较小，不能按比例尺缩小绘在图上时，就采用统一尺寸，用规定的符号来表示，这些符号称为非比例符号，如三角点、水准点、烟囱、消防栓、独立树、里程碑、钻孔等。这类符号在图上只能表示地物的中心位置，不能表示其形状和大小。

（3）半比例符号　一些呈线状延伸的地物，其长度能按比例缩绘，而宽度不能按比例缩绘，需用一定的符号来表示，这些符号称为半比例符号，也称线状符号，如铁路、公路、围墙、通信线和单线绘制的河流等。半比例符号只能表示地物的位置（符号的中心线）和长度，不能表示宽度。

测图比例尺越大，用比例符号描绘的地物越多；比例尺越小，用非比例符号表示的地物越多。

2. 地貌符号

地貌是指地面高低起伏的自然形态。在图上表示地貌的方法很多，而在地形图中通常用等高线表示。用等高线表示地貌不仅能表示地面的起伏形态，而且还能科学地表示出地面的坡度和地面点的高程。一些不能用等高线表示的地方，如滑坡、陡崖、冲等沟等，则用相应的地貌符号表示。

3. 注记符号

有些地物除用一定的符号表示外还需要说明和注记，以更为准确地表示出地物的位置、属性，并有利于阅读和应用地形图。这些符号称为注记符号，如河流和湖泊的水位，村、镇、工厂、铁路、公路、城市或街区的特别标志物等。

常用地物、注记和地貌符号见表7-2，其他符号、细部图与释义参见《国家基本比例尺地图图式 第1部分：1∶500 1∶1000 1∶2000 地形图图式》（GB/T 20257.1—2007）。

表 7-2 常用地物、注记和地貌符号

编号	符号名称	1∶500 1∶1000	1∶2000	编号	符号名称	1∶500 1∶1000	1∶2000
1	一般房屋	混3　1.6 混—房屋结构 3—房屋层数		11	过街天桥		
2	简单房屋			12	高速公路	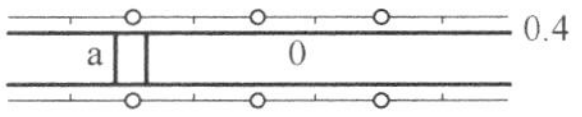 a　0　0.4 a—收费站 0—技术等级代码	
3	建造中的房屋	建		13	等级公路	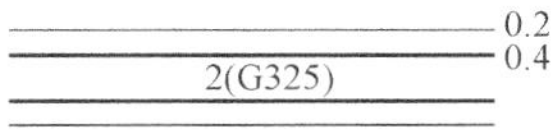 0.2　0.4　2(G325) 2—技术等级代码 （G325）—国道路线编码	
4	破坏房屋	砖		14	乡村路	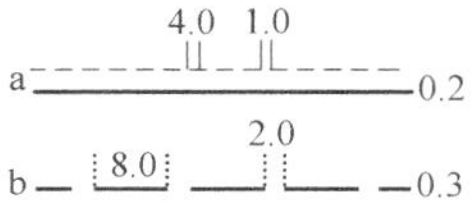 4.0　1.0　a　0.2 2.0　b　8.0　0.3 a—依比例尺的 b—不依比例尺的	
5	棚房	45°　1.6		15	小路	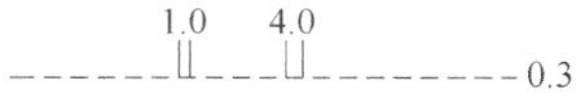 1.0　4.0　0.3	
6	架空房屋	砼4　1.0 砼　砼4	1.0	16	内部道路	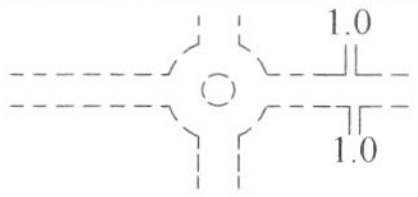 1.0　1.0	
7	廊房	混3　1.0	1.0	17	阶梯路	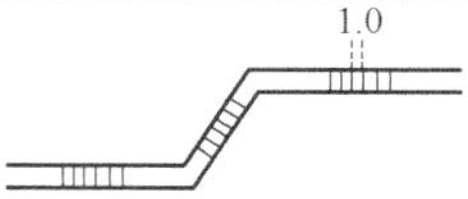 1.0	
8	台阶	0.6　1.0　1.0		18	打谷场、球场	 球	
9	无看台的露天体育场	体育场		19	旱地	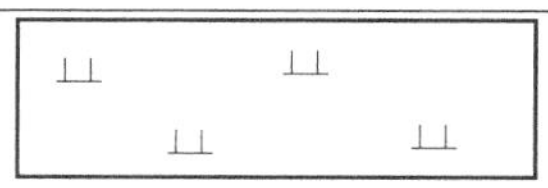	
10	游泳池	泳		20	花圃	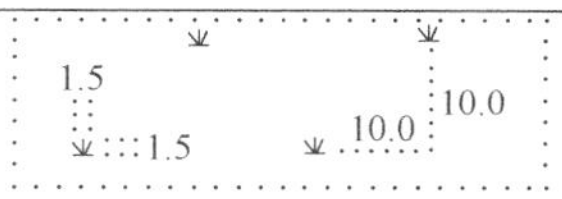 1.5　1.5　10.0　10.0	

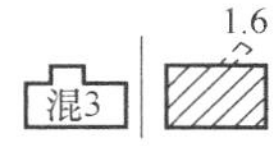

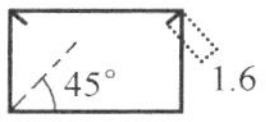

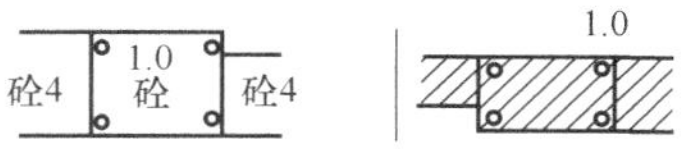

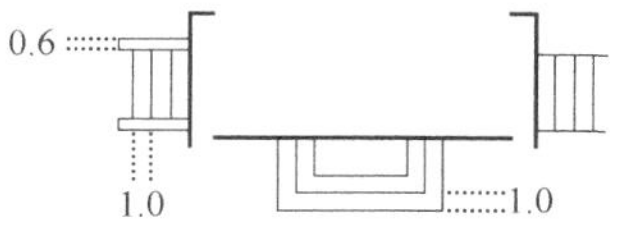

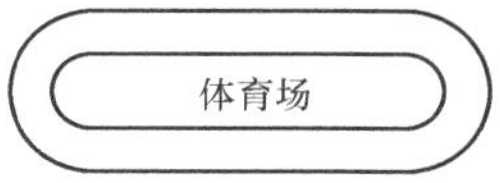

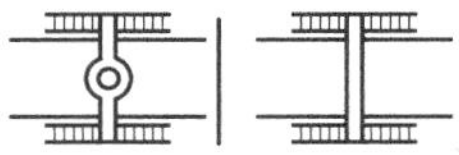

（续）

编号	符号名称	1:500 1:1000	1:2000	编号	符号名称	1:500 1:1000	1:2000
21	有林地	1.6 松6 10.0 10.0		29	三角点	3.0 凤凰山/394.468 凤凰山—点名 394.468—高程	
22	天然草地	2.0 1.0 10.0 10.0		30	导线点	I16/84.46 I 16—等级、点位 84.46—高程	
23	稻田	0.2 a 2.5 10.0 10.0		31	埋石图根点	2.0 12/275.46 12—点号 275.46—高程	
24	常年湖	青湖		32	不埋石图根点	2.0 19/84.47 19—点号 84.47—高程	
25	池塘	塘　塘		33	水准点	2.0 Ⅱ京石5/32.804 Ⅱ京石5—等级、点名、点号 32.804—高程	
26	河流流向及流速	0.3 7.5 0.3—流速(m/s)		34	名称说明注记	甘家寨 正等线体(3.0) 李家村　张家庄 仿宋体(2.5　3.0)	
27	喷水池	R0.6 1.2 0.6 0.5 1.0 0.5 1.0 1.0		35	路灯	0.3 0.8 2.8 1.0	
28	GPS控制点	3.0 B14/495.263		36	零星树木	1.0	
				37	上水检修井	2.0	

（续）

编号	符号名称	1∶500 1∶1000	1∶2000
38	下水（污水）、雨水检修井	 2.0	
39	下水暗井	 2.0	
40	煤气、天然气检修井	 2.0	
41	热力检修井	 2.0	
42	电信检修井	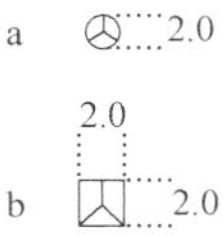 a 2.0 b 2.0 2.0 a—电信人孔 b—电信手孔	
43	电力检修井	 2.0	
44	地面下的管道	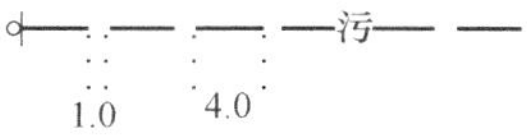 污 1.0 4.0	
45	围墙	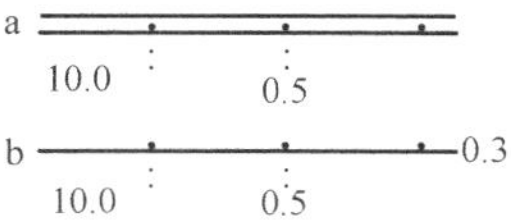 a 10.0 0.5 b 10.0 0.5 0.3 a—依比例尺的 b—不依比例尺的	
46	挡土墙	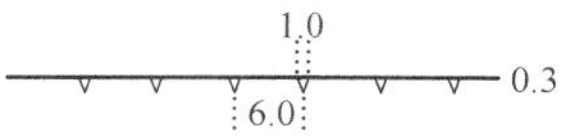 1.0 6.0 0.3	
47	栅栏、栏杆	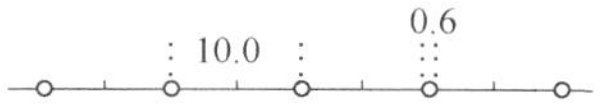 10.0 0.6	
48	梯田坎	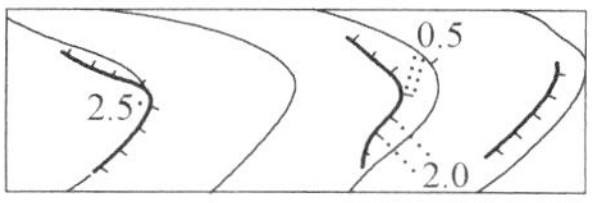 2.5 0.5 2.0	
49	篱笆	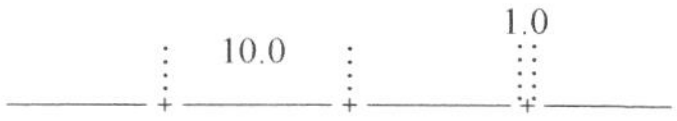 10.0 1.0	
50	活树篱笆	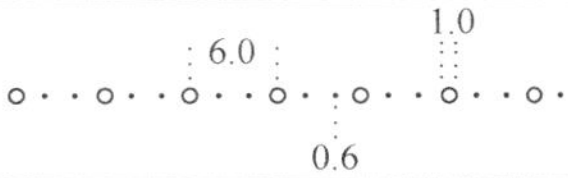 6.0 1.0 0.6	
51	铁丝网	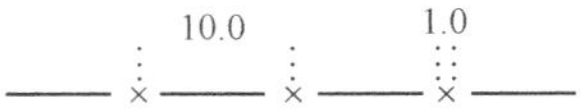 10.0 1.0	
52	地面线上的通信线	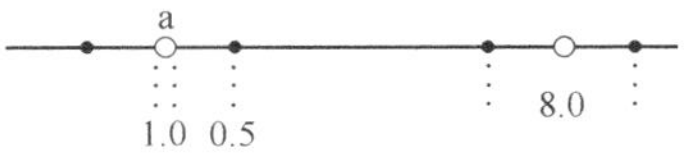 a 1.0 0.5 8.0	
53	电线架	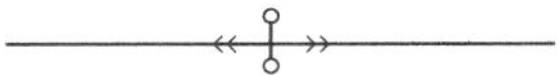	
54	架空的配电线	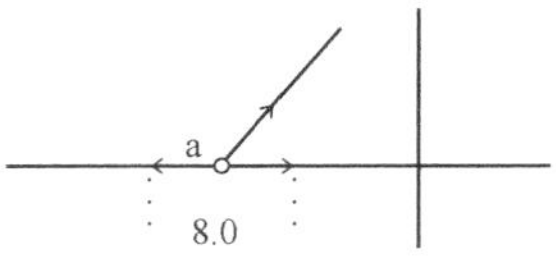 a 8.0	
55	土质陡坎	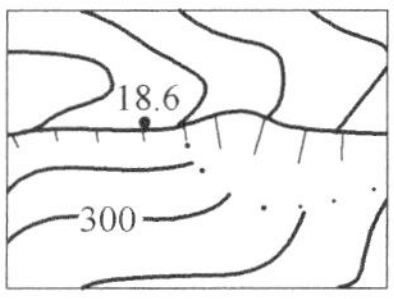 18.6 300	
56	行树	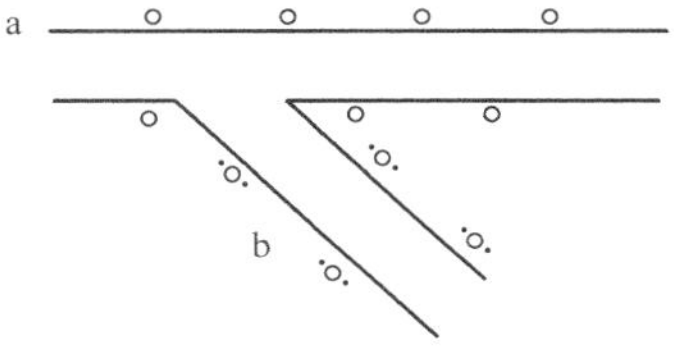 a b a—乔木行树 b—灌木行树	
57	一般高程点及注记	a 0.5 • 163.2 b 75.4 a—一般高程点 b—独立性地物的高程	
58	等高线	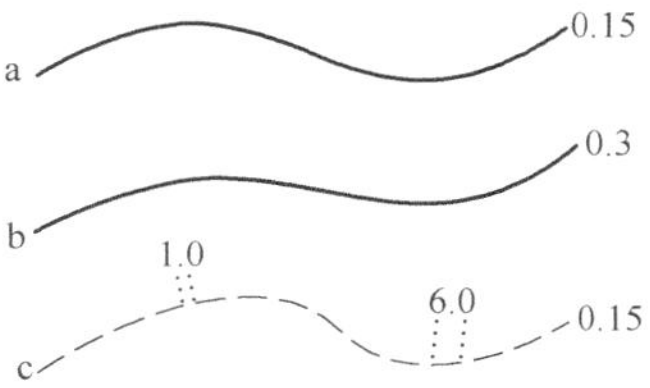 a 0.15 b 0.3 c 1.0 6.0 0.15 a—首曲线 b—计曲线 c—间曲线	
59	等高线注记	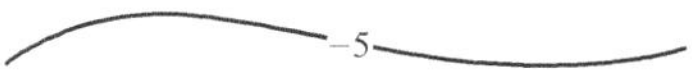 5	
60	示坡线	 0.8	

7.1.3　等高线

等高线就是地表相同高度点的连线，其形状一般呈曲线状，故又叫水平曲线。

将一个山包，用一组间距相等的平行平面相截，按一定的比例缩小后，垂直投影到平面上，这样平面上不同高度的等高线，就反映了地形的高低起伏状况。等高线的圈闭范围反映了该地区的面积。

通过研究等高线表示地貌的规律性，可以归纳出等高线的特征如下：

1）同一条等高线上各点的高程相等。

2）等高线是闭合曲线，不能中断，如果不在同一幅图内闭合，则必定在相邻的其他图幅内闭合。

3）等高线只有在绝壁或悬崖处才会重合或相交。

4）等高线经过山脊或山谷时改变方向，因此山脊线与山谷线应和改变方向处的等高线的切线垂直相交。

上述特征对于地貌的测绘和等高线的勾画，以及正确使用地形图都有很大帮助。

1. 等高距

等高距是指切割地形的相邻两假想水平截面间的垂直距离。在一定比例尺的地形图中等高距是固定的。

2. 等高线平距

等高线平距是指在地形图上相邻等高线间的水平距离，它的长短与地形有关。地形坡缓，等高线平距长，反之则短。

3. 各种地貌用等高线表示的特征

地貌高低起伏的形态千变万化，但都是由几种典型的地貌综合而成的。了解和熟悉典型地貌的等高线有助于正确识读、应用和测绘地形图。典型地貌主要有山头与洼地、山脊与山谷、鞍部、陡崖和悬崖等。典型地貌及其等高线表示如图 7-2 所示。

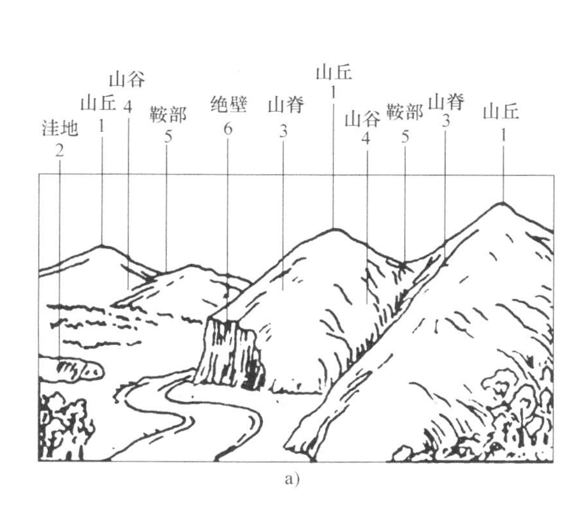

a)

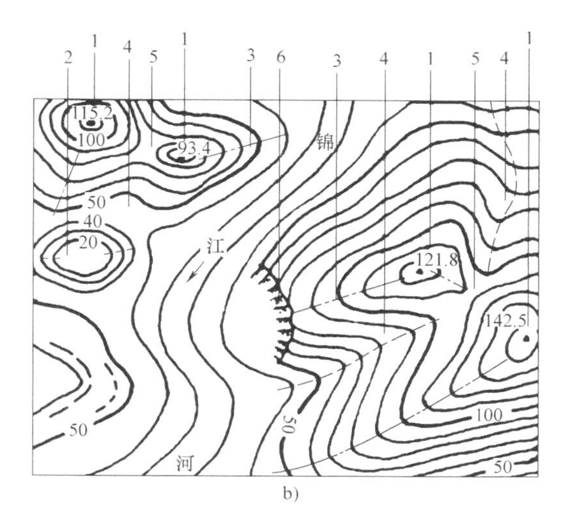

b)

图 7-2　典型地貌及其等高线表示

（1）山头与洼地　从图 7-3 中可见山头与洼地部是一圈套着一圈的闭合曲线，但它们可根据所注的高程来判别。封闭的等高线中，内圈高者为山峰，反之则为洼地。

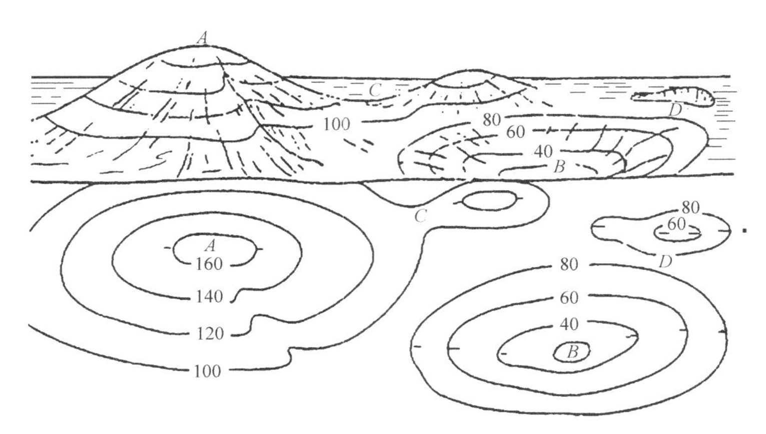

图 7-3 山头与洼地之等高线特征

两个相邻山头间的为鞍部。地形图中，两组表示山头的相同高度的等高线各自封闭相邻并列，其中间处为鞍部。

两个相邻洼地间为分水岭。地形图中，两组表示凹陷的相同高度等高线各自封闭，相邻并列，其中间处为分水岭。

（2）山坡　山坡的断面一般可分为直线（坡度均匀）、凸出、凹入和阶梯状四种，且各自对应的等高线平距之稀密分布不同。对于均匀坡，相邻等高线平距相等；凸出坡，等高线平距下密上疏；凹入坡，等高线平距下疏上密；阶梯状坡，等高线疏密相间，各处平距不一。

（3）悬崖、峭壁　当坡度很陡，成陡崖时，等高线可重叠成一粗线，或等高线相交，但交点必成双出现，如图 7-4 所示。还可以在等高线重叠部分加绘特殊符号。

（4）山脊和山谷　如图 7-5 所示，山谷和山脊几乎具有同样的等高线形态，因而要从等高线的高程来区分。表示山脊的等高线是凸向山脊的低处，表示山谷的等高线则凸向谷底的高处。

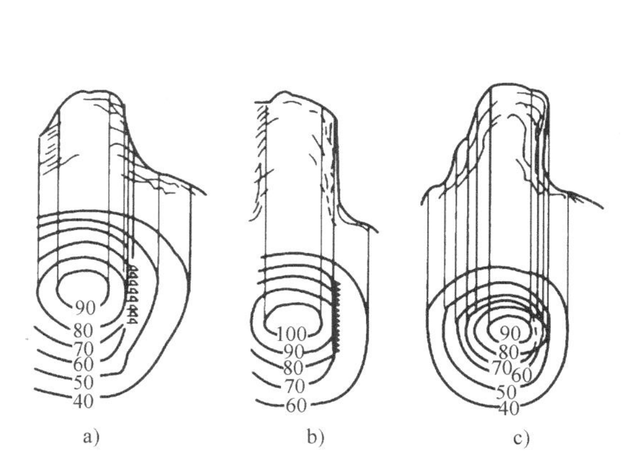

图 7-4 悬崖与峭壁等高线的表示

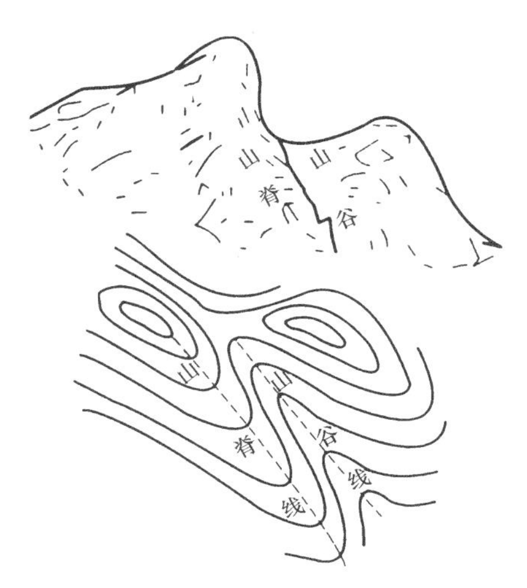

图 7-5 山脊和山谷等高线表示

4. 等高线的分类

地形图中的等高线主要有首曲线和计曲线，有时也用间曲线和助曲线，如图 7-6 所示。

（1）首曲线　首曲线也称基本等高线，是指从高程基准面起算，按规定的基本等高距描绘的等高线，用宽度为 0.1mm 的细实线表示。

(2) 计曲线　计曲线从高程基准面起算，每隔四条基本等高线有一条加粗的等高线，称为计曲线。为了读图方便，计曲线上也注出高程。计曲线用宽度为 0.2mm 的细实线表示。

(3) 间曲线和助曲线　当基本等高线不足以显示局部地貌特征时，按二分之一基本等高距所加绘的等高线，称为间曲线（又称半距等高线），用长虚线表示。

按四分之一基本等高距所加绘的等高线，称为助曲线，用短虚线表示。助曲线用宽度为 0.1mm 的细实线表示。

间曲线和助曲线描绘时均可不闭合。

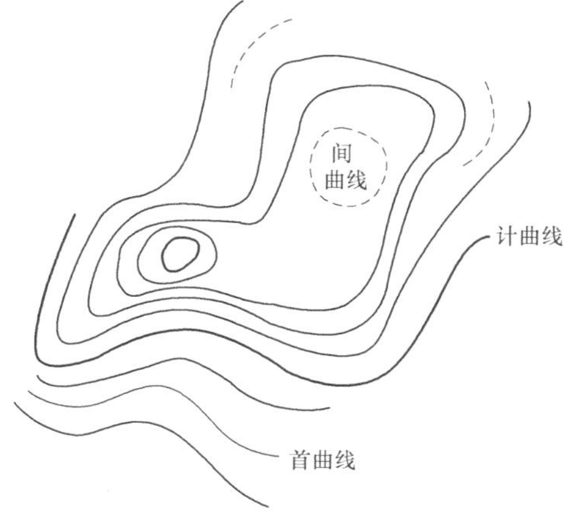

图 7-6　等高线的种类与表示

7.1.4　地形图的分幅和编号

为了便于测绘、拼接、使用和保管地形图，需要将各种比例尺的地形图进行统一分幅和编号。地形图的分幅方法分为两类：一类是按经纬线分幅的梯形分幅法，主要用于国家基本地形图的分幅；另一类是按坐标格网划分的矩形分幅法，主要用于工程建设的大比例尺地形图的分幅。

1. 梯形分幅与编号

我国的基本比例尺地形图的分幅与编号采用国际统一的规定，它们都是以 1∶100 万比例尺地形图为基础，按规定的经差和纬差划分图幅。

(1) 1∶100 万比例尺地形图的分幅和编号　按国际规定，1∶100 万的世界地形图实行统一的分幅和编号。即由赤道向北或向南分别按纬差 4°分成横列，各列依次用 A、B、C、D……V 表示。自经度 180°开始起算，由西向东按经差 6°分成纵行，各行依次用 1、2、3、4……60 表示。1∶100 万地形图分幅与编号如图 7-7 所示。在我国 1∶100 万比例尺地形图的分幅和编号上，每一幅图的编号由其所在的“横列-纵行”的代号组成。例如北京的 1∶100 万比例尺图的图幅编号为 J-50。

(2) 1∶50 万~1∶5000 地形图的分幅与编号　国家测绘地理信息局制定发布了《国家基本比例尺地形图分幅和编号》(GB/T 13989—2012) 的国家标准，规定新测和更新的地形图照此标准进行分幅和编号，我们称之为新分幅编号方法。

编号仍以 1∶100 万地形图编号为基础，下接相应比例尺代码及行、列代码。因此，所有 1∶100 万~1∶5000 地形图的图号均由 5 个元素、10 位代码组成，如图 7-8 所示，即 1∶100 万图幅的行号（字符码）1 位，列号（数字码）2 位，比例尺代码（字符）1 位，该图幅的行号（数字码）3 位，列号（数字码）3 位，如 J50D001003。

各比例尺地形图的经纬差、行列数和图幅数量成简单倍数关系。为使各比例尺地形图不致混淆，分别采用不同字符作为各比例尺代码，详见表 7-3 。

2. 矩形分幅与编号

由于一般专业地图（如地籍图）所涉及的测区范围较小，测图比例尺大，一般是大于 1∶1万比例尺的地形图图幅，通常采用矩形或正方形分幅的方法。它是以直角坐标的整千米数或整百米数的坐标线来划分图幅，其中正方形分幅最常用。正方形分幅一般是一分为四，一幅 40cm×40cm 的 1∶5000 地形图分成四幅 50cm×50cm 的 1∶2000 地形图，再将一幅 1∶2000 地

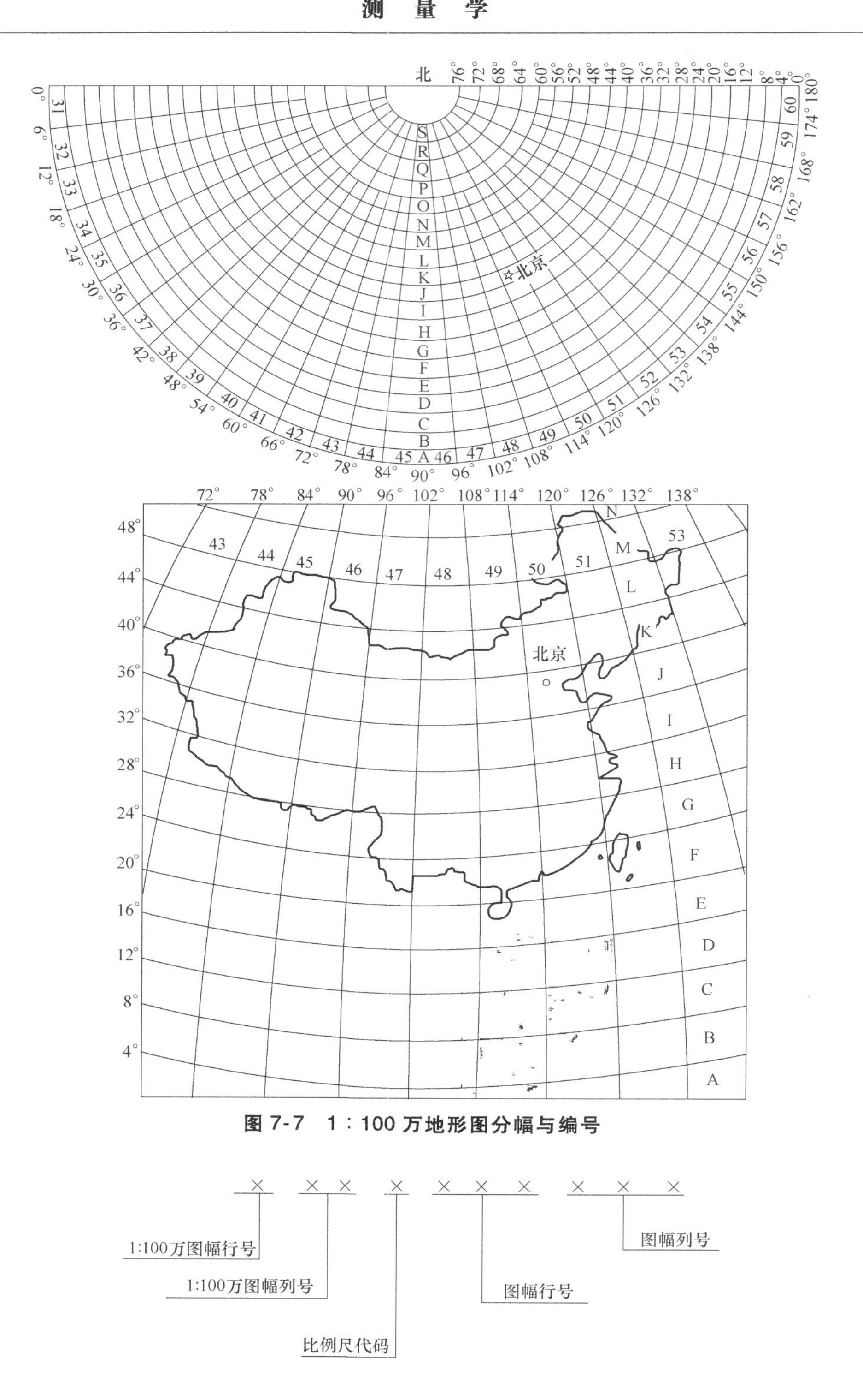

图 7-7　1∶100 万地形图分幅与编号

图 7-8　1∶100 万～1∶5000 地形图图号的构成

形图分成四幅 1∶1000 地形图，以此类推，一幅 1∶1000 的地形图又可分成四幅 1∶500 的地形图，图 7-9 中划斜线部分已明确表示出相应的分幅。因此，一幅 1∶5000 地形图分成 4 幅 1∶2000地形图，16 幅1∶1000地形图和 64 幅 1∶500 地形图。各比例尺的图幅规格见表 7-4。

表 7-3　图幅数量关系及比例尺代码

比例尺		1∶100 万	1∶50 万	1∶25 万	1∶10 万	1∶5 万	1∶2.5 万	1∶1 万	1∶5000
比例尺代码			B	C	D	E	F	G	H
图幅范围	经差	6°	3°	1°30′	30°	15′	7′30″	3′45″	1′52″
	纬差	4°	2°	1°	20′	10′	5′	2′30″	1′52″
行列数量关系	行数	1	2	4	12	24	48	96	192
	列数	1	2	4	12	24	48	96	192
图幅数量关系		1	4	16	144	576	2304	9216	36864

表 7-4　矩形及正方形分幅的图廓规格

比例尺	矩形分幅		正方形分幅		
	图幅大小 长/cm × 宽/cm	实地面积 /km²	图幅大小 长/cm × 宽/cm	实地面积 /km²	一幅 1∶5000 图所含幅数
1∶5000	50×40	5	40×40	4	1
1∶2000	50×40	0.8	50×50	1	4
1∶1000	50×40	0.2	50×50	0.25	16
1∶500	50×40	0.05	50×50	0.0625	64

矩形或正方形的图幅编号，一般采用该图幅西南角的坐标值来表示。如图 7-9 所示的 1∶2000比例尺图幅，该西南角顶点坐标为 $X=15.0\text{km}$，$Y=20.0\text{km}$，所以其编号为 15.0~20.0。编号时，1∶5000 地形图，坐标取至 1km；1∶2000、1∶1000 地形图，坐标取至 0.1km；1∶500地形图，坐标取至 0.01km。

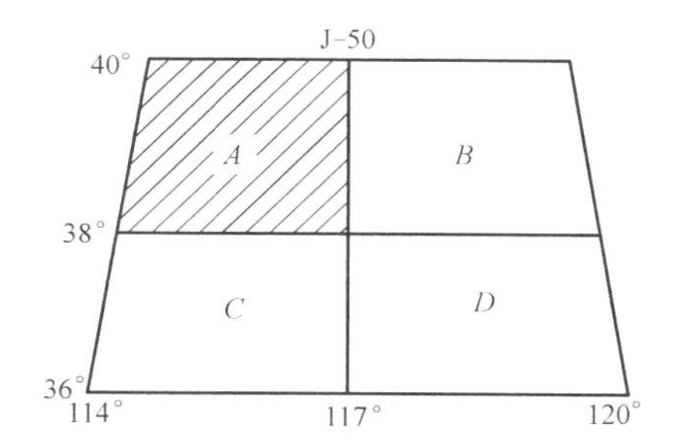

图 7-9　1∶2000 比例尺图幅编号示例

7.2　地形图的测绘

地形图测绘应遵循“由整体到局部，由控制到碎部”的原则。在测区内建立平面及高程控制，然后根据平面和高程控制点测定地物、地貌特征点的平面位置和高程，并按规定的比例尺和符号绘制成地形图，这项工作称为碎部测量或地形测量。在大比例尺地形图传统测图法测图前，除做好测绘仪器、工具、资料和根据实际情况拟定测图计划等的准备工作外，还应着重做好图纸的准备、绘制坐标格网及展绘控制点等准备工作。

7.2.1　测图前的准备工作

1. 图纸的准备

测绘地形图一般选用聚酯薄膜半透明图纸，其厚度约为 0.07~0.1mm，经过热定型处理后，其伸缩率小于 0.02%。聚酯薄膜图纸坚韧耐湿，玷污后可洗，便于野外作业，也便于图的整饰，可在图纸上着墨后，直接复晒蓝图。但是聚酯薄膜图纸有易燃、易折和易老化等缺点，在测图、使用、保管时要注意。对一些临时性的测图，也可选择优质的白图纸。为了减少图纸伸缩，可将图纸裱糊在铝板上或测图板上。

测图用的图幅一般为正方形图幅，其大小为 50cm×50cm。有时也用矩形图幅，其尺寸大小为 40cm×50cm。成张的聚酯薄膜图纸一般都已绘制成 10cm×10cm 的方格网，可直接用于测图。若用白图纸测图应绘制方格网。

2. 方格网的绘制

绘制方格网通常用对角线法和坐标格网法，可根据实际情况选用，本节只讲述对角线法。

如图 7-10 所示，在正方形或在矩形图纸上，用直尺在图纸上首先绘出两条对角线，两对角线的交点为 *M* 点，以 *M* 点为圆心，以适当长为半径，以杠规在对角线上截取相同的长度，得 *A*、*B*、*C*、*D* 四点，用直尺将四点连接成矩形 *ABCD*。然后分别以 *A*、*B* 为起点，在 *AD*、*BC* 上用直尺每 10cm 画一短线；再从 *A*、*D* 两点起，在 *AB*、*DC* 上用直尺每 10cm 画一短线。而后连接相应的各点，即得到由 10cm×10cm 的正方形组成的坐标格网。

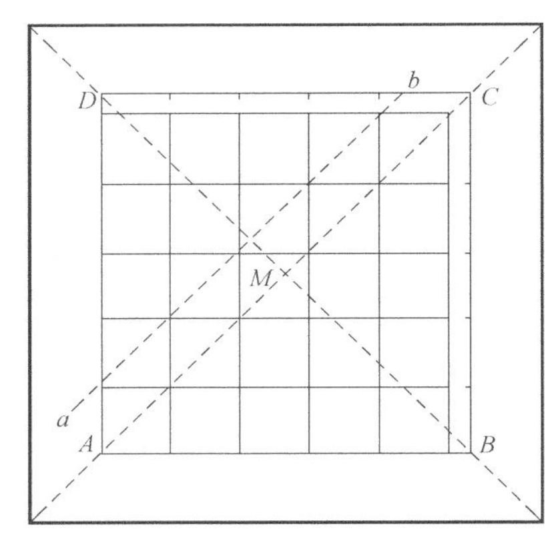

图 7-10 对角线法绘制坐标网格

在坐标格网绘好以后，应立即进行检查，其要求如下：

1） 方格网边长与理论长度（10cm）之差不能超过 0.2mm。

2） 图廓边长及对角线长度误差不得超过 0.3mm。

3） 纵横坐标线应严格正交，对角线上各点应在同一直线上，其误差应小于 0.3mm。

4） 方格网线粗不得超过 0.1mm。

3. 展绘控制点

坐标格网绘好后，根据图幅所在测区的位置和测图比例尺，将坐标值注记在格网线上，再根据控制点的最大、最小坐标值确定图幅西南角的纵、横坐标值。

展点时，先根据已知点的坐标值确定该点所在的方格，用比例内插法计算每一控制点的纵、横坐标，按坐标值截取控制点的位置。

图根点展绘后，要对展绘的结果进行检查。即用直尺量出各边的距离并与相应边的已知距离相比较，其误差不得超过图上距离±3mm。

为了保证地形图的精度，测区内应有一定数量的图根控制点。测区内解析图根点的个数不应少于表 7-5 中的要求。

表 7-5 一般地区解析图根点个数

测图比例尺	图幅尺寸	解析图根点/个
1：500	50cm×50cm	8
1：1000	50cm×50cm	12
1：2000	50cm×50cm	15

7.2.2 碎部测量

在测站上测绘地物和地貌，首先必须确定这些地物、地貌的特征点（也称碎部点），也就是实地上地物外轮廓线的转折点，如房屋、道路交叉口、山顶、鞍部、山谷等，在图上的位置和高程。

地物和地貌总称为地形，地物点和地貌点总称碎部点。地形图测图就是测定这些碎部点的平面位置和高程。测定碎部点空间位置的工作就统称为碎部测量。碎部测量是观测碎部点与地面上已建立的控制点之间的相对位置关系的一些数据，然后以此观测数据，根据展绘图纸上的控制点，把碎部点在图纸上标定出来。

1. 选择碎部点

（1）地物特征点的选择　反映地物轮廓和几何位置的点称为地物特征点，简称地物点。

1）能用比例符号表示的地物特征点：如居民地等。

2）用半比例符号表示的地物特征点：如道路、管线等。

3）非比例符号地物特征点：水井、泉眼、纪念碑等。

（2）地貌特征点的选择

1）能用等高线表示的地貌特征点：如山头、盆地等。

2）不能用等高线表示的地貌特征点：如陡崖、冲沟等。

2. 碎部测量的方法

（1）极坐标法　极坐标法是根据测站点上的一个已知方向，测定已知方向与所求点方向的角度和量测测站点至所求点的距离，以确定所求点位置的一种方法。如图 7-11 所示，设 A、B 为地面上的两个已知点，欲测定碎部点（房角点）1、2、……、n 的坐标，可以将仪器安置在 A 点，以 AB 方向作为零方向，观测水平角 β_1、β_2、……、β_n，测定距离 S_1、S_2、……、S_n，即可利用极坐标计算公式计算碎部点 i（$i=1$、2、……、n）的坐标。

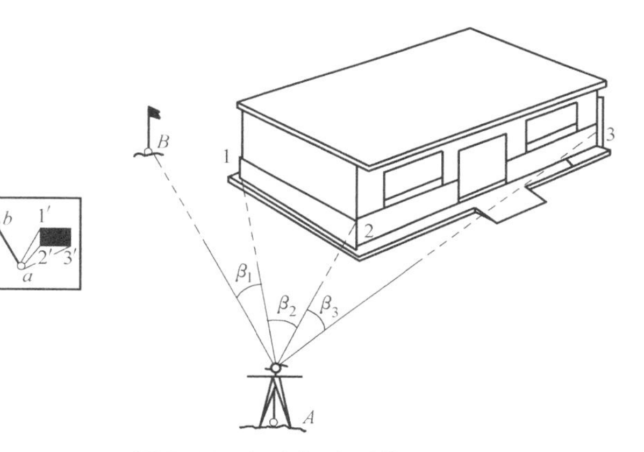

图 7-11　极坐标法测绘原理

测图时，可按碎部点坐标直接展绘在测图纸上，也可根据水平角和水平距离用图解法将碎部点直接展绘在图纸上。

当待测点与碎部点之间的距离便于测量时，通常采用极坐标法。极坐标法是一种非常灵活的也是最主要的测绘碎部点的方法。例如采用经纬仪、平板仪测图时常采用极坐标法。极坐标法测定碎部点时，适用于通视良好的开阔地区。碎部点的位置都是独立测定的，因此不会产生误差积累。

值得一提的是，全站仪也可用于测定碎部点，这实际上也是极坐标法，不同的是它可以直接测定并显示碎部点的坐标和高程，极大提高了碎部点的测量速度和精度，在大比例尺数字测图中被广泛采用。

（2）方向交会法　方向交会法又称角度交会法，是分别在两个已知测点上对同一碎部点进行方向交会以确定碎部点位置的一种方法。如图 7-12 所示，A、B 为已知点，为测定河流对岸的电杆 1、2，在 A 点测定水平角 α_1、α_2，在 B 点测定水平角 β_1、β_2，利用前方交会公式计算 1、2 点的坐标。也可以利用图解法，根据观测的水平角或方向线在图上交会出 1、2 点。

方向交会常用于测绘目标明显、距离较远、易于瞄准的碎部点，如电杆、水塔、烟囱等地物。

（3）距离交会法　距离交会法是测量两已知点到碎部点的距离来确定碎部点位置的一种方法。如图 7-13 所示，A、B 为已知点，P 为测定碎部点，测量距离 S_1、S_2 后，利用距离交会

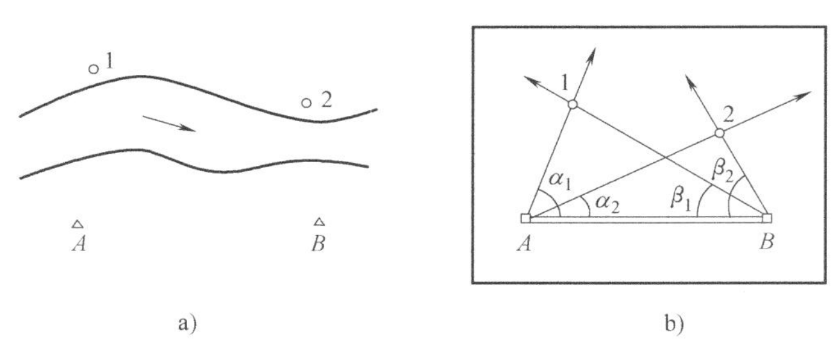

图 7-12 方向交会法

公式计算 P 点坐标。也可以利用图解法，利用圆规根据测量水平距离，在图上交会碎部点。

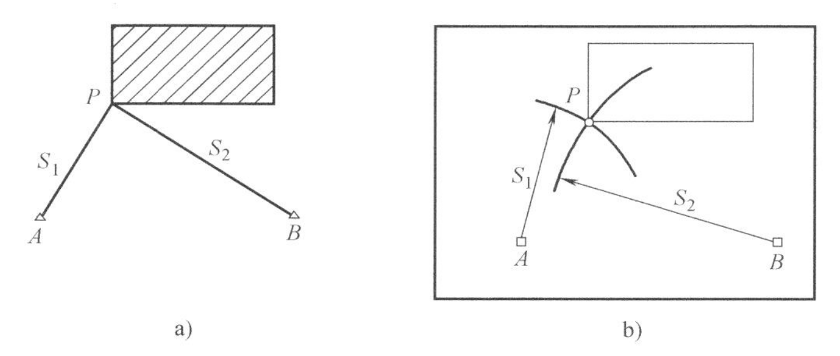

图 7-13 距离交会法

当碎部点到已知点（困难地区也可以为已测的碎部点）的距离不超过一尺段，地势比较平坦且便于量距时，可采用距离交会的方法测绘碎部点。如城市大比例地形图测绘、地籍测量时，常采用这种方法。

3. 展绘碎部点

如图 7-14 所示，展绘碎部点时用细针将量角器的圆心插在图上测站点 a 处，转动量角器将量角器上等于水平角值的刻划线对准起始方向线，此时量角器的零方向便是碎部点方向，然后用测图比例尺按测得的水平距离在该方向上定出点的位置，并在点的右侧注明其高程。测绘部分碎部点后，参照现场实际情况在图上勾绘地物轮廓线与等高线。

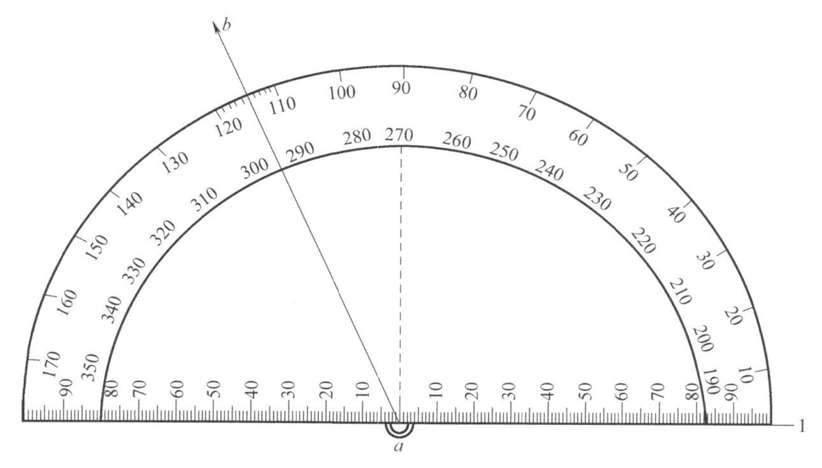

图 7-14 使用量角器展绘碎部点

4. 碎部测量中的注意事项

1）正确地选择地物点和地貌点。对地物点一般只测其平面位置，若地物点可作地貌点时，除测定其平面位置外，还应测定其高程。

2）根据地貌的复杂程度、测图比例尺大小以及用图目的等，综合考虑碎部点的密度。一般图上平均 2~3cm 远应有一个碎部点。在直线段或坡度均匀的地方，地貌点之间的最大间距和碎部测量中最大视距长度不宜超过表 7-6 中的规定。

表 7-6　地貌点间距表

测图比例尺	立尺点间隔/m	视距长度单位/m	
		主要地物	次要地物地形点
1 : 500	15	80	100
1 : 1000	30	100	150
1 : 2000	50	180	250
1 : 5000	100	300	350

7.3　地形图的拼接、整饰和检查

地形图的绘制包括地物的绘制、地貌的绘制、地形图的拼接和地形图的整饰清绘等内容。

7.3.1　地物的绘制

地物要按地形图图式规定的符号表示。房屋轮廓需用直线连接，而道路、河流的弯曲部分则要逐点连成光滑的曲线。不能依比例描绘的地物，应按规定的非比例符号表示。

地物形状各异、大小不一，勾绘时可采用不同的方法。对于用比例符号表示的规则地物可连点成线，画线成形；对于用非比例符号表示的地物，以符号为准，单点成形；对于用半比例符号表示的地物，可沿点连线，近似成形。

7.3.2　地貌的绘制

通过碎部测量测得一定数量的地形特征点后，把这些点展绘在图纸上即可勾绘等高线，如图 7-15 所示。在地形图中各等高线的高程是等高距的整数倍。而通过测量测得的特征点的高程一般不是等高距的整数倍，特征点不一定在等高线通过的点上。但由于特征点是山脊线和山谷线坡度变换或方向变换的点，故相邻特征点之间的地面坡度可认为是相同的。因此，如图 7-16 所示，可在各相邻两特征点之间的连线上，根据等高线至特征点或相邻两等高线之间的高差，由平距与高差成比例关系，内插得出有关等高线在图上两特征点连线上的通过位置。

勾绘等高线时，先用铅笔轻轻地推绘出山脊线、山谷线等地形线，如图 7-15 中的虚线，然后在两相邻点之间按其高程内插等高线。图 7-16 中，A、B 两点的高程分别是 65.5m 及 61.8m，两点间距离由图上量得为 48 mm，当等高距为 1 m 时，就有 62 m、63 m、64 m、65 m 四条等高线通过。内插时，先算出一个等高距在图上的平距，然后计算其余等高线通过的位置。计算方法如下。

等高距为 1m 时的平距 d 为：$d=\dfrac{48\text{mm}}{(65.5-61.8)\text{m}}=13\text{mm/m}$。

然后计算 65m 及 62m 两根等高线至 A 及 B 点的平距 Ap 及 Bm，定出 P 及 m 两点：

$$Ap=(65.5-65)\text{m}\times13\text{mm/m}=6.5\text{mm}$$

$$Bm=(62-61.8)\text{m}\times13\text{mm/m}=2.6\text{mm}$$

再将 mp 三等分，等分点即为 63m 及 64m 等高线通过的位置。同法可定出其他各相邻碎部点间等高线的位置。将高程相同的点连成光滑曲线，即为等高线，如图 7-15 所示。

实际工作中，根据内插原理一般采用目估法勾绘。如图 7-16 所示，先按比例关系估计 A 点附近 65m 及 B 点附近 62m 等高线的位置，然后三等分求得 63m、64m 等高线的位置。如发现比例关系不协调，可进行适当的调整。

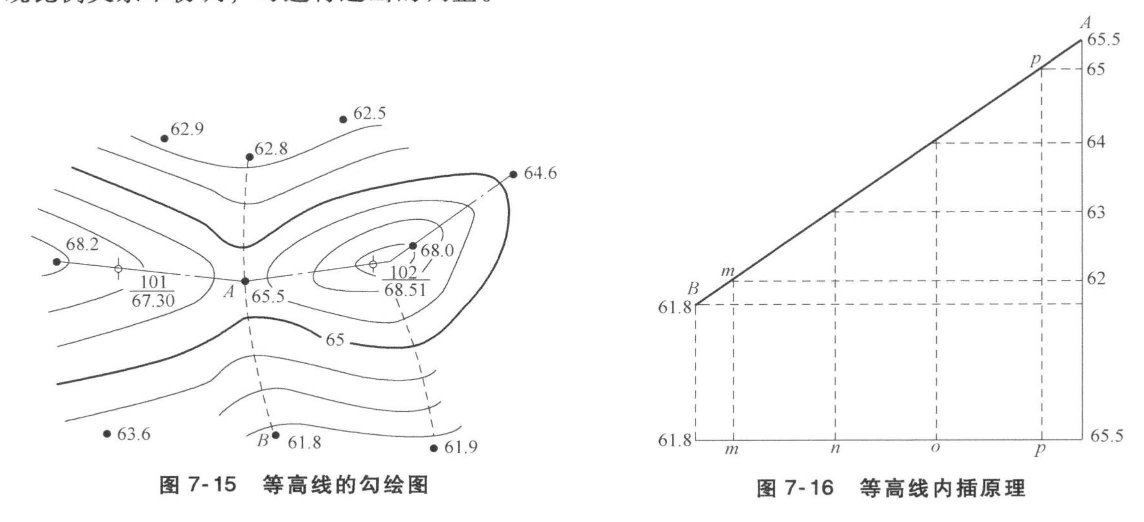

图 7-15 等高线的勾绘图

图 7-16 等高线内插原理

7.3.3 地形图的拼接

当测区较大时，地形图必须分幅测绘。由于存在测量和绘图误差，相邻图幅连接处的地物轮廓线与等高线不能完全吻合，如图 7-17 所示。因此，地形图测绘完毕后，应按测量规范的要求进行拼接和整饰，还要根据质量检查制度进行检查，合格后所测绘的图才能使用。

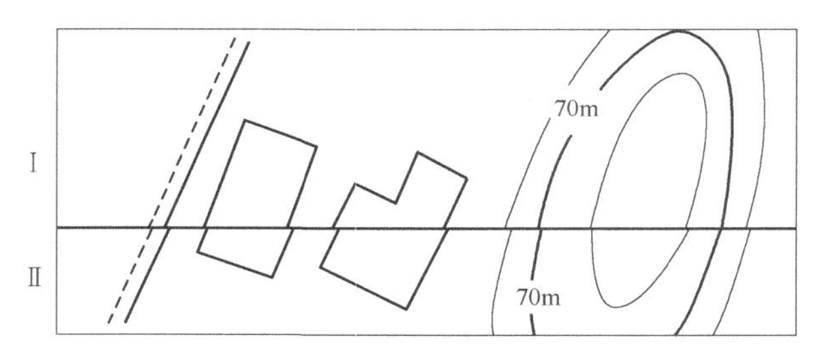

图 7-17 地形图的拼接

出于图幅拼接的需要，测绘时规定应测出图廓外 0.5cm 以上。拼接时用 3～5cm 宽的透明纸带蒙在接图边上，把靠近图边的图廓线、格网线、地物、等高线描绘在纸带上，然后交相邻图幅与同一图边进行拼接。当误差在允许范围内时，可将相邻图幅按平均位置进行改正。

图的接边限差不应大于规定的地物点、地形点平面、高程中误差的 $2\sqrt{2}$ 倍。地物点、地形点平面和高程中误差见表 7-7。若接边限差超过规定误差，则应分析原因，到实地测量检查，以便得到纠正。

7.3.4 地形图的检查

为了确保地形图的质量，除施测过程中加强检查外，在地形图测完后应首先完成图纸与地形的校对工作。在确保准确无误后，还应进行必要的检查工作。地形图检查工作包括室内检查

表 7-7　地物点、地形点平面和高程中误差

地区分类	点位中误差（图上）/mm	邻近地物点间距中误差（图上）/mm	等高线高程中误差/mm			
			平地	丘陵地	山地	高山地
城市建筑区和平地、丘陵地	≤0.5	≥-0.4 且≤0.4	≤1/3	≤1/2	≤2/3	≤1
山地、高山地	≤0. 75	≥-0.6 且≤0.6				

和野外检查。

1. 室内检查

每幅图测完后室内检查的内容包括：地物、地貌是否清晰、易读；观测区域内图纸上地物线条的连接和表示地貌的等高线的连接是否合理，连接有无矛盾；区域内涉及的地物、地貌的名称注记有无错误或遗漏。如发现错误和疑点，不可随意修改，应加以记录，并到野外进行实地检查、修改。

2. 野外检查

野外检查包括巡视检查和仪器设站检查。巡视检查是将图纸带到测定区域将图纸与测区进行实地核对，检查测区内的地物、地貌有无遗漏，图纸上的地物、地貌连接是否与实际相符合。野外巡视检中，对于发现的问题应及时处理，必要时应重新安置仪器进行检查并予以修正。仪器设站检查是在完成上述工作的基础上，对于检查中发现的问题与疑点，到野外安置仪器进行实地检查、修改。另外还要进行抽查，把仪器重新安置在图根控制点上，对一些主要地物和地貌进行重测。如发现误差超限，应按正确结果进行修正。设站检查所检查的图根点一般为整个图幅的 10%。

7.3.5　地形图的清绘、整饰

每幅图拼接好以后应进行清绘和整饰，擦去图上不需要的线条与注记，修饰地物轮廓线与等高线，使图面清晰美观。整饰顺序是先图内后图外，先地物后地貌，先注记后符号。

经过清绘和整饰，图上应内容齐全，线条清晰，取舍合理，注记正确。

思考题与习题

1. 什么是地形图？什么是平面图？
2. 地形图比例尺有哪些表示方法？1∶500 地形图的比例尺精度如何计算？
3. 地物符号有哪些？等高线分为哪几类？
4. 等高线平距和等高距是如何定义的？等高线有何特性？
5. 地形图测绘前都有哪些准备工作？
6. 地形图拼接时应注意哪些问题？

第8章　数字化测图方法

随着计算机以及电子全站仪、GPS-RTK技术等的广泛应用，地形图测绘亦由传统的白纸测图向电子全站仪、GPS-RTK等先进测图方式方向发展。这促进了测绘技术向自动化、数字化方向发展，也促进了地形图从白纸测图向数字化测图的变革。测量的成果不再是绘制在纸上的地图，而是以数字形式存储在计算机中可以传输、处理、共享的数字地图。数字化测图作为一种先进的测量方法，其自动化程度和测量精度均是其他方法难以达到的。数字化测图是大比例尺测图理论与实践的进步，也是获取数字地形图的主要技术途径之一。

数字化测图系统是以计算机为基础，在外接输入与输出设备硬、软件的支持下，对地理空间数据进行采集、输入、成图、输出、管理的测绘系统。它分为地形的数据采集、数据处理与成图、绘图与输出三大部分。数字测图系统流程如图8-1所示。

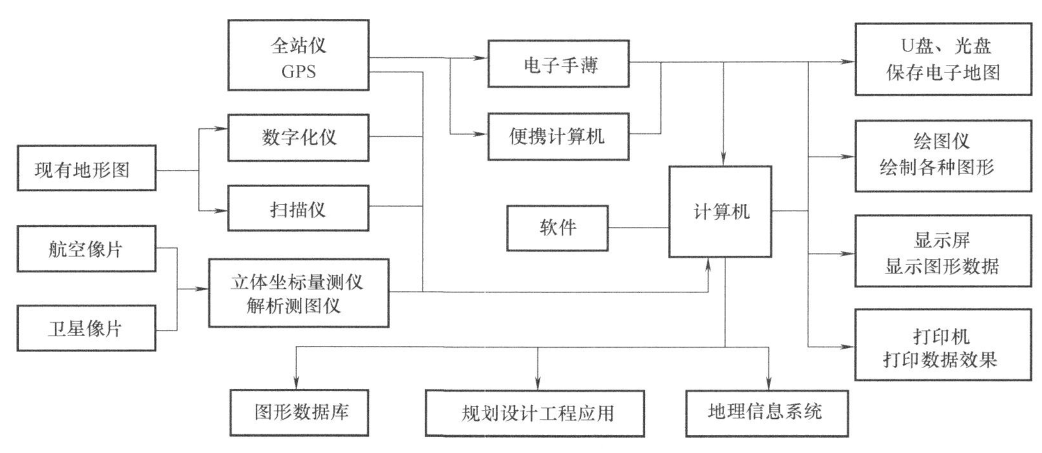

图8-1　数字测图系统流程

目前数字化测图技术已越来越多地用于测绘生产中，数字地形图也在地理信息、城市规划设计、水电工程、环境工程、地震预报、现代国防建设等部门得到了广泛的应用。下面主要介绍图解地形图的数字化和地面数字测图。

8.1　图解地形图的数字化

目前，城市和工程建设对于数字化地形图的需求日益增加。图解地形图的数字化方法是利用原有图解地形图资源提供数字化地形图产品。因此，其精度不会高于作为工作底图的图解地形图的精度。图解地形图的数字化可以采用手扶跟踪数字化和扫描数字化两种方法进行。

8.1.1　手扶跟踪数字化

手扶跟踪数字化是目前使用最广泛的将已有地图数字化的手段。手扶跟踪数字化需要与数字化仪（Digitizer）、计算机和数字测图软件相结合进行。数字化仪由操作平台、定位标和接口装置构成。操作时把地图固定在操作平台上，把计算机和数字化仪连接起来，经过人机交互编辑，形成数字地图。接口装置一般为标准的 RS232C 串行接口，其作用是与计算机交换数据。A_0 幅面数字化仪如图 8-2 所示。

图 8-2　A_0幅面数字化仪

利用手扶跟踪数字化可以直接获取矢量数据。用数字化仪跟踪纸介质图形中的地物和地貌特征点、线等信息，通过数字化软件可实现图形信息向数字化信息的转换。数字化仪的幅面可根据图纸的大小而定，一般选用 A_1（844mm×597mm）幅面，所用数字化仪的分辨率不应小于 394 线/cm，精度不低于 0.127mm。利用手扶跟踪数字化获取矢量数据时，首先将数字化仪和计算机相连接，并把图纸固定在数字仪上。用手持定标器（鼠标）对地形图进行定向，建立数字化仪设备坐标系和测量坐标系的转换关系。然后用鼠标对准地图上的地物、地貌特征点、线进行数据采集，经过数字化软件编辑后获得地形特征点的实测数据，即数字化地形图。

8.1.2　扫描数字化

扫描数字化是指利用扫描仪将地图图形或图像转换成栅格数据的方法。扫描数字化需要使用扫描仪、计算机、专用矢量化软件或数字测图软件等设备。将利用扫描仪进行地图扫描之后得到的地图图像格式文件引入专用矢量化软件，然后对引入的图像进行定位和纠正。对图像进行处理之后，使用鼠标通过点或线在计算机显示屏幕上跟踪地图位图上的地物特征点或等高线，将工作底图上的地物和地貌的位置转化成坐标数据，并输入矢量化软件或数字化测图软件定义的相应代码，生成数字化采集的数据文件，经过人机交互编辑后形成数字地图。手扶跟踪数字化方法是把地图上的各种信息直接转换成矢量数据。扫描数字化方法是将地图图形或图像转换成栅格数据后再转换成矢量数据。扫描数字化具有成本低、速度高、效率高的特点。

扫描地形图时一般使用平台式和滚动式两种工程扫描仪，幅面可选用 A_1 幅面或 A_0（1189mm×841mm）幅面。《1∶500　1∶1000　1∶2000 地形图数字化规范》（GB/T 17160—2008）的规定扫描仪的分辨率应不小于 12 点/mm（300dpi）。扫描时一般对着好墨、图面清晰的聚酯薄膜底图，扫描分辨率设置为 450～600dpi，扫描获得的栅格图像文件格式一般为 TIFF、PCX 或 BMP 等。完成图纸扫描后，既可以进行数字化操作，又可将栅格图像转换为矢量图形。

8.2　地面数字测图

在没有合乎要求的大比例尺地图的地区，当该地区的测绘设备和经费比较充足时可直接采用地面数字测图的方法。该方法称为内外业一体化数字测图方法，是目前我国各测绘单位用得最多的数字测图方法。内外业一体化数字测图方法需要使用的生产设备有全站仪（或测距经纬仪）、电子手簿（或掌上电脑和笔记本电脑）、计算机和数字化测图软件。内外业一体化数字测图方法根据所使用的设备划分为草图法和电子平板法。

8.2.1 草图法

草图法是在野外通过全站仪对地物和地貌的特征点进行测量，并把数据或坐标存入电子手簿，同时手工勾绘现场地物属性关系草图；返回室内后，将电子手簿与计算机连接，下载记录数据到计算机内，利用数字化测图软件将外业观测的碎部点坐标读入数字化测图系统直接展点，根据现场绘制的地物属性关系草图在显示屏幕上用点、线、面进行勾绘，经编辑和注记后成图。

8.2.2 电子平板法

与草图法不同，电子平板法是在野外直接将全站仪和已安装了数字化测图软件的笔记本电脑或掌上电脑相连，现场对地形特征点进行测量，电脑显示屏幕上实时展绘所测点位，最后根据现场情况，利用测图软件的功能现场直接连线、编辑和注记后成图。

8.2.3 地面数字测图特点

通过内外业一体化数字测图方法勾绘的大比例尺数字地图，与传统的白纸测图方法相比，具有如下特点：

1）距离测量误差小。白纸测图方法采用视距法测距，测距相对误差有约为 1/300，而数字测图方法采用 EDM 测距，测距相对误差小于 1/40000，几百米的距离测量误差均在 1cm 左右。在测量点之间通视良好，定向边距离较大的情况下，地形点到测站的测量距离可以比常规测图法大。

2）野外测量结束后，白纸测量方法将测量所得的控制点和碎部点坐标手工展绘在聚酯薄膜上，在图纸上的最小分辨距离为 0.1mm，存在展点误差。数字测图方法利用计算机把控制点和碎部点自动展绘在屏幕上，没有展点误差。

3）应用白纸测图方法时，必须先把控制点按其坐标展绘在薄膜上，完成图根加密之后再进行地形测图。数字测图方法与白纸测图方法不同，可以同时进行图根点加密和地形测图。

4）白纸测图方法受图幅的限制，只能以一幅地形图为单元组织施测，这容易给图幅边缘测图带来困难，而数字测图方法不受图幅的限制，测量时可以将测区按照河流、道路和自然分界来划分，这可以方便地形测图的测绘，也可以减少常规测图接边时的误差。

5）数字测图方法比白纸测图方法更便于修测。由于数字地图的碎部点分布比较均匀，且测量精度较高，重要地物特征点相对于周围控制点的位置误差小于 5cm，所以当数字地图需要修测而图内大部分控制点已遭破坏时，可以根据需要在测区内自由设站，使用全站仪的边角后方交会功能观测图内已知的重要地物特征点，以快速获得测站点的三维坐标。

8.2.4 数字测图软件

实现内外业一体化数字测图的关键是要选择一种成熟的、技术先进的数字测图软件。目前市场上比较成熟的大比例尺数字测图软件主要有以下几种：

1）北京清华山维新技术开发有限公司与清华大学土木工程系联合开发的测霸 EPSW（Elec-tronic Plane-table Surveying and Mapping System）系列。

2）武汉瑞得测绘自动化公司开发的 RDMS 系列。

3）广州南方测绘仪器有限公司与广州开思测绘软件有限公司开发的 CASS 系列与 SCS 系列。

这些数字化测图软件一般应用数据库管理技术并具有 GIS 前端数据采集功能，可以实现地形、地物数据的自动输入、处理、分析、输出，它们都是在 AutoCAD 平台上开发的，其优点是可以充分利用 AutoCAD 强大的图形编辑功能，在此基础上也具备了自动生成等高线等其他功能。

上述数字化测图软件图形数据和地形编码一般互不兼容，使用时应选择其中一种数字化测图软件。一个城市的数字化测图工作，不宜引进多种数字化测图软件。CASS 软件是目前市场上常用的数字化测图软件之一，下面将介绍其部分操作。

8.2.5　CASS 数字化测图软件的基本操作

以 CASS7.0 为例，其操作界面主要分为三部分：顶部下拉菜单、右侧屏幕菜单和左侧工具栏，如图 8-3 所示。每个菜单项均以对话框或命令提示行的方式与用户进行交互应答，操作灵活方便，几乎所有的 CASS 命令及 AutoCAD 的编辑命令都包含在顶部下拉菜单中，如“文件管理”、“数据处理”、“绘图处理”、“工程应用”等命令。

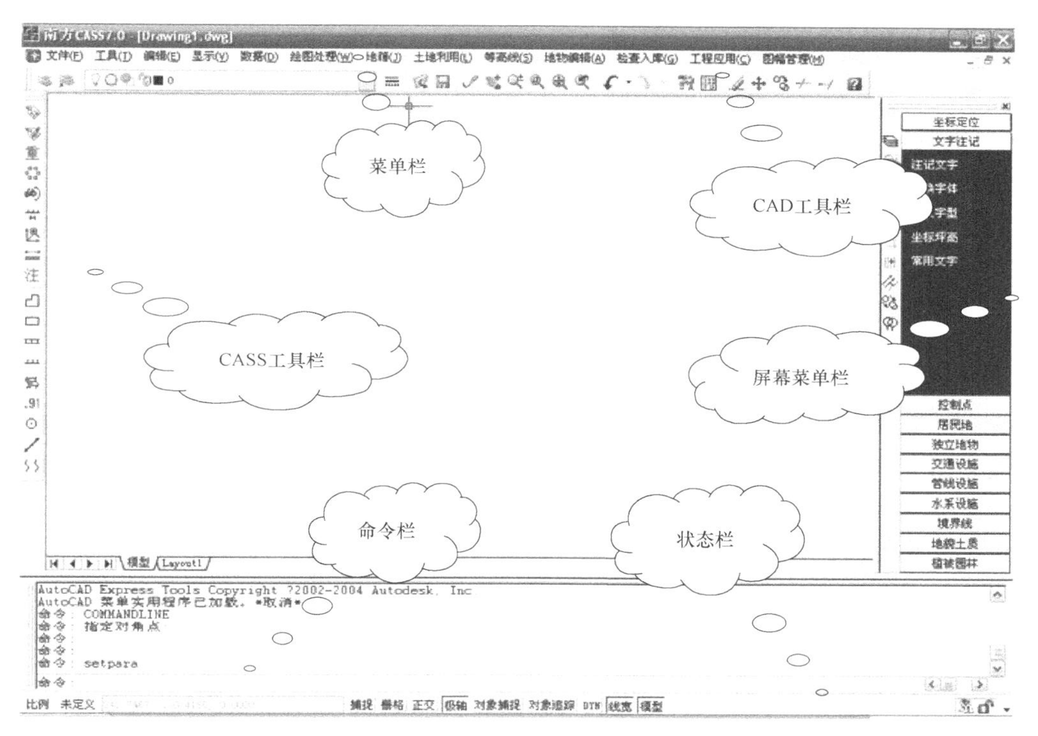

图 8-3　CASS7.0 软件界面

下面介绍数字化地形图的绘制。

1）定显示区。进入 CASS7.0 后，移动鼠标至“绘图处理”项，按左键即出现下拉菜单。然后移至“定显示区”项，使之以高亮显示按左键，即出现一个对话框。这时需要输入坐标数据及文件名。

2）选择测点点号定位成图法。移动鼠标至右侧屏幕菜单区之“测点点号”项，按左键即出现对话框，输入点号坐标数据及文件名。

3）展点。先移动鼠标至屏幕顶部菜单的“绘图处理”项，按左键这时系统弹出一个下拉菜单，再移动鼠标选择“绘图处理”下的“展野外测点点号”项，按左键后便出现对话框。输入对应的坐标数据及文件名。

4）绘平面图。可以灵活使用工具栏中的缩放工具进行局部放大以方便编图。先把左上角放大，选择右侧屏幕菜单中的“交通设施”项，弹出一界面。点击“Next”找到“平行等外公路”并选中，再点击“OK”。

5）展高程点。用鼠标左键点击“绘图处理”菜单下的“展高程点”，将会弹出数据文件对话框，找到相关文件，选择“OK”，绘等高线，之后建立DTM。用鼠标左键点击“等高线”菜单下“用数据文件生成DTM”，将会弹出数据文件的对话框，找到相关文件，选择“OK”后用鼠标左键点击“等高线”菜单下的“绘等高线”。

6）加注记。用鼠标左键点击右侧屏幕菜单中的“文字注记”项，弹出文字注记对话框。单击“注记文字”项，然后点击“OK”。

7）绘图输出。点击“文件”菜单下的“绘图输出”项，对“打印设备”“打印设置”各项进行设置后，可通过“完全预览”和“部分预览”查看出图效果，满意后按“确定”即可出图。

8.3 RTK地形数据采集

数字测图是通过计算机软件自动处理（自动识别、自动检索、自动连接、自动调用图式符号等），自动绘出所测的地形图。因此，对地形点必须同时给出点位信息及绘图信息，即为地形数据采集工作。

数字化地形测图的DTM（数字地面模型，它的英文全称是Digital Terrain Models，缩写成DTM）数据主要来源于地形图和实测。实测是用全站仪、GPS等测量仪器配合计算机获取地面点观测数据，经适当变换处理后建立数字高程模型。从水文、气象站、地质勘探、重力测量等获取的记录数据，经内插计算，可建立相应专题的数字地面模型。

以下以RTK技术为例，说明地形数据采集的方法。

常规GPS的测量方法，如静态、快速静态、动态测量都需要事后进行解算才能获得厘米级的精度，而RTK是能够在野外实时得到厘米级定位精度的测量方法。RTK采用了载波相位动态实时差分（Real-time kinematic）方法，是GPS应用的重大里程碑，它的出现为工程放样、地形测图，以及各种控制测量带来了新突破，极大地提高了外业作业效率。RTK定位时要求基准站接收机实时地把观测数据（伪距观测值，相位观测值）及已知数据传输给流动站接收机。下面以三鼎T20为例进行介绍。

8.3.1 仪器模式说明

如图8-4所示，三鼎T20主机面板左侧为功能键“F”，右侧为开\关机键“I”，中间是六个指示灯（上下两排，每排三个，在通电情况下，上排三个为红灯，下排三个为绿灯），在进行仪器模式设置（基准站、移动站、静态）时，各指示灯所代表的意义如图8-5所示：

利用电台进行作业时，各工作模式指示灯如下组合：

基准站：第2个红灯和第3个绿灯组合，如图8-6所示。

图8-4 三鼎T20主机外形

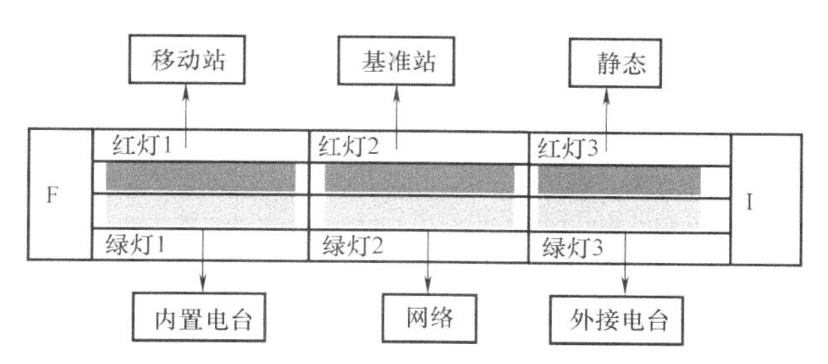

图 8-5　指示灯所代表的意义

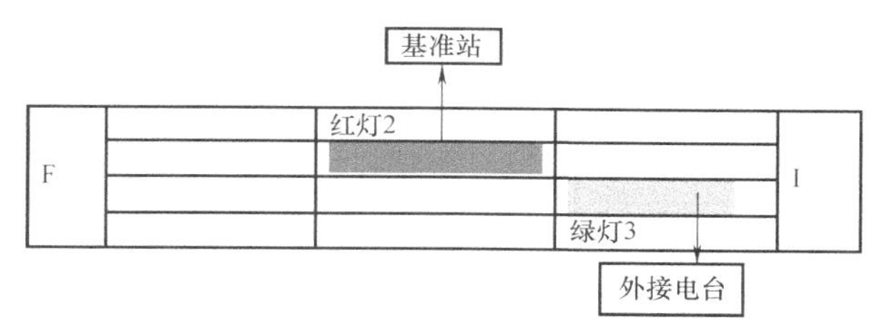

图 8-6　基准站指示灯组合

移动站：第 1 个红灯和第 1 个绿灯组合，如图 8-7 所示。

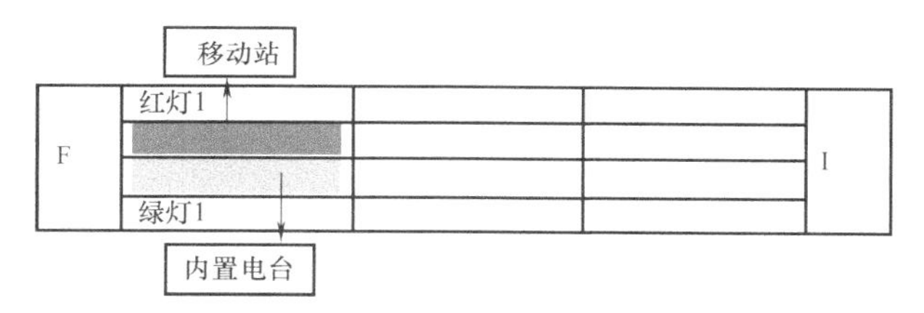

图 8-7　移动站指示灯组合

8.3.2　仪器设置操作说明

功能键“F”的作用是查看工作模式和切换工作模式。开 \ 关机键“I”的作用是开 \ 关机、确定设置和仪器自检。

1. 进入仪器设置模式的操作

同时按住功能键“F”和开 \ 关机键“I”，等六个指示灯一起闪烁（同时伴有“滴”的一声响）后，先松开按住开 \ 关机键“I”的手，再松开按住功能键“F”的手，即进入仪器设置模式，此时面板指示灯的显示状态如图 8-8 所示。

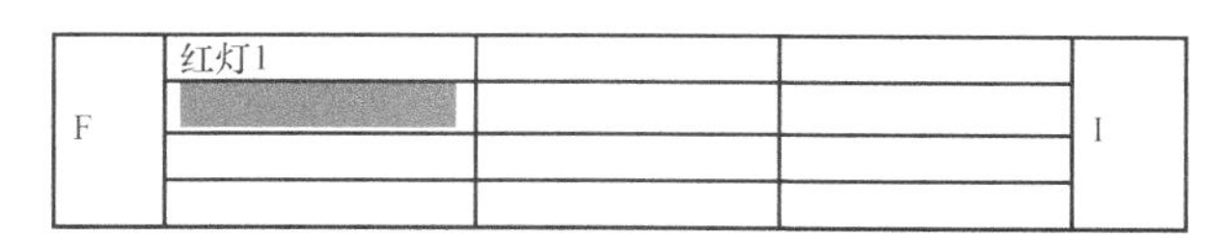

图 8-8　进入仪器设置模式

2. 设置仪器模式的操作

仪器模式有基准站、移动站和静态，以基准站电台模式为例，设置仪器模式的操作如下：

进入仪器设置模式后，按一下功能键“F”，切换到第 2 个红灯（基准站），此时面板指示灯显示状态如图 8-9 所示。

在此状态下，按一下开 \ 关机键“I”，进行确定（按完开 \ 关机键“I”后会看六个指示

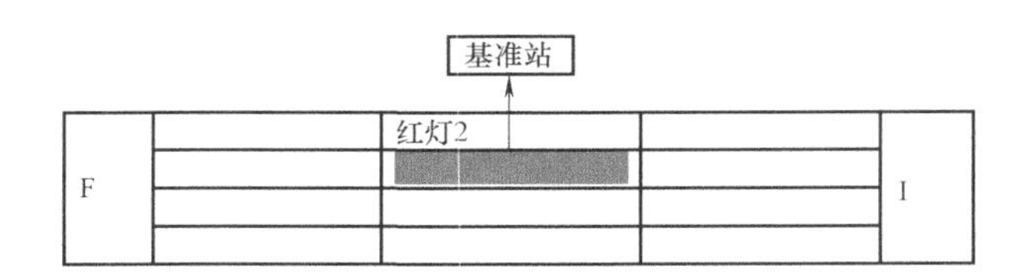

图 8-9　设置仪器模式

灯一起闪烁，并伴有“滴”“滴”“滴”三声响）。

然后按一下“功能键 F”，查看面板指示灯的状态是否如图 8-10 所示。

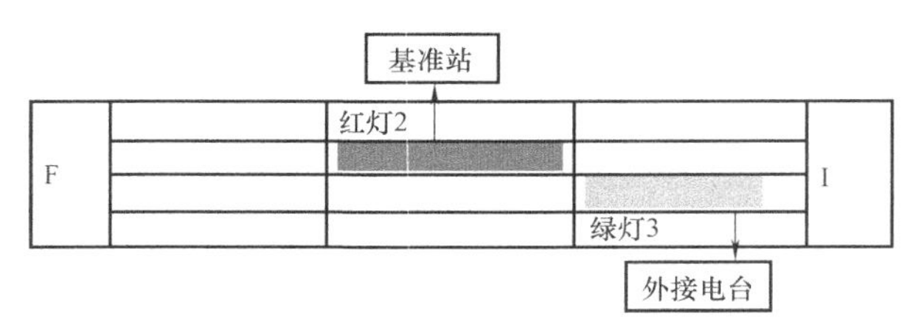

图 8-10　完成仪器模式设置

如果不是如图 8-10 的显示，则进行以下操作：

按住功能键“F”，听到“滴”的一声响后，松开手，会看到面板上下面一排的某个绿色的指示灯在闪烁，按几下功能键“F”，直到第 3 个绿色的指示灯闪烁，这时按一下开 \ 关机键“I”，进行确定，基准站的电台模式设置完毕。

移动站和静态的设置方法同上，只需要注意不同仪器模式的指示灯的组合不同。

8.3.3　仪器连接的操作

双击屏幕右下方的图标，弹出“蓝牙管理器”窗口，点击菜单栏上的“设备”选项，点击“扫描”，搜索仪器编号（H1020……），找到所要连接的仪器编号，单击选中，点击“服务组”，弹出“服务组”窗口，双击“ASYNC”选项，在弹出的下拉菜单中选中“活动”（勾选），出现端口 COM7 或其他，点击 OK 完成，关闭窗口。

打开测量软件“工程之星”，如图 8-11 所示。

单击菜单栏上的“设置”选项，弹出下拉菜单，如图 8-12 所示。

点击“连接仪器”选项，弹出“连接设置”对话框，如图 8-13 所示。

选中“输入模式”，在后面的文本框中输入相应的蓝牙端口（1……8），点击连接，返回主界面，显示相关数据信息，蓝牙连接成功，如图 8-14 所示。

8.3.4　测量作业操作

1. 新建工程

点击菜单栏上的“工程”选项，弹出下拉菜单，如图 8-15 所示。

选择“新建工程”选项，弹出“新建作业”对话框，如图 8-16 所示。

输入作业名称，一般以当天日期为名称，如 20101010；选择“向导”（一般为初始工程、无参数时）或者“套用”（一般用在有现成参数可用时，选择所要套用工程的“.ini”文件），点击“OK”确认，弹出“参数设置向导”对话框，如图 8-17 所示。

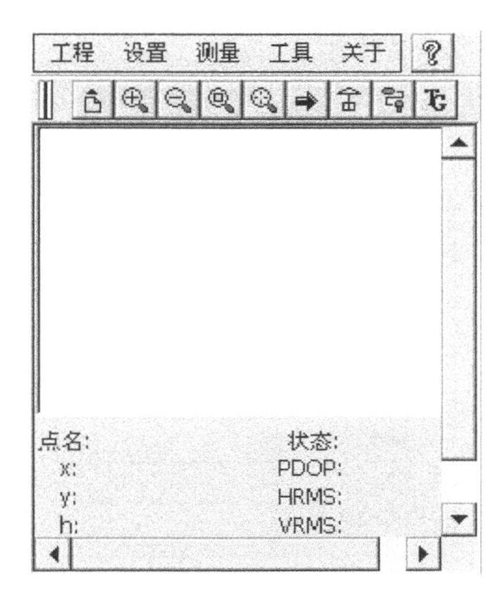

图 8-11　测量之星界面

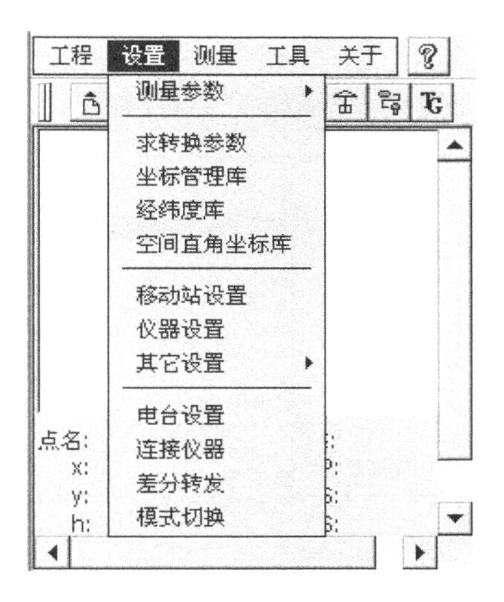

图 8-12　“设置”下拉菜单

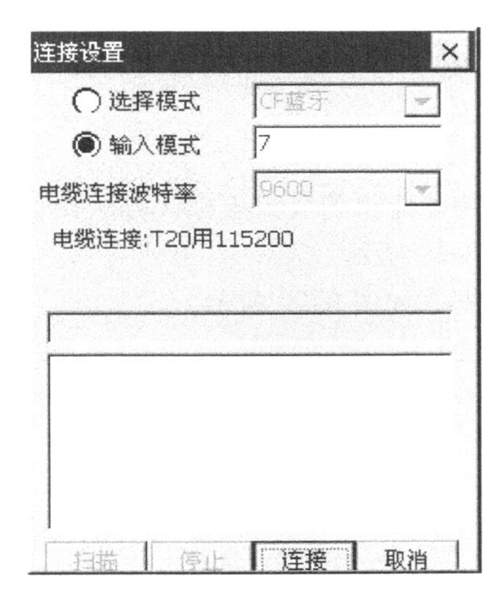

图 8-13　“连接设置”对话框

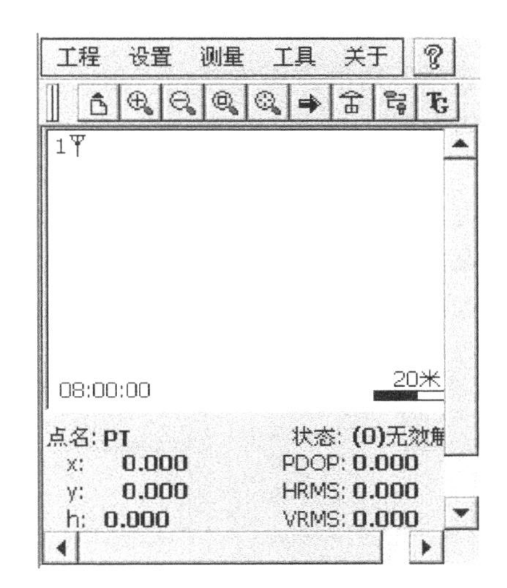

图 8-14　蓝牙连接成功显示

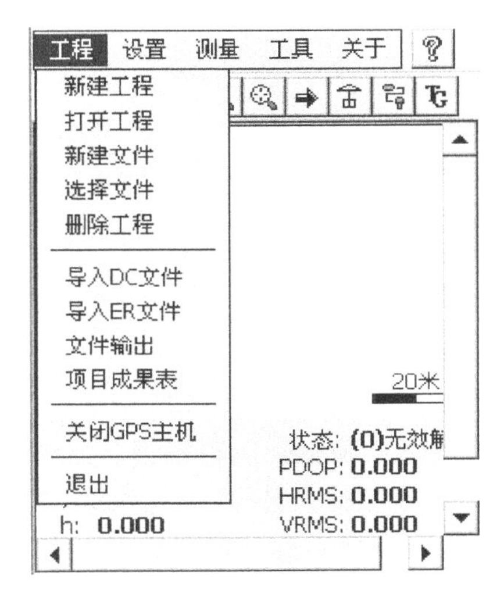

图 8-15　“工程”下拉菜单

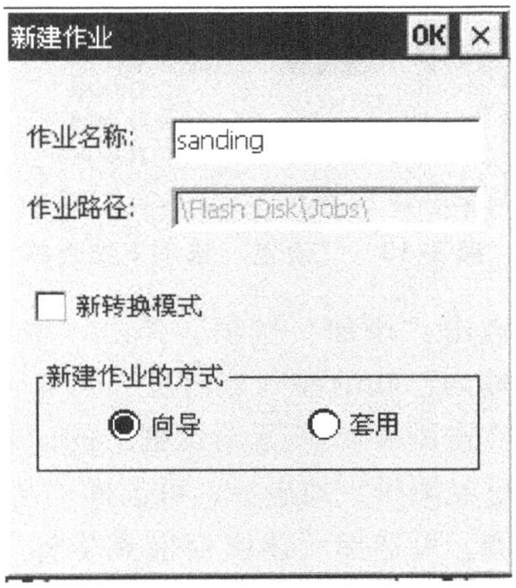

图 8-16　“新建作业”对话框

选择所需的椭球系，点击下一步，继续设置，如图 8-18 所示。

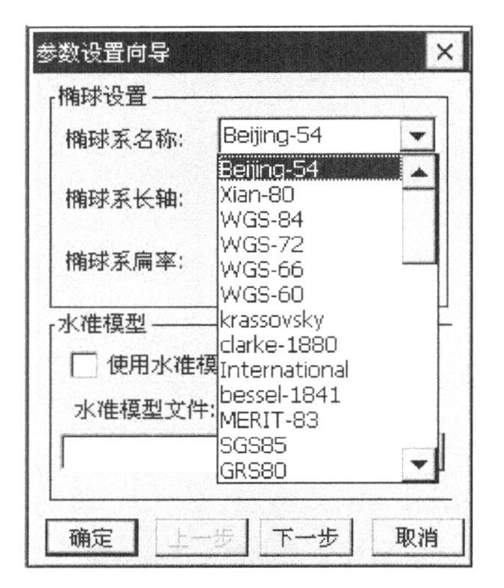

图 8-17 “参数设置向导”对话框

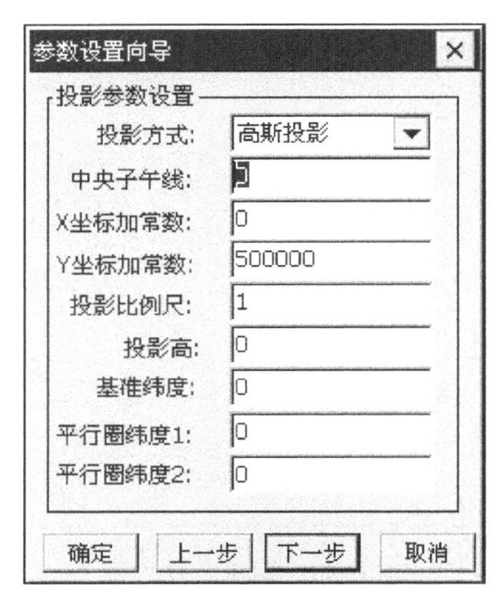

图 8-18 “投影参数设置”对话框

选择所需的投影方式（一般为高斯投影），输入当地的中央子午线，点击确定，完成新建工程的设置。

2. 求转换参数

由于 RTK 直接测量的坐标为 WGS-84 坐标，须进行转换才能得到所需坐标，方法如下：

点击菜单栏上的“设置”选项，弹出下拉菜单，如图 8-19 所示。

点击“求转换参数”选项，弹出“求转换参数”对话框，如图 8-20 所示。

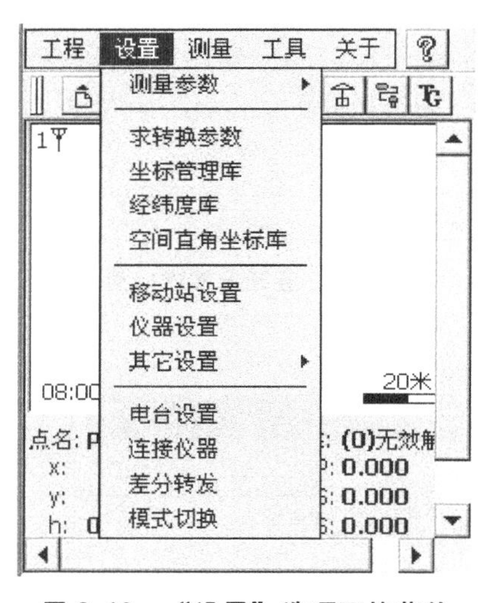

图 8-19 “设置”选项下拉菜单

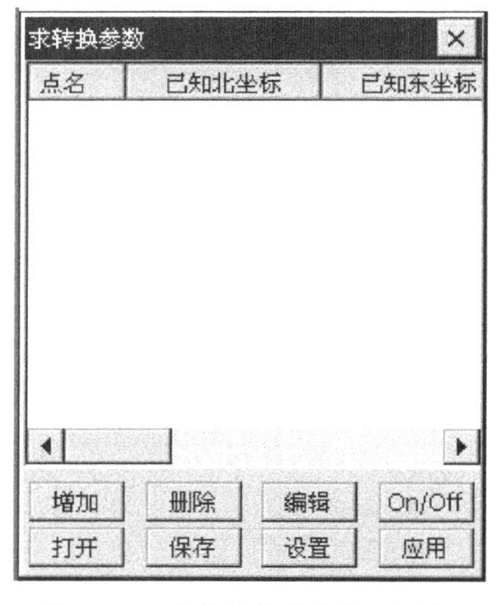

图 8-20 “求转换参数”对话框

点击“增加”选项，弹出“增加点”对话框，如图 8-21 所示。

输入已知的控制点信息（点名，坐标等），点击“OK”确定，显示如图 8-22 所示。

点击图 8-22 所示对话框上的“增加”，就进入“增加点（原始坐标）”对话框。如果之前点位已经测得大地坐标，可选择“从坐标管理库选点”，导入相应坐标，选择匹配；如果之前点位没测，可选择“读取当前点坐标”，改正天线高（仪器高），进行匹配，如图 8-23、图 8-24 所示。

增加点(已知坐标)　OK ×
输入控制点已知平面坐标:
点 名: k1
坐标 X: 123456.789
坐标 Y: 147258.369
坐标 H: 100.000
增加控制点第一步:
输入控制点的已知平面坐标,使用右上角的选点按钮可以从坐标管理库中选取已录入的已知点坐标。

图 8-21　“增加点（已知坐标）”对话框

图 8-22　增加点成功界面

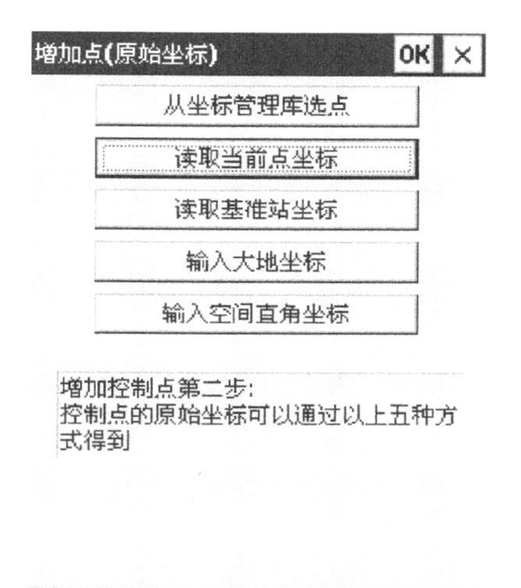

图 8-23　“增加点（原始坐标）”对话框

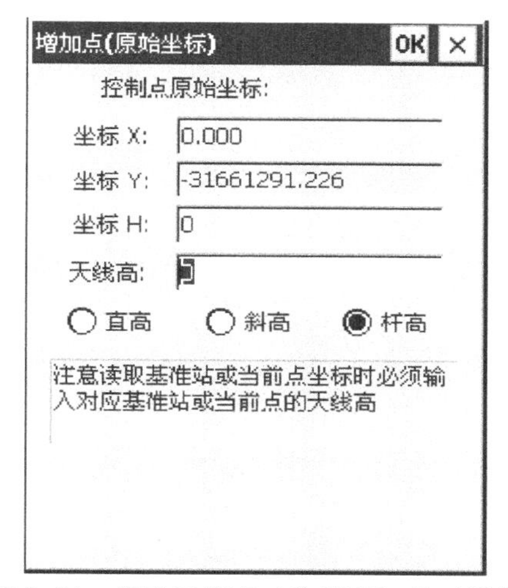

图 8-24　修改天线高（仪器高）的对话框

依次再增加 1~2 个点后，点击“保存”选项，弹出“保存”对话框，如图 8-25 所示。输入文件名字，点击确定，返回“求转换参数”对话框，如图 8-26 所示。

打开　×
路径
\Flash Disk\Jobs\sanding
\Flash Disk
Documents and Settings
Jobs
data
result
sanding
data
result
SETUP
保存文件
确定　取消

图 8-25　“保存”对话框

求转换参数　×
点名　已知北坐标　已知东坐标
k1　123456.789　147258.369
k2　258369.147　369147.258
增加　删除　编辑　On/Off
打开　保存　设置　应用

图 8-26　“求转换参数”对话框

点击“应用”选项，将参数应用到工程中去。

8.3.5 开始测量工作

仪器设置完成后，就可以进行正常的数据采集测量工作了。如果仪器主机出现问题，最便捷的处理办法是进行仪器自检，操作如下：按住开\关机键“I”，直到听到第五声响后，松开手，仪器进入自检状态（指示灯闪烁并伴随“滴”“滴”的响声），一段时间后，自检自动结束。

思考题与习题

1. 什么是数字化测图技术，数字化测图的基本流程是什么？
2. 数字化测图与传统的白纸测图对比，有哪些优点？
3. 如何进行图解地形图的数字化？
4. 什么是地面数字测图，常用的数字测图软件有哪些？以 CASS7.0 为例，简述数字测图的步骤。

第9章　施工测量基本原理

9.1　施工测量概述

施工测量是以地面控制点为基础，根据图纸上的建筑物的设计尺寸，计算出各部分的特征点与控制点之间的距离、角度、高差等数据，将建筑物的特征点在实地标定出来，以便施工，这项工作又称“放样”。

施工测量是将图纸上的建筑物、构筑物按其设计位置和高程，测设到地面上，作为施工的依据，它与地形测量相反，但也必须遵循“从整体到局部，先控制后细部”的原则。

为了保证建筑物、构筑物放样的正确性和准确性，在施工之前，应在施工场地上建立统一的施工平面控制网和高程控制网，作为施工放样各种建筑物和构筑物位置的依据。施工控制网的精度，由建筑物、构筑物的定位精度和控制网的范围大小等决定。当点位精度标准较高和施工场地较大时，施工控制网应具有较高的精度。

9.2　施工测量的基本工作

施工测量的基本工作包括测设已知水平距离、已知水平角和已知高程。

9.2.1　已知水平距离的测设

水平距离的测设是根据给定的起点和方向，按设计要求的长度，标定出线段的终点位置。

1. 用钢尺放样已知水平距离

在进行距离丈量时，如果想要精确测量两点间水平距离，用钢尺量出两点间长度后，还需要加上尺长改正、温度改正和高差改正。显然，在已知水平距离的情况下，测设工作是距离丈量的逆过程。想要精确地测设水平距离，必须考虑尺长改正、温度改正和倾斜改正，即进行测设时，根据图纸上设计给定的水平距离，减去尺长改正、温度改正和高差改正，计算出地面上应量出的距离。然后从已知起点，按计算出的数据，用钢尺沿已知方向丈量。经过两次同向或往返丈量，丈量精度达到一定要求后，取其平均值作为该线段终点的位置。

如图9-1所示，自 A 点沿 AC 方向的倾斜地面上需要测设一段水平距离为28.925m的线段 AB，用一根名义尺长为30m的钢尺在实地测设，已知此钢尺在检定温度 $t_0=20℃$ 时检定长度为30.006m，钢尺的膨胀系数 $\alpha=1.25\times10^{-5}/℃$，测设时的温度 $t=6℃$，预先用钢尺概量一次得到 B 点的大概位置，用水准仪测得 AB 间的高差为0.86m，为使 AB 的水平距离正好为28.925m，则用该钢尺在地面上应量出的距离计算如下：

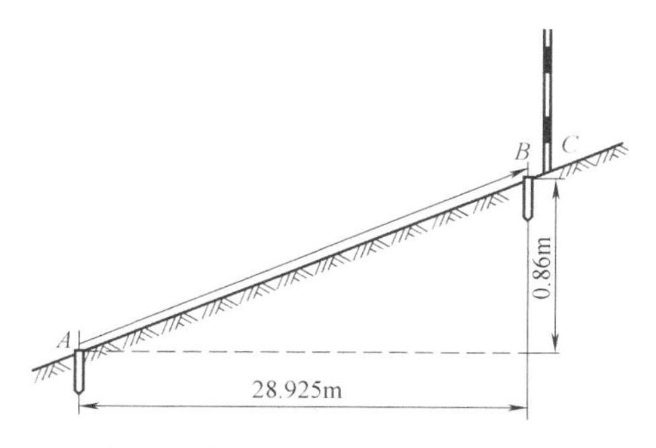

图9-1　钢尺测设已知水平距离

（1）计算尺长改正、温度改正和高差改正

尺长改正：$\Delta l_d = D \cdot \dfrac{l'-l_0}{l_0} = 28.925 \times \dfrac{30.006-30}{30}\text{m} = +0.006\text{m}$

温度改正：$\Delta l_t = D \cdot \alpha \cdot (t-t_0) = 28.925 \times 1.25 \times 10^{-5} \times (6-20)\text{m} = -0.005\text{m}$

高差改正：$\Delta l_h = -\dfrac{h^2}{2D} = -\dfrac{0.86^2}{2 \times 28.925}\text{m} = -0.013\text{m}$

（2）计算在地面上应丈量的距离

$$l = D - \Delta l_d - \Delta l_t - \Delta l_h = (28.925 - 0.006 + 0.005 + 0.013)\text{m} = 28.937\text{m}$$

因此，应用该钢尺从 A 点开始沿 AC 方向量出 28.937m，得到 B 点，则 AB 距离刚好为 28.925m。

2. 光电测距仪测设已知水平距离

由于光电测距仪的普及，目前水平距离测设，尤其是长距离的测设多采用光电测距仪。

如图 9-2 所示，已知 A 点位置，欲用光电测距仪测设出 AB 线段，使得 AB 长度为 D，则首先安置光电测距仪于 A 点，在 AB 方向线上，目估安置反光棱镜于 B'，用光电测距仪测出 AB' 的水平距离为 D'，算出 D 与 D' 之差值 ΔD。当 ΔD 为正时，说明测设距离不足，需用钢尺从 B' 点沿 AB 方向向前量 ΔD 得 B 点；反之若 ΔD 为负，则需沿相反方向测量 ΔD，得到 B 点。

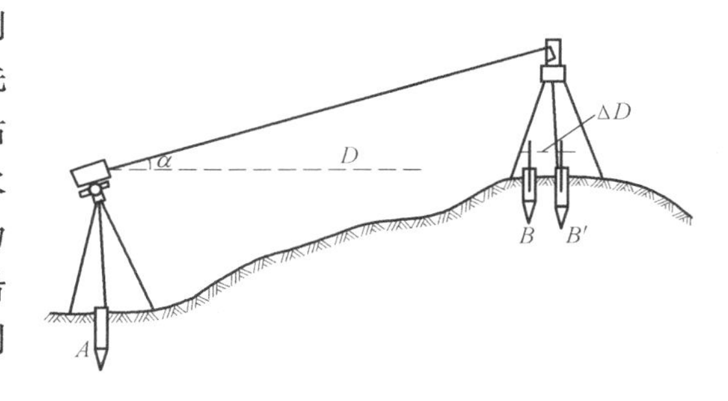

图 9-2　光电测距仪测设水平距离

将反光镜移到 B 点，再测 AB 实长，如果实测距离与理论距离之差在限差之内，则 AB 为最后的测设结果；如果实测距离与理论距离之差超过限差，则按上述方法再次测设，直到小于规定限差时为止，从而定出 B 点。

9.2.2　已知水平角测设

已知水平角测设是按设计图纸给定的水平角度值和地面上已有的一个已知方向，把该水平角的另一个方向测设到地面上。测设时根据精度需要可以分为一般方法和精确方法。

1. 一般方法

已知一个水平角度值为 β，地面上已有一个已知方向 OA，欲以 O 为顶点、以 OA 为已知方向边，测设出另一条方向边 OB，使 $\angle AOB$ 值为 β，如图 9-3 所示。则，首先需要将经纬仪安置在 O 点，用盘左瞄准 A 点，并把此方向值归零，然后，松开照准部，顺时针旋转，当度盘读数为角 β 时，在视线方向上定出 B' 点；B' 点测设后，倒转望远镜用盘右同样地再在视线方向上定出另一点 B''，取 B' 和 B'' 的中点 B，则 $\angle AOB$ 即为要测设的角度值 β。

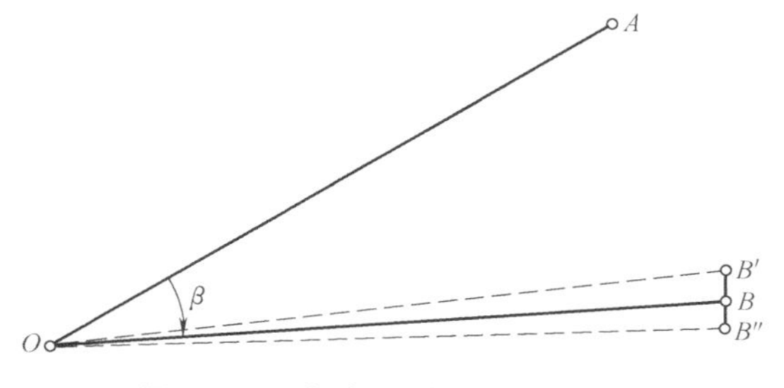

图 9-3　一般方法测设已知水平角

2. 精确方法

如图 9-4 所示，首先按照一般方法测设出 B_1 点。然后用测回法反复观测水平角 $\angle AOB_1$，准确求其平均值 β_1，并计算出 $\Delta\beta = \beta - \beta_1$。根据 OB_1 长度和 $\Delta\beta$ 大小计算改正距离：

$$BB_1 = OB_1 \frac{\Delta\beta}{\rho}$$

式中 $\rho = 206265$。

从 B_1 点沿 OB_1 的垂直方向量出 BB_1，定出 B 点，则 $\angle AOB$ 就是要测设的已知水平角。如 $\Delta\beta$ 为正，则沿 OB_1 垂直方向向外量取；反之向内量取。

9.2.3 已知高程测设

已知高程测设是利用水准测量的方法，根据已知水准点，在地面上标定出某设计高程的工作。

如图 9-5 所示，室内地坪设计高程为 21.500m，已知水准点 A 的高程 $H_A = 20.950\text{m}$，欲将室内地坪高程测设到 B 桩上。

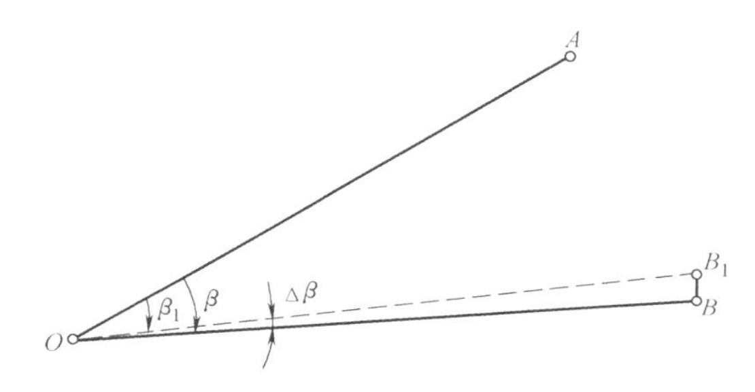

图 9-4 精确方法测设已知水平角

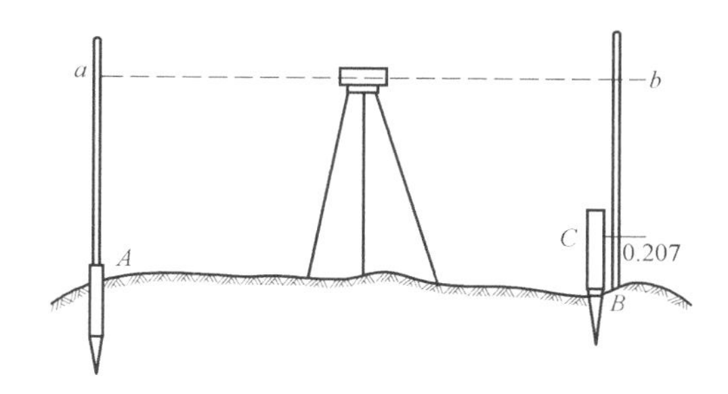

图 9-5 测设已知高程

则测设步骤如下：

1）安置水准仪于 A、B 之间，在 A 点竖立水准尺，测得后视读数为 $a = 1.675\text{m}$。

2）在 B 点处设置木桩，在 B 点地面上竖立水准尺，测得前视读数为 $b = 1.332\text{m}$。

3）计算测设点距离地面 B 点的高度差：

视线高：$H_i = H_A + a = (20.950 + 1.675)\text{m} = 22.625\text{m}$

B 点的地面高程：$H_B = H_i - b = (22.625 - 1.332)\text{m} = 21.293\text{m}$

测设点距离地面 B 点的高度差：$c = (21.500 - 21.293)\text{m} = 0.207\text{m}$

4）与 B 点水准尺 0.207m 处对齐，在木桩上划一道红线，此线位置就是室内地坪设计高程位置。

在深基坑内或在较高的楼层面上测设高程时，水准尺的长度不够，这时，可以用悬挂钢尺来代替水准尺，测设给定的高程。

如图 9-6 所示，已知地面上水准点 A 的高程 H_A，欲测设出深基坑内 B 点高程 H_B。可以设置两台水准仪，一台安置于地面上，一台安置于深基坑内。深基坑上方悬吊钢尺代替水准尺，A 点和 B 点放置水准尺，地面上的水准仪后视读数和前视读数分别为 a_1 和 b_1，深基坑内水准仪后视读数为 a_2，B 点处水准尺读数 b_2 应为：

$$b_2 = a_2 + (a_1 - b_1) - (H_B - H_A)$$

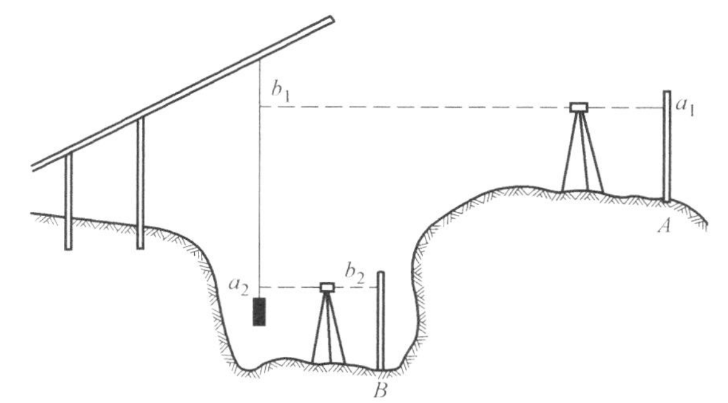

图 9-6 测设深基坑已知高程

计算出 B 点处水准尺读数 b_2 后，用逐渐打入木桩或在木桩上画线的方法，使立在 B

点的水准尺上读数为 b_2，即可确定 B 点的设计高程。

9.3 点的平面位置的测设

点的平面位置测设常用方法有直角坐标法、极坐标法、角度交会法、距离交会法和全站仪坐标测设法。

9.3.1 直角坐标法

当在施工现场有相互垂直的主轴线或方格网线时，可用直角坐标法测设点的平面位置。如图 9-7 所示，欲在直角坐标系 XOY 中测设矩形建筑物的四个角点，角点坐标分别为：A(20，45)、B(60，45)、C(60，115)、D(20，115)。

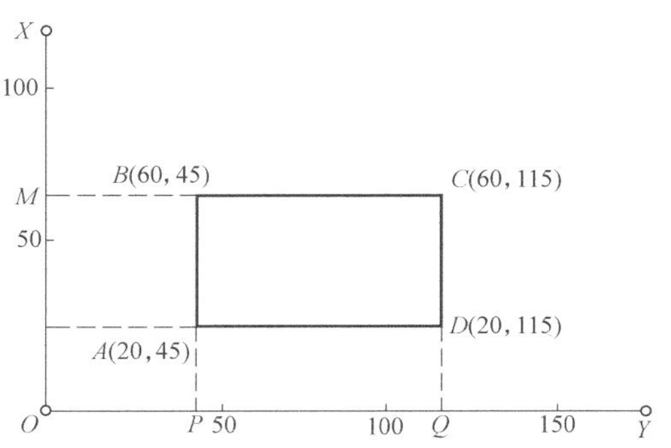

图 9-7 直角坐标法测设点的平面位置

首先在 O 点安置经纬仪后视 OY 方向线，从 O 点向 Y 方向分别量取 45m 和 115m 得 P、Q 两点；然后将经纬仪移至 P 点，后视 O 点和 Y 点中较远的点，正倒镜转动 90°取平均值，得 P-B 方向线，沿此方向量 20m 和 60m，得 A 点和 B 点；再将经纬仪移至 Q 点，后视 O 点和 Y 点中较远的点，正倒镜转动 90°取平均值，得 Q-C 方向线，沿此方向量 20m 和 60m，得 D 点和 C 点。这样，矩形建筑物四个角点 A、B、C、D 就测设到地面上了。最后，通过检验 A 点至 D 点之间距离以及 B 点至 C 点之间距离来验证测设精度，误差应在 1/5000～1/2000 内。还可以通过经纬仪测量矩形建筑物的四个房角来检验测设精度，角度误差应为±1′以内。

直角坐标法只量取距离和直角，数据直观，计算简单，工作方便，因此，应用较广泛。

9.3.2 极坐标法

极坐标法是根据水平角和水平距离来测设点的平面位置。当已知控制点与测设点之间的距离较近，且便于测量距离时，常用极坐标法测设点的平面位置。

如图 9-8 所示，地面上有已知控制点 A 和控制点 B，欲在这两个控制点附近测设已知坐标的 P 点。为了把 P 点准确测设到地面上，首先应计算测设数据：AP 两点之间的距离 D_{AP} 和 $\angle BAP$ 的值 β。

$$\alpha_{AP}=\arctan\frac{y_P-y_A}{x_P-x_A}$$

$$\alpha_{AB}=\arctan\frac{y_B-y_A}{x_B-x_A}$$

$$\beta=\alpha_{AP}-\alpha_{AB}$$

$$D_{AP}=\sqrt{(x_P-x_A)^2+(y_P-y_A)^2}$$

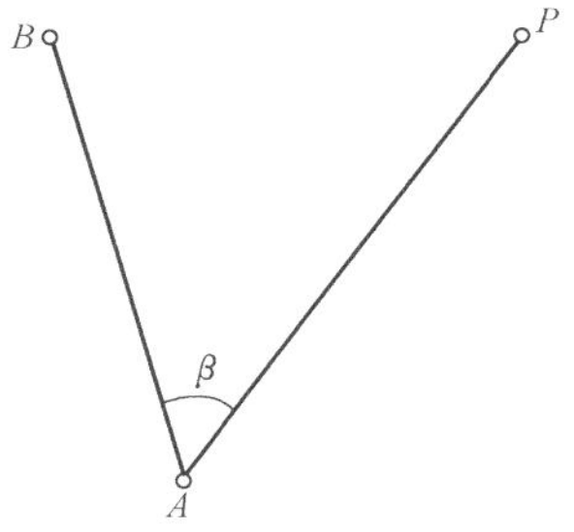

图 9-8 极坐标法测设点的平面位置

9.3.3 角度交会法

当测设地区受地形限制或测量距离困难时，常采用角度交会法测设点的平面位置。角度交会法是测设出两个已知角度的方向，利用这两个方向的交点定出需要测设点的平面位置。如图 9-9a 所示，地面上已有控制点 A、B、C，已知需要测设 P 点的坐标，欲将 P 点测设到地面上。根据控制点 A、B、C 和测设点 P 的坐标计算 β_1、β_2、β_3、β_4角值。在 A 点安置经纬仪，后视 B 点，根据 β_1值大小，通过盘左和盘右并取平均的方法，测设出 AP 方向线，在 AP 方向线 P 点附近打两小木桩，桩顶钉上小钉，定出 1、2 两点。以此类推，分别定出 3、4 点和 5、6 点。将 1 点和 2 点、3 点和 4 点、5 点和 6 点上的小钉用细线拉紧，拉出三条线，得三个交点，这三个交点构成误差三角形（图 9-9b）。当误差三角形边长不超过 4cm 时，取其重心作为测设 P 点的位置。若误差三角形的边长超限，则应重新测设。

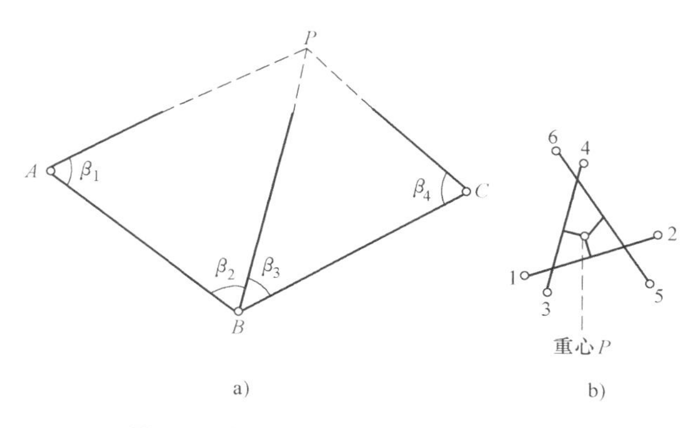

图 9-9 角度交会法测设点的平面位置

9.3.4 距离交会法

当建筑场地平坦，测量距离方便，并且控制点距离需要测设的点不超过一个整尺段长度时，可用距离交会法。

如图 9-10 所示，首先根据 P 点的设计坐标和控制点 A、B 的坐标，先计算测设数据 D_1、D_2。测设时，用钢尺分别以控制点 A、B 为圆心，以 D_1、D_2为半径，在地面上画弧，交出 P 点。

距离交会法的优点是不需要仪器，但精度较低，在施工中测设细部时，常用此法。

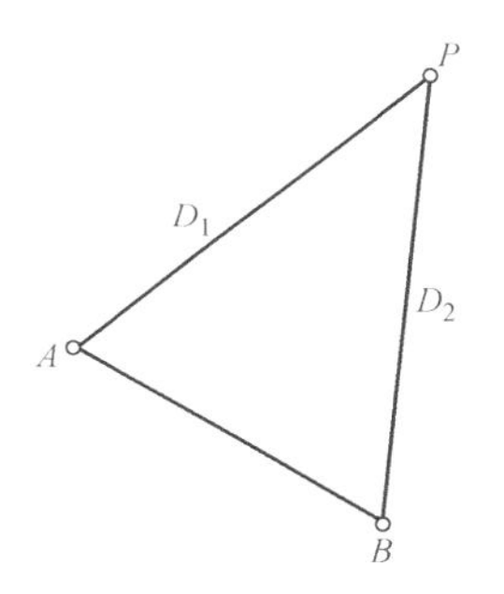

图 9-10 距离交会法测设点的平面位置

9.3.5 全站仪坐标测设法

全站仪坐标测设法的本质是极坐标法，适合于各种地形，且精度高，操作简便，在生产中已被广泛采用。测设前，将全站仪置于测设模式，向全站仪输入测站点坐标、后视点坐标（或方位角），再输入测设点坐标。准备工作完成后，用望远镜照准棱镜，按坐标测设功能键，则可立即显示当前棱镜位置与测设点位置的坐标差。根据坐标差值，移动棱镜位置，直至坐标差值为零，这时，棱镜所对应的位置就是测设点的位置。

9.4 坡度线的测设

在道路工程和管道铺设工程中，经常需要在地面上测设给定的坡度线。测设已知的坡度线时，如果坡度较小，一般用水准仪来做，而坡度较大时，宜采用经纬仪，水准仪和经纬仪测设原理相同。

如图 9-11 所示，地面上已知 A 点的设计高程为 H_A，现欲从 A 点沿 AB 方向测设出一条坡度为 $i\%$的直线，A、B 两点间的水平距离 D，则 B 点的设计高程 $H_B=H_A-D\times i\%$。

测设时首先把已知点 A 和 B 的设计高程测设到地面上，然后在 A、B 两点之间进行细部点的测设：把水准仪安置在 A 点，并使其基座上的一只脚螺旋放在 AB 的方向线上，另两只脚螺旋的连线与 AB 方向垂直，量出仪器高 m，用望远镜瞄准立在 B 点上的水准尺，并转动在 AB 方向上的那只脚螺旋，使十字丝的横丝对准水准尺上的读数为仪器高 m，这时仪器的视线即平行于所设计的坡度线。然后在 A 点和 B 点中间各点 1、2、3……的木桩上立尺，逐渐将木桩打入地下，直到水准尺上读数逐渐增大到仪器高 m 为止。这样各桩的桩顶就是在地面上标出的设计坡度线。

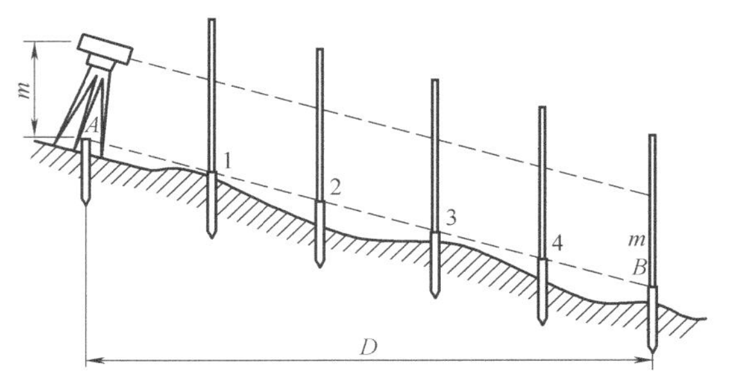

图 9-11 测设已知坡度线

思考题与习题

1. 施工测量遵循的基本原则是什么？
2. 测设的基本工作有哪些？
3. 如何精确测设已知水平角？
4. 测设点的平面位置有哪几种方法？各适用于什么场合？
5. 已知某钢尺的尺长方程式为 $l=30-0.0035+1.2\times10^{-5}\times30(t-20℃)$，用它测设 22.500m 的水平距离 AB。若测设时温度为 25℃，施测时所用拉力与检定钢尺时的拉力相同，测得 A、B 两桩点的高差 $h=-0.60$m，试计算测设时地面上需要量出的长度。
6. 设用一般方法测设出∠ABC 后，精确地测得∠ABC 为 45°00′24″（设计值为 45°00′00″），BC 长度为 120m，问怎样移动 C 点才能使∠ABC 等于设计值？
7. 已知水准点 A 的高程 $H_A=20.355$m，若在 B 点处墙面上测设出高程分别为 23.000m 的位置，设在 A、B 中间安置水准仪，后视 A 点水准尺的读数 $\alpha=1.452$m，问怎样测设才能在 B 处墙得到设计标高？

第 10 章　建筑施工测量

10.1　建筑场地施工控制测设

在建筑工程施工之前，勘测阶段建立的控制网是为测图布设的，通常难以满足施工对控制点密度和精度的要求。因此，施工前必须建立施工控制网，它包括平面控制网和高程控制网。施工控制网是施工阶段施工放样定位的基础。

施工平面控制网的布设形式，可根据建筑物体量、场地大小和地形条件等因素来确定。对于大中型建筑场地，在建筑物布置整齐、密集时，宜采用正方形或矩形格网，称为建筑方格网。对于面积不大，建筑物又不复杂的场地，则通常采用建筑基线。当山区或丘陵地区建立方格网或建筑基线有困难时，宜采用导线网或三角网来代替建筑方格网或建筑基线。

10.1.1　建筑基线

1. 建筑基线布设形式

建筑基线应平行或垂直于主要建筑物的轴线，较长的基线尽可能布设在场地中央。根据建筑物的分布和地形状况，建筑基线可布置成三点直线形、三点直角形、四点丁字形和五点十字形等多种形式，如图 10-1 所示。

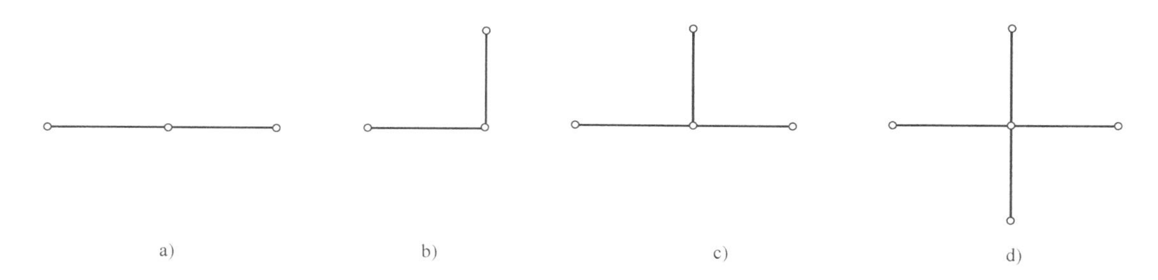

图 10-1　建筑基线的布设形式

在不受施工影响的条件下，建筑基线应尽量靠近主要建筑物，且相邻基线点之间应通视良好。为了便于点位校核，基线点的数目应不少于三个；纵横基线应相互垂直。如果需要，还可在上述图形的基础上加设几条与之连接的纵横短基线，组成多点阶梯形。

2. 建筑基线的测设方法

（1）根据建筑红线测设建筑基线　由规划部门划定并由城市测绘部门测定的建筑用地界定基准线，称为建筑红线。一般情况下，城市规划部门在项目施工前已将项目的建筑红线测设于实际地面，并且大多数是正交直线。如图 10-2 所示，*AB* 和 *BC* 为规划部门设定好的建筑红线，可以利用直角坐标法测设建筑基线点 1、2 和 3 的平面位置，用木桩将基线点 1、2 和 3 标定于地面。

(2) 根据附近已有控制点测设建筑基线　在没有建筑红线的地区，可以利用建筑基线的设计坐标和附近已有控制点的坐标，用极坐标法测设建筑基线。如图 10-3 所示，A、B 为已有控制点，欲在这两个控制点附近测设建筑基线点 1、2 和 3。可以根据控制点及建筑基线点的坐标计算各边的方位角 α_{AB}、α_{A1}、α_{A2}、α_{A3}以及各建筑基线点与 A 点的距离 D_1、D_2、D_3，通过坐标方位角计算各建筑基线之间的夹角 β_1、β_2、β_3，然后利用极坐标法对建筑基线点进行测设。

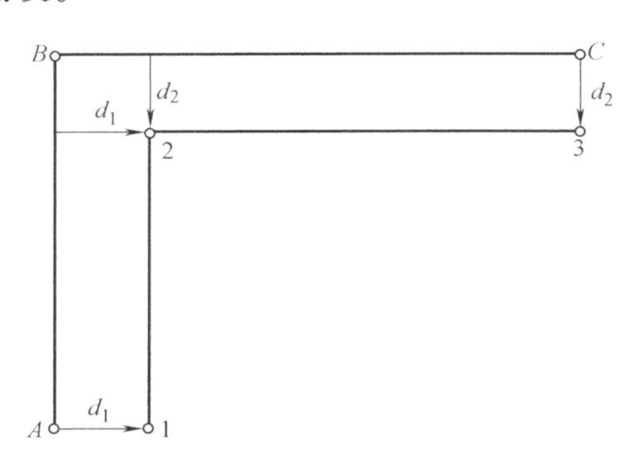

图 10-2　根据建筑红线测设建筑基线

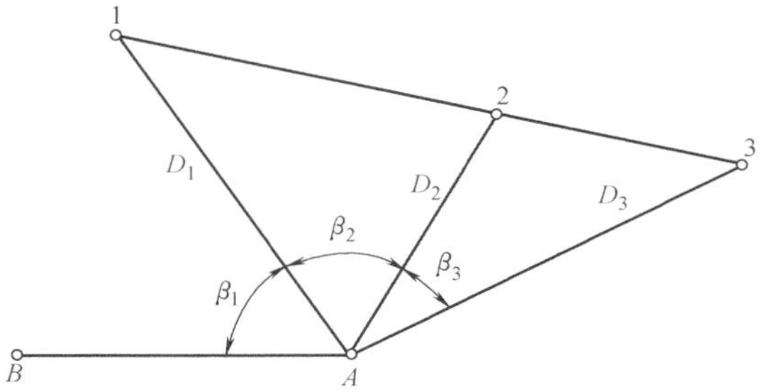

图 10-3　根据附近已有控制点测设建筑基线

由于存在测量误差，测设的基线点往往不在同一直线上，且点与点之间的距离与设计值也不完全相符，如图 10-4 所示。因此，需要精确测出已测设直线的折角 β' 和距离 D'，并与设计值相比较。如果 $\Delta\beta=\beta'-180°$ 超过±15″，则应对 1′、2′、3′点沿图中箭头方向进行等量调整，调整量按下式计算

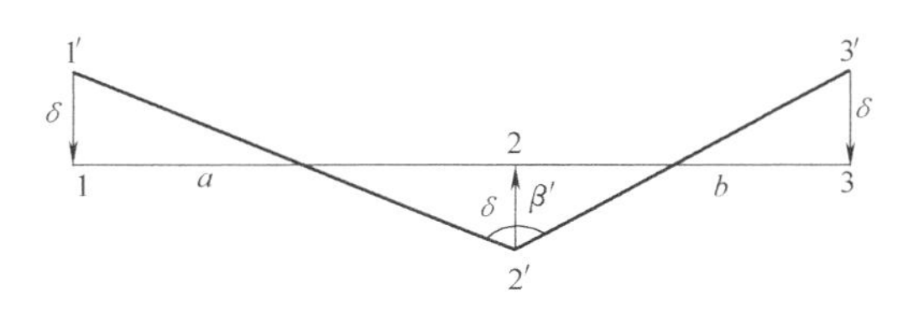

图 10-4　基线点的调整

$$\delta=\frac{ab}{a+b}\times\frac{\Delta\beta}{2\rho}$$

式中　δ——各点的调整值/m；

a、b——分别为 12、23 的长度 m。

ρ——1 弧度转化成的秒值，即 206265″。

如果测设距离超限，即 $\frac{\Delta D}{D}=\frac{D'-D}{D}>\frac{1}{10000}$，则以 2 点为准，按设计长度沿基线方向调整 1′、3′点。

10.1.2　建筑方格网

由正方形或矩形组成的施工平面控制网，称为建筑方格网。建筑方格网适用于按矩形布置的建筑群或大型建筑场地。

1. 建筑方格网的布置

首先应根据设计总图上各建筑物、构筑物、各种管线的位置，结合现场地形，选定方格网的主轴线，然后再布设其他格网点。布置网格时首先应选定方格网的主轴线，主轴线应尽量布设在建筑区中央，并与主要建筑物轴线平行，其长度应能控制整个建筑区。格网点可布设为正方形或矩形。格网点、线在不受施工影响条件下，应靠近建筑物。纵横格网边应严格互相垂

直，相邻方格点之间应保持通视。正方形格网的边长一般为100m左右，矩形格网一般为几十米至几百米的整数长度。

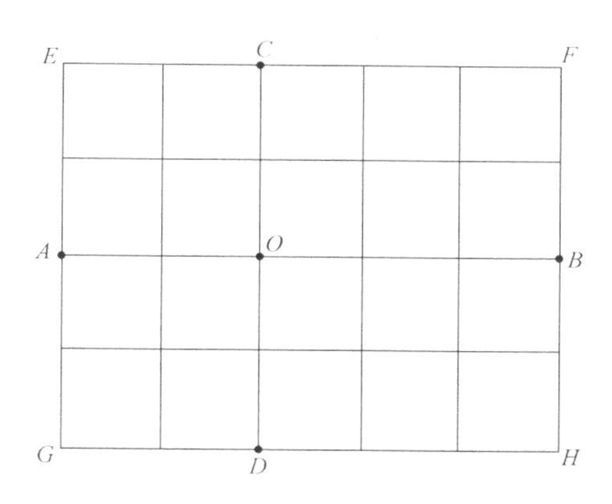

图 10-5　建筑方格网的测设

2. 建筑方格网的测设

（1）主轴线测设　主轴线测设与建筑基线测设方法相似。如图10-5所示，首先准备测设数据，然后测设两条互相垂直的主轴线 AOB 和 COD，主轴线实质上是由5个主点 A、B、O、C 和 D 组成，最后，精确检测主轴线点的相对位置关系，并与设计值相比较，如果超限，则应进行调整。建筑方格网的主要技术要求见表10-1所示。

表 10-1　建筑方格网的主要技术要求

等级	边长/m	测角中误差	边长相对中误差	测角检测限差	边长检测限差
Ⅰ级	100～300	5″	1/30000	10″	1/15000
Ⅱ级	100～300	8″	1/20000	16″	1/10000

（2）方格网点测设　如图10-5所示，主轴线测设后，分别在主点 A、B 和 C、D 安置经纬仪，后视主点 O，向左右测设90°水平角，即可交会出田字形方格网点。随后再做检核，测量相邻两点间的距离，看是否与设计值相等，测量其角度是否为90°，误差均应在允许范围内，并埋设永久性标志。

建筑方格网轴线与建筑物轴线平行或垂直，因此，可用直角坐标法进行建筑物的定位，计算简单，测设比较方便，而且精度较高。其缺点是必须按照总平面图布置，其点位易被破坏，而且测设工作量也较大。

10.1.3　坐标换算

施工坐标系亦称建筑坐标系，其坐标轴与主要建筑物主轴线平行或垂直，以便用直角坐标法进行建筑物的放样。

施工控制测量的建筑基线和建筑方格网一般采用施工坐标系，而施工坐标系与测量坐标系往往不一致，因此，施工测量前常常需要进行施工坐标系与测量坐标系的坐标换算。

如图10-6所示，坐标系 xOy 为测量坐标系，$x'O'y'$ 为施工坐标系。现已知 O' 点在测量坐标系 xOy 中的坐标及测量坐标系和施工坐标系纵轴之间的夹角 α，则可以根据待测设点 A 的施工坐标（x'_A，y'_A）计算出 A 点的测量坐标（x_A，y_A），并根据测量坐标系中的控制点来测设 A 点的实际位置；亦可根据 A 点的测量坐标（x_A，y_A）计算出测设点 A 的施工坐标（x'_A，y'_A）。

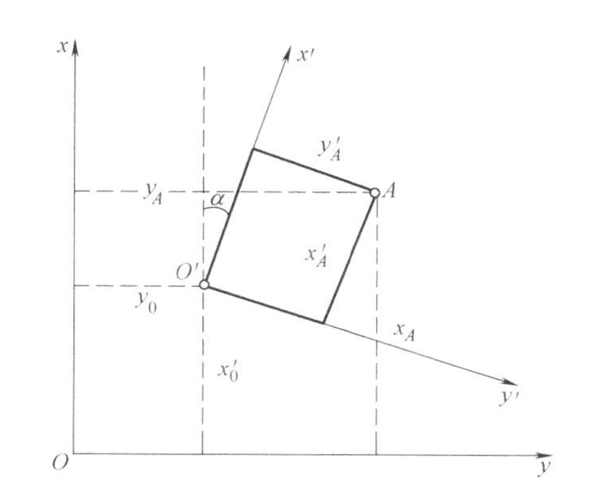

图 10-6　施工坐标系与测量坐标系的转换

$$x_A = x'_0 + x'_A \cdot \cos\alpha - y'_A \sin\alpha$$
$$y_A = y'_0 + x'_A \cdot \sin\alpha + y'_A \cos\alpha$$

或

$$x'_A = (x_A - x'_0) \cdot \cos\alpha + (y_A - y'_0)\sin\alpha$$
$$y'_A = -(x_A - x'_0) \cdot \sin\alpha + (y_A - y'_0)\cos\alpha$$

10.2 民用建筑施工测量

民用建筑是指供人们居住、生活和进行社会活动用的建筑物，如住宅、医院、办公楼和学校等，民用建筑分为单层、低层（2~3 层）、多层（4~8 层）和高层（9 层以上）。因民用建筑的类型、结构和层数各不相同，施工测量的方法和精度要求也有所不同。民用建筑施工测量就是按照设计的要求将民用建筑的平面位置和高程测设出来。民用建筑施工测量主要包括准备工作、建筑物定位、细部轴线放样、基础施工测量和墙体工程施工测量等。高层建筑施工测量比普通多层施工测量的精度要求要高。

10.2.1 准备工作

1. 熟悉设计图纸

设计图纸是施工测量的主要依据，测设前应充分熟悉各种有关设计图纸，了解施工建筑物与相邻地物的相互关系以及建筑物本身的内部尺寸关系，准确无误地获取测设工作中所需要的各种定位数据。

与测设工作有关的设计图纸主要包括：建筑总平面图，建筑平面图、立面图和剖面图，以及基础平面图和基础详图等。

2. 现场踏勘

为了解建筑施工现场上地物、地貌以及原有测量控制点的分布情况，应进行现场踏勘，并对建筑施工现场上的平面控制点和水准点进行检核，以便获得正确的测量数据，然后根据实际情况考虑测设方案。

3. 确定测设方案和准备测设数据

在熟悉设计图纸、掌握施工计划和施工进度的基础上，结合现场条件和实际情况，拟定测设方案。测设方案包括测设方法、测设步骤、采用的仪器工具、精度要求、时间安排等。

在每次现场测设之前，应根据设计图纸和测量控制点的分布情况，准备好相应的测设数据并对数据进行检核，需要时还可绘出测设略图，把测设数据标注在略图上。

比如现场已有 A、B 两个平面控制点，欲用经纬仪和钢尺按极坐标法将如图 10-7 所示的设计建筑物测设于实地上。定位测量一般测设建筑物的四个大角，即如图 10-7a 所示的 1、2、3、4 点，其中第 4 点是虚点，应先根据有关数据计算其坐标；此外，应根据 A、B 点的已知坐标和 1~4 点的设计坐标计算各点的测设角度值和距离值，以备现场测设之用。如果是用全坐标法测设，则只需准备好每个角点的坐标即可。

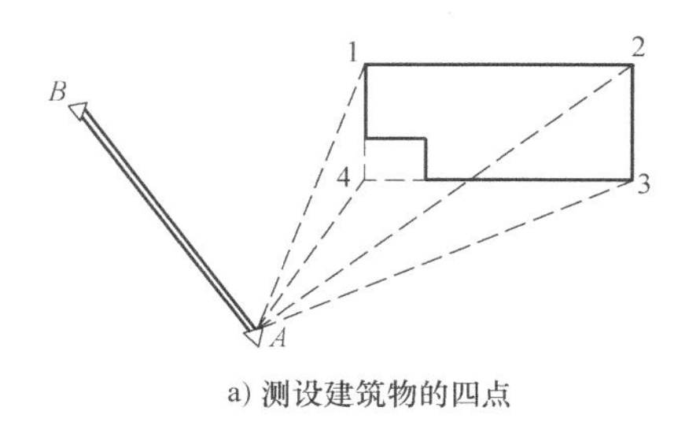

a) 测设建筑物的四点

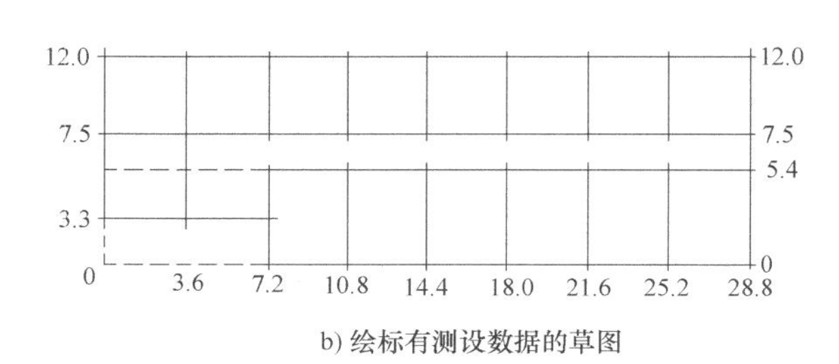

b) 绘标有测设数据的草图

图 10-7 测设数据草图

测设细部轴线点时，一般用经纬仪定线，然后以主轴线点为起点，用钢尺依次测设次要轴线点。准备测设数据时，应根据其建筑平面的轴线间距，计算每条次要轴线至主轴线的距离，并绘出标有测设数据的草图，如图 10-7b 所示。

10.2.2 建筑物的定位和放线

1. 建筑物的定位

建筑物的定位就是根据设计条件将建筑物四周外廓主要轴线的交点测设到地面上，作为基础放线和细部轴线放线的依据。由于设计条件和现场条件不同，建筑物的定位方法也有所不同，以下为三种常见的定位方法：

（1）根据控制点定位　如果待定位建筑物的定位点设计坐标已知，且附近有高级控制点可供利用，可根据实际情况选用极坐标法、角度交会法或距离交会法来测设定位点。在这三种方法中，极坐标法是用得最多的一种定位方法。

（2）根据建筑方格网和建筑基线定位　如果待定位建筑物的定位点设计坐标已知，并且建筑场地已设有建筑方格网或建筑基线，可利用直角坐标法测设定位点。

（3）根据与原有建筑物和道路的关系定位　如果设计图上只给出新建筑物与附近原有建筑物或道路的相互关系，而没有提供建筑物定位点的坐标，周围又没有测量控制点、建筑方格网和建筑基线可供利用，可根据原有建筑物的边线或道路中心线将新建筑物的定位点测设出来。

具体测设方法随实际情况的不同而不同，但基本过程是一致的，下面分两种情况说明具体测设的方法。

1）根据与原有建筑物的关系定位。如图 10-8 所示，拟建建筑物的外墙边线与原有建筑物的外墙边线在同一条直线上，两栋建筑物的间距为 10m，拟建建筑物的长轴为 40m、短轴为 18m，轴线与外墙边线间距为 0.12m，可按下述方法测设其四个轴线的交点：

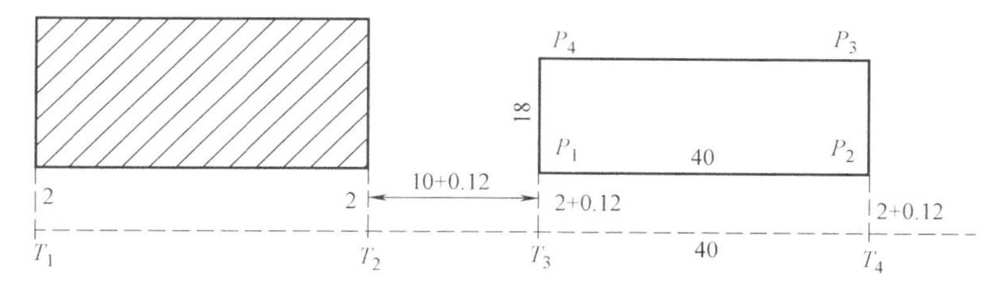

图 10-8　根据与原有建筑物的关系定位

① 沿原有建筑物的两侧外墙拉线，用钢尺顺线从墙角往外量一段较短的距离（这里设为 2m），在地面上定出 T_1 和 T_2 两个点，T_1 和 T_2 的连线即为原有建筑物的平行线。

② 在 T_1 点安置经纬仪，照准 T_2 点，用钢尺从 T_2 点沿视线方向量取 10m+0.12m，在地面上定出 T_3 点，再从 T_3 点沿视线方向量取 40m，在地面上定出 T_4 点，T_3 和 T_4 的连线即为拟建建筑物的平行线，其长度等于长轴尺寸。

③ 在 T_3 点安置经纬仪，照准 T_4 点，逆时针测设90°，在视线方向上量取（2+0.12）m，在地面上定出 P_1 点，再从 P_1 点沿视线方向量取 18m，在地面上定出 P_4 点。同理，在 T_4 点安置经纬仪，照准 T_3 点，顺时针测设90°，在视线方向上量取（2+0.12）m，在地面上定出 P_2 点，再从 P_2 点沿视线方向量取 18m，在地面上定出 P_3 点。则 P_1、P_2、P_3 和 P_4 点即为拟建建筑物的四个定位轴线点。

④ 在 P_1、P_2、P_3 和 P_4 点上安置经纬仪，检核四个角是否为90°，用钢尺丈量四条轴线的

长度，检核长轴是否为 40m，短轴是否为 18m。

2）根据与原有道路的关系定位。如图10-9所示，拟建建筑物的轴线与道路中心线平行，轴线与道路中心线的距离如图，则测设方法如下：

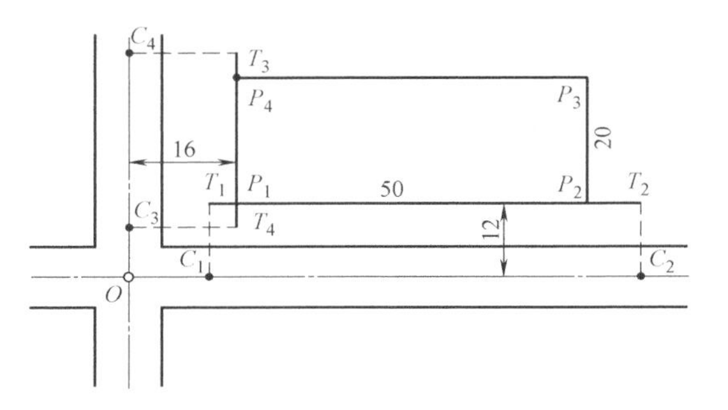

图 10-9 根据与原有道路的关系定位

① 在每条道路上选两个合适的位置，分别用钢尺测量该处道路的宽度，并找出道路中心点 C_1、C_2、C_3 和 C_4。

② 分别在 C_1、C_2 两个中心点上安置经纬仪，测设90°，用钢尺测设水平距离 12m，在地面上得到道路中心线的平行线 T_1T_2，同理做出 C_3 和 C_4 的平行线 T_3T_4。

③ 用经纬仪向内延长或向外延长这两条线，其交点即为拟建建筑物的第一个定位点 P_1，再从 P_1 沿 T_1T_2 方向量取 50m，得到第二个定位点 P_2。

④ 分别在 P_1 和 P_2 点安置经纬仪，测设直角和水平距离 20m，在地面上定出点 P_3 和 P_4。在 P_1、P_2、P_3 和 P_4 点上安置经纬仪，检核角度是否为 90°，用钢尺丈量四条轴线的长度，检核长轴是否为 50m，短轴是否为 20m。

2. 建筑物放样

建筑物放样是指根据现场已测设好的建筑物定位点，详细测设其他各轴线交点的位置，并将其延长到安全的地方做好标志，然后以细部轴线为依据，按基础宽度和放坡要求用白灰撒出基础开挖边线。放样方法如下。

（1）测设细部轴线交点　如图 10-10 所示，A 轴、E 轴、①轴和⑦轴是四条建筑物的外墙主轴线，其轴线交点 A1、A7、E1 和 E7 是建筑物的定位点，这些定位点已在地面上测设完毕，各主次轴线间隔如图 10-10 所示，现欲测设次要轴线与主轴线的交点，其步骤如下：

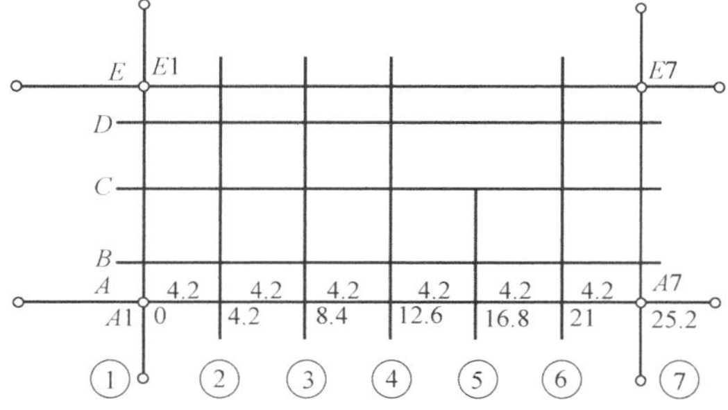

图 10-10 测设细部轴线交点

在 A1 点安置经纬仪，照准 A7 点，把钢尺的零端对准 A1 点，沿视线方向拉钢尺，在钢尺上读数等于①轴和②轴间距（4.2m）的地方打下木桩，打的过程中要经常用仪器检查桩顶是否偏离视线方向，钢尺读数是否还在桩顶上，如有偏移要及时调整。打好桩后，用经纬仪视线指挥在桩顶上画一条纵线，再拉好钢尺，在读数等于轴间距处画一条横线，两线交点即 A 轴与②轴的交点 A2。

测设 A 轴与③轴的交点 A3 时，方法同上，注意仍然要将钢尺的零端对准 A1 点，并沿视线方向拉钢尺，而钢尺读数应为①轴和③轴间距（8.4m），这种做法可以减小钢尺对点误差，避免轴线总长度增长或减短。如此依次测设 A 轴与其他有关轴线的交点。测设完最后一个交点后，用钢尺检查各相邻轴线桩的间距是否等于设计值，误差应小于 1/3000。

测设完 A 轴上的轴线点后，用同样的方法测设 E 轴、①轴和⑦轴上的轴线点。

（2）引测轴线　在基槽或基坑开挖时，定位桩和细部轴线桩均会被挖掉，为了使开挖后各阶段施工能准确地恢复各轴线位置，应把各轴线延长到开挖范围以外的地方并做好标志，这个工作称为引测轴线，具体有设置龙门板和轴线控制桩两种形式。

1）设置龙门板。如图 10-11 所示，在建筑物四角和中间隔墙的两端，距基槽边线约 1~2m 以外，竖直钉设大木桩，称为龙门桩，并使桩的外侧面平行于基槽；根据附近水准点，用水准仪将±0.000 标高测设在每个龙门桩的外侧上，并画出横线标志。如果现场条件不允许，也可测设比±0.000 高或低一定数值的标高线。同一建筑物最好只用一个标高，如因地形起伏大用两个标高时，一定要标注清楚，以免使用时发生错误。

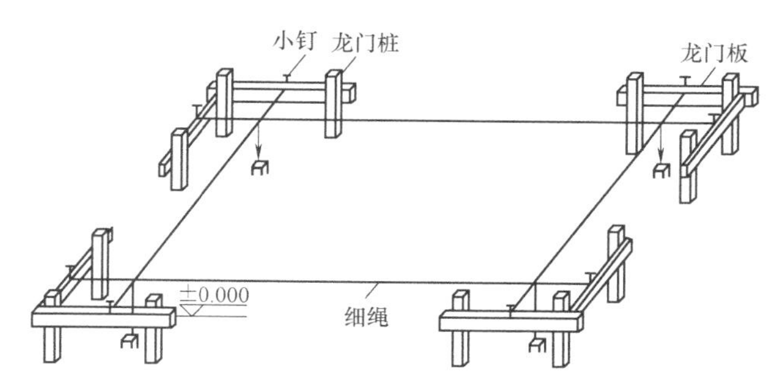

图 10-11　龙门桩与龙门板

在相邻两龙门桩上钉设木板，称为龙门板。龙门板的上沿应和龙门桩上的横线对齐，使龙门板的顶面标高在一个水平面上，并且标高为±0.000，或比±0.000 高低一定的数值，龙门板顶面标高的误差应在±5mm 以内。根据轴线桩，用经纬仪将各轴线投测到龙门板的顶面，并钉上小钉作为轴线标志，此小钉也称为轴线钉，投测误差应在±5mm 以内。用钢尺沿龙门板顶面检查轴线钉的间距，其相对误差不应超过 1/3000。

恢复轴线时，将经纬仪安置在一个轴线钉上方，照准相应的另一个轴线钉，其视线即为轴线方向，往下转动望远镜，便可将轴线投测到基槽或基坑内。

2）轴线控制桩。由于龙门板需要较多木料，而且占用场地，使用机械开挖时容易被破坏，因此也可以在基槽或基坑外各轴线的延长线上测设轴线控制桩，作为以后恢复轴线的依据。

轴线控制桩一般设在开挖边线 4m 以外的地方，并用水泥砂浆加固。最好是附近有固定建筑物和构筑物，这时应将轴线投测在这些物体上，使轴线更容易得到保护，以便今后能安置经纬仪来恢复轴线。

10.2.3　建筑物基础施工测量

1. 基槽开挖的深度控制

如图 10-12 所示，为了控制基槽开挖深度，当基槽挖到接近槽底设计高程时，应在槽壁上测设一些水平桩，使水平桩的上表面离槽底设计高程为某一整分米数，用以控制挖槽深度，也可作为槽底清理和打基础垫层时掌握标高的依据。一般在基槽各拐角处、深度变化处和基槽壁上每隔 3~4m 测设一个水平桩，然后拉上白线，线下 0.50m 即为槽底设计高程。

测设水平桩时，以画在龙门板或周围固定地物的±0.000 标高线为已知高程点，用水准仪进行测设，小型建筑物也可用连通水管法进行测设。水平桩上的高程误差应在±10mm 以内。

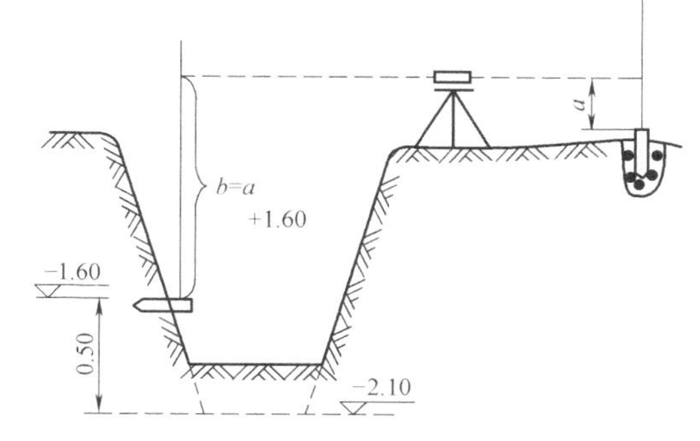

图 10-12　基槽水平桩测设

例如，设龙门板顶面标高为±0.000，槽底设计标高为-2.1m，水平桩高于槽底 0.50m，即水平桩高程为-1.6m，用水准仪后视龙门板顶面上的水准尺，读数 $a=1.286\text{m}$，则水平桩上标尺的应有读数为：

$$0+1.286\text{m}-(-1.6\text{m})=2.886\text{m}$$

测设时沿槽壁上下移动水准尺，当读数为 2.886m 时沿尺底水平地将桩打进槽壁，然后检核该桩的标高，如超限便进行调整，直至误差在规定范围以内。

垫层面标高的测设：可以水平桩为依据在槽壁上弹线，也可在槽底打入垂直桩，使桩顶标高等于垫层面的标高；如果垫层需安装模板，可以直接在模板上弹出垫层面的标高线。

如果是机械开挖，一般是一次挖到设计槽底或坑底的标高，因此要在施工现场安置水准仪，边挖边测，随时指挥挖土机调整挖土深度，使槽底或坑底的标高略高于设计标高。挖完后，为了给人工清底和打垫层提供标高依据，还应在槽壁或坑壁上打水平桩，水平桩的标高一般为垫层面的标高。

2. 基槽底口和垫层轴线投测

如图 10-13 所示，基槽挖至规定标高并清底后，将经纬仪安置在轴线控制桩上，瞄准轴线另一端的控制桩，即可把轴线投测到槽底，作为确定槽底边线的基准线。垫层打好后，用经纬仪或用拉绳挂垂球的方法把轴线投测到垫层上，并用墨线弹出墙中心线和基础边线，以便砌筑基础或安装基础模板。由于整个墙身砌筑均以此线为准，这是确定建筑物位置的关键环节，所以要严格校核，合格后方可进行砌筑施工。

3. 基础标高的控制

如图 10-14 所示，基础墙（±0.000 以下的砖墙）的标高一般是用基础皮数杆来控制的。基础皮数杆用一根木杆做成，在杆上注明±0.000 的位置，按照设计尺寸将砖和灰缝的厚度分别从上往下一一画出来，此外还应注明防潮层和预留洞口的标高位置。

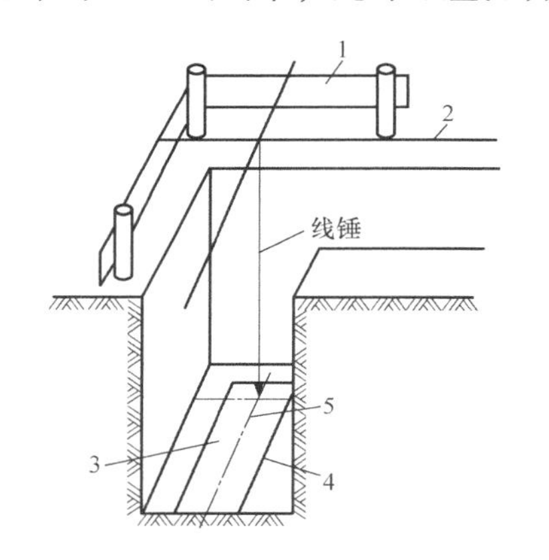

图 10-13 基槽底口和垫层轴线投测

1—龙门板 2—细线 3—垫层

4—基础边线 5—墙中线

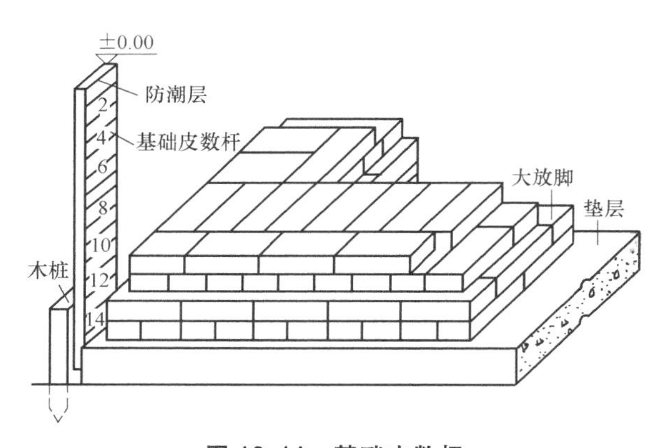

图 10-14 基础皮数杆

立皮数杆时，可先在立杆处打一个木桩，用水准仪在木桩侧面测设一条高于垫层设计标高某一数值的水平线，然后将皮数杆上标高相同的一条线与木桩上的水平线对齐，并用大铁钉把皮数杆和木桩钉在一起，作为砌筑基础墙的标高依据。对于采用钢筋混凝土的基础，可用水准仪将设计标高测设于模板上。

基础施工结束后，应检查基础面的标高是否满足设计要求。可用水准仪测出基础面上的若干高程，与设计高程相比较，允许误差为±10mm。

10.2.4 墙体施工测量

1. 一层楼房墙体施工测量

(1) 墙体轴线测设 如图 10-15 所示，基础工程结束后，应对龙门板或轴线控制桩进行检查复核。经复核无误后，可根据轴线控制桩或龙门板上的轴线钉，用经纬仪法或拉线法把首层楼房的墙体轴线测设到防潮层上。然后用钢尺检查墙体轴线的间距和总长是否等于设计值，用经纬仪检查外墙轴线四个主要交角是否等于 90°。符合要求后，把墙体轴线延长到基础外墙侧面上并弹出墨线及做出标志，作为向上投测各层楼房墙体轴线的依据。同时还应把门、窗和其他洞口的边线也在基础外墙侧面上做出标志。

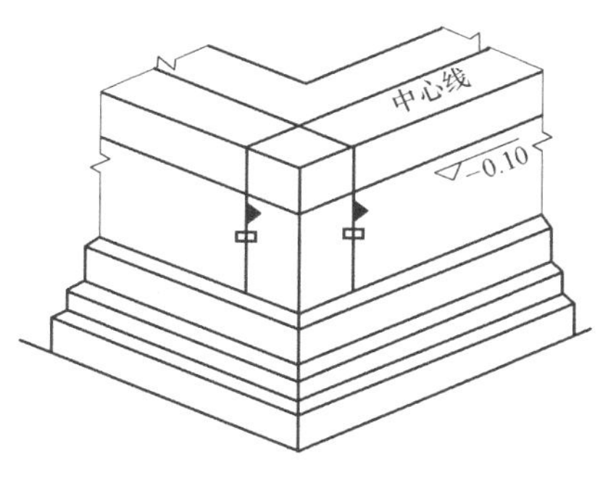

图 10-15　墙体轴线与标高线标注

墙体砌筑前，根据墙体轴线和墙体厚度弹出墙体边线，照此进行墙体砌筑。砌筑到一定高度后，用吊锤线将基础外墙侧面上的轴线引测到地面以上的墙体上。以免基础覆土后看不见轴线标志。如果轴线处是钢筋混凝土柱，则在拆柱模后将轴线引测到桩身上。

（2）墙体标高测设　如图 10-16 所示，墙体砌筑时，其标高用墙身皮数杆控制。在皮数杆上根据设计尺寸，按砖和灰缝厚度画线，并标明门、窗、过梁、楼板等的标高位置。杆上标高注记从±0.000 向上增加。

墙身皮数杆一般立在建筑物的拐角和内墙处，固定在木桩或基础墙上。为了便于施工，采用里脚手架时，皮数杆立在墙的外边；采用外脚手架时，皮数杆应立在墙里边。立皮数杆时，先用水准仪在立杆处的木桩或基础墙上测设出±0.000 标高线，测量误差在±3mm 以内，然后把皮数杆上的±0.000 线与该线对齐，用吊锤校正并用钉钉牢，必要时可在皮数杆上加两根钉斜撑，以保证皮数杆的稳定。

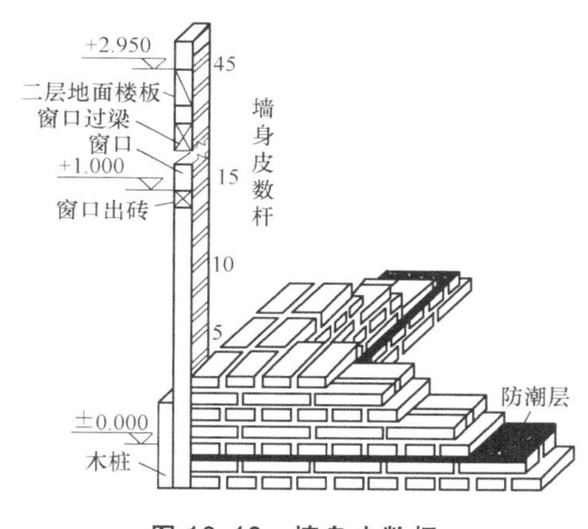

图 10-16　墙身皮数杆

墙体砌筑到一定高度后，应在内、外墙面上测设出+0.50m 标高的水平墨线，称为+50 线。外墙的+50 线作为向上传递各楼层标高的依据，内墙的+50 线作为室内地面施工及室内装修的标高依据。

2. 二层以上楼房墙体施工测量

（1）墙体轴线投测　每层楼面建好后，为了保证继续向上砌筑墙体，墙体轴线均与基础轴线在同一铅垂面上，应将基础或一层墙面上的轴线投测到楼面上，并在楼面上重新弹出墙体轴线，检查无误后，以此为依据弹出墙体边线，再向上砌筑。

多层建筑从下往上进行轴线投测的方法是：将较重的垂球悬挂在楼面的边缘，慢慢移动，使垂球尖对准地面上的轴线标志，或者使吊锤线下部沿垂直墙面方向与底层墙面上的轴线标志对齐，此时吊锤线上部在楼面边缘的位置就是墙体轴线的位置，在此画一条短线作为标志，便在楼面上得到轴线的一个端点，同法投测另一端点，两端点的连线即为墙体轴线。

建筑物的主轴线一般都要投测到楼面上来，弹出墨线后，再用钢尺检查轴线间的距离，其相对误差不得大于 1/3000，符合要求之后，再以这些主轴线为依据，用钢尺内分法测设其他细部轴线。在困难的情况下至少要测设两条垂直相交的主轴线，检查交角合格后，用经纬仪和钢尺测设其他主轴线，再根据主轴线测设细部轴线。

吊锤线法受风的影响较大，因此应在风小的时候作业，投测时应等待吊锤稳定下来后再在楼面上定点。此外，每层楼面的轴线均应直接由底层投测上来，以保证建筑物的总竖直度，只要注意这些问题，用吊锤线法进行多层楼房的轴线投测的精度是有保证的。

(2) 墙体标高传递　在多层建筑物施工中，要由下往上将标高传递到新的施工楼层，以便控制新楼层的墙体施工，使其标高符合设计要求。标高传递一般可有以下两种方法。

1) 利用皮数杆传递标高。一层楼房墙体砌完并建好楼面后，把皮数杆移到二层继续使用。为了使皮数杆立在同一水平面上，应用水准仪测定楼面四角的标高，取平均值作为二楼的地面标高，并在立杆处绘出标高线，立杆时将皮数杆的±0.000线与该线对齐，然后以皮数杆为标高的依据进行墙体砌筑。如此用同样方法逐层往上传递高程。

2) 利用钢尺传递标高。在标高精度要求较高时，可用钢尺从底层的+50标高线起往上直接丈量，把标高传递到第二层，然后根据传递上来的高程测设第二层的地面标高线，以此为依据立皮数杆。在墙体砌到一定高度后，用水准仪测设该层的+50标高线，再往上一层的标高可以此为准用钢尺传递，依此类推，逐层传递标高。

10.2.5 高层建筑施工测量

在高层建筑工程施工测量中，由于高层建筑的体形大、层数多、高度高、造型多样化、建筑结构复杂、设备和装修标准高，因此，在施工过程中对建筑物各部位的水平位置、轴线尺寸、垂直度和标高的要求都十分严格，对施工测量的精度要求也高。

1. 高层建筑定位测量

(1) 测设施工方格网　进行高层建筑的定位放样是确定建筑物平面位置和进行基础施工的关键环节，施测时必须保证精度，因此一般采用测设专用的施工方格网的形式来定位。施工方格网一般在总平面布置图上进行设计。施工方格网是测设在基坑开挖范围以外一定距离，平行于建筑物主要轴线方向的矩形控制网。

(2) 测设主轴线控制桩　在施工方格网的四边上，根据建筑物主要轴线与方格网的间距，测设主要轴线的控制桩。测设时要以施工方格网各边的两端控制点为准，用经纬仪定线，用钢尺量距来打桩定点。测设好这些轴线控制桩后，施工时便可方便、准确地在现场确定建筑物的四个主要角点。

除了四廓的轴线外，建筑物的中轴线等重要轴线也应在施工方格网边线上测设出来，与四廓的轴线一起称为施工控制网中的控制线。一般要求控制线的间距为30~50m。施工方格网控制线的测距精度不低于1/10000，测角精度不低于±10″。

2. 高层建筑基础施工测量

基坑开挖前，先根据建筑物的轴线控制桩确定角桩以及建筑物的外围边线，再考虑边坡的坡度和基础施工所需工作面的宽度，测设出基坑的开挖边线并撒出灰线。

高层建筑的基坑一般都很深，需要放坡并进行边坡支护加固，开挖过程中，除了用水准仪控制开挖深度外，还应经常用经纬仪或拉线检查边坡的位置，防止出现坑底边线内收，致使基础位置不够。

基坑开挖完成后，有三种情况：一是直接打垫层，然后做箱形基础或筏板基础，这时要求在垫层上测设基础的各条边界线、梁轴线、墙宽线和柱位线等；二是在基坑底部打桩或挖孔，做桩基础，这时要求在坑底测设各条轴线和桩孔的定位线，桩做完后，还要测设桩承台和承重梁的中心线；三是先做桩，然后在桩上做箱基或筏基，组成复合基础，这时的测量工作是前两种情况的结合。

测设轴线时，有时为了通视和量距方便，不是测设真正的轴线，而是测设其平行线，这时一定要在现场标注清楚，以免用错。另外，一些基础桩、梁、柱、墙的中线不一定与建筑轴线重合，而是偏移某个尺寸，因此要认真按图施测，防止出错。图 10-17 所示为有偏心桩的基础平面图。

如果是在垫层上放线，可把有关轴线和边线直接用墨线弹在垫层上，由于基础轴线的位置决定了整个高层建筑的平面位置和尺寸，因此施测时要严格检核，保证精度。如果是在基坑下做桩基，则测设轴线和桩位时，宜在基坑护壁上设立轴线控制桩，以便能保留较长时间，也便于施工时用来复核桩位和测设桩顶上的承台和基础梁等。

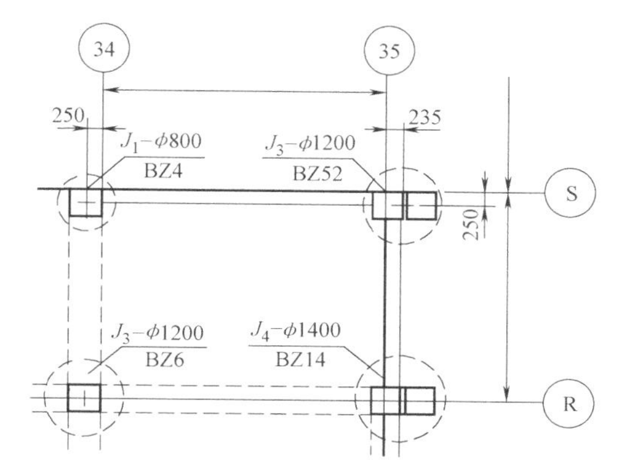

图 10-17　有偏心桩的基础平面图

由地面往下投测轴线时，一般是用经纬仪投测法，由于俯角较大，为了减小误差，每个轴线点均应盘左、盘右各投测一次，然后取中数。

基础标高测设基坑完成后，应及时用水准仪根据地面上的±0.000 水平线将高程引测到坑底，并在基坑护坡的钢板或混凝土桩上做好标高为负的整米数的标高线。由于基坑较深，引测时可多设几站观测，也可用悬吊钢尺代替水准尺进行观测。

3. 高层建筑的轴线投测

随着结构的升高，要将首层轴线逐层往上投测作为施工的依据。此时建筑物主轴线的投测最为重要，因为它们是各层放线和结构垂直度控制的依据。随着高层建筑物设计高度的增加，施工中对竖向偏差的控制要求就越高，轴线竖向投测的精度和方法就必须与其适应，以保证工程质量。

对于不同结构的高层建筑施工的竖向精度有不同的要求，精度要求如表 10-2 所示。

表 10-2　高层建筑竖向施工及标高偏差限差　（单位：mm）

结构类型	竖向施工偏差限差		标高偏差限差	
	每层	全高	每层	全高
现浇混凝土	8	H/1000(最大 30)	±10	±30
装配式框架	5	H/1000(最大 20)	±5	±30
大模板施工	5	H/1000(最大 30)	±10	±30
滑模施工	5	H/1000(最大 50)	±10	±30

常见的轴线投测方法有经纬仪法、吊线坠法、垂准仪法。

（1）经纬仪法　如图 10-18 所示，当施工场地比较宽阔时，可使用经纬仪法进行竖向投测。安置经纬仪于轴线控制桩上，严格对中整平，盘左照准建筑物底部的轴线标志，往上转动望远镜，用其竖丝指挥在施工层楼面边缘上画一点，然后盘右再次照准建筑物底部的轴线标志，同法在该处楼面边缘上画出另一点，取两点的中间点作为轴线的端点。其他轴线端点的投测与此法相同。

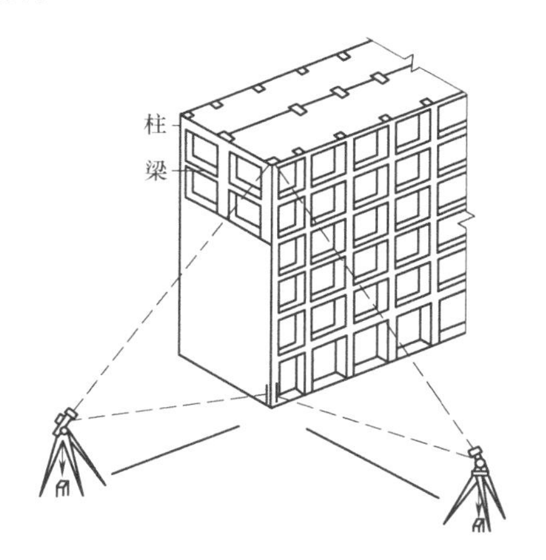

图 10-18　经纬仪轴线竖向投测

当楼层建得较高时，经纬仪投测时的仰角较大，操作不方便，误差也较大，此时应将轴线控制桩用经纬仪引测到远处稳固的地方，然后继续往上投测。如果周围场地有限，也可引测到附近建筑物的房顶上。

如图 10-19 所示，先在轴线控制桩 A_1 上安置经纬仪，照准建筑物底部的轴线标志，将轴线投测到楼面上 A_2 点处，然后在 A_2 上安置经纬仪，照准 A_1 点，将轴线投测到附近建筑物屋面上 A_3 点处，以后就可在 A_3 点安置经纬仪，投测更高楼层的轴线。所有主轴线投测上来后，应进行角度和距离的检验，合格后再以此为依据测设其他轴线。

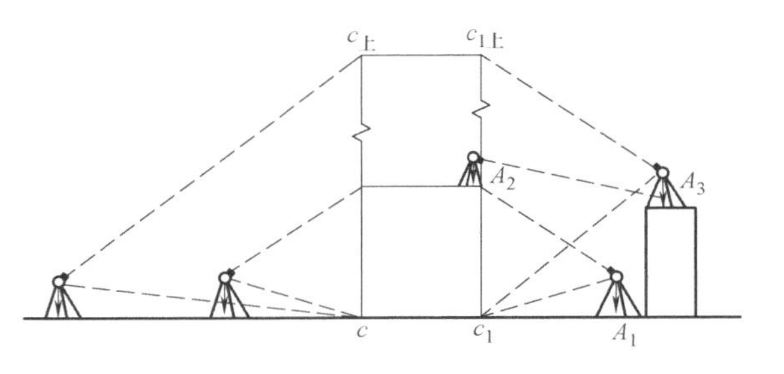

图 10-19 减小经纬仪投测角

（2）吊线坠法 当周围建筑物密集，施工场地窄小，无法在建筑物以外的轴线上安置经纬仪时，可采用此法进行竖向投测。该法与一般的吊锤线法的原理是一样的，只是线坠的质量更大，吊线的强度更高。此外，为了减少风力的影响，应将吊锤线的位置放在建筑物内部。

如图 10-20 所示，首先在一层地面上埋设轴线点的固定标志，轴线点之间应构成矩形或十字形等，作为整个高层建筑的轴线控制网。各标志上方的每层楼板都预留孔洞，供吊锤线通过。投测时，在施工层楼面上的预留孔上安置挂有吊线坠的十字架，慢慢移动十字架，当吊锤尖静止地对准地面固定标志时，十字架的中心就是应投测的点，同理测设其他轴线点。使用吊线坠法进行轴线投测，经济、简单又直观，精度也比较可靠，但投测时费时、费力，正逐渐被下面所述的垂准仪法所替代。

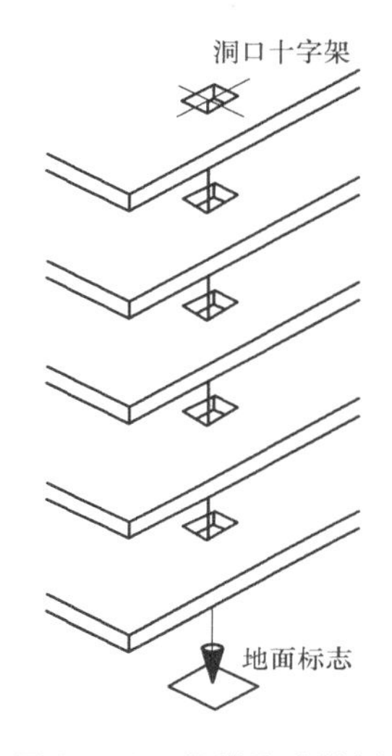

图 10-20 吊线坠法投测

（3）垂准仪法 垂准仪法就是利用能提供铅直向上或向下视线的专用测量仪器，进行竖向投测。常用的仪器有垂准经纬仪、激光经纬仪和激光垂准仪等。用垂准仪法进行高层建筑的轴线投测，具有占地小、精度高、速度快的优点，在高层建筑施工中得到广泛的应用。

垂准仪法需要事先在建筑底层设置轴线控制网，建立稳固的轴线标志，在标志上方每层楼板都预留 30cm×30cm 的垂准孔，供视线通过，如图 10-21 所示。

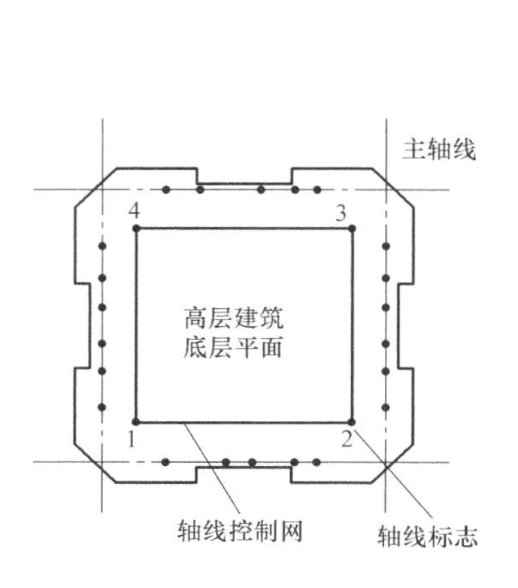

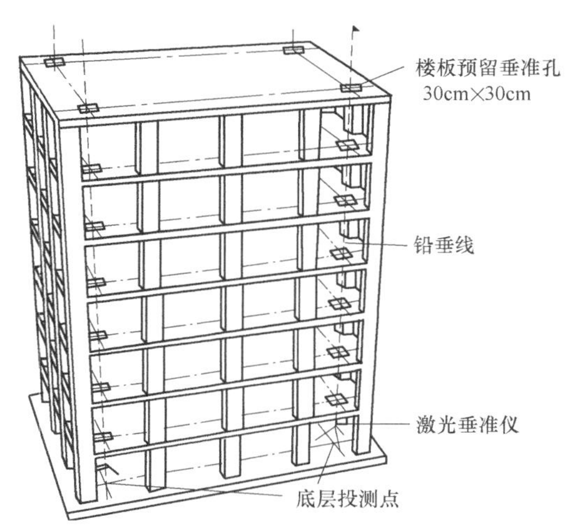

图 10-21 轴线控制桩与投测孔

1）垂准经纬仪。如图 10-22a 所示，垂准经纬仪仪器的特点是在望远镜的目镜位置上配有弯曲成 90°的目镜，使仪器铅直指向正上方时，测量员能方便地进行观测。此外该仪器的中轴是空心的，使仪器也能观测正下方的目标。

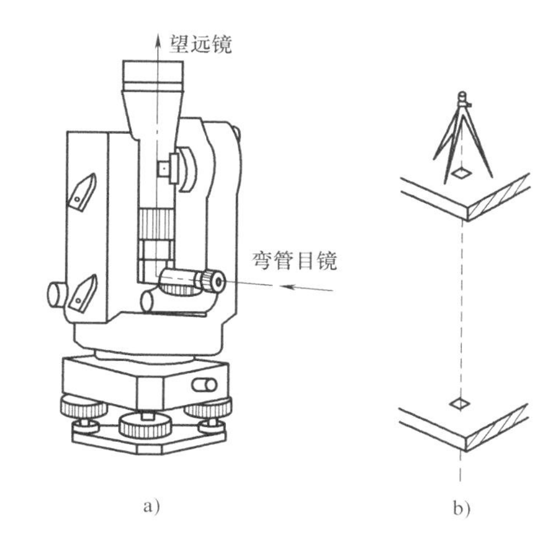

图 10-22　垂准经纬仪

使用时，将仪器安置在首层地面的轴线点标志上，严格对中整平，由弯管目镜观测，当仪器水平转动一周时，若视线一直指向一点上，说明视线方向处于铅直状态，可以向上投测。投测时，视线通过楼板上预留的孔洞，将轴线点投测到施工层楼板的透明板上定点，为了提高投测精度，应将仪器照准部水平旋转一周，在透明板上投测多个点，这些点应构成一个小圆，然后取小圆的中心作为轴线点的位置。同法用盘右再投测一次，取两次的中点作为最后结果。由于投测时仪器安置在施工层下面，因此在施测过程中要注意对仪器和人员的安全采取保护措施，防止被落物击伤。

如果把垂准经纬仪安置在浇筑后的施工层上，将望远镜调成铅直向下的状态，视线通过楼板上预留的孔洞，照准首层地面的轴线点标志，也可将下面的轴线点投测到施工层上来，如图 10-22b 所示。该法较安全，也能保证精度。

该仪器竖向投测方向观测中误差不大于±6″，即 100m 高处投测点位误差为±3mm，相当于约 1/30000 的铅垂度，能满足高层建筑对竖向的精度要求。

2）激光经纬仪。如图 10-23 所示，激光经纬仪是在望远镜筒上安装一个氦氖激光器，用一组导光系统把望远镜的光学系统联系起来，组成激光发射系统，再配上电源，便成为激光经纬仪。为了测量时观测目标方便，激光束进入发射系统前设有遮光转换开关。遮去发射的激光束，就可在目镜（或通过弯管目镜）处观测目标，而不必关闭电源。

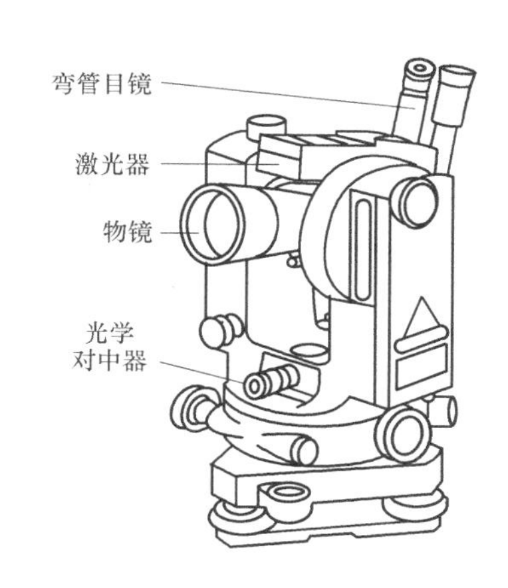

图 10-23　激光经纬仪

激光经纬仪用于高层建筑轴线竖向投测，其方法与配弯管目镜的经纬仪是一样的，只不过是用可见激光代替人眼观测。投测时，在施工层预留孔中央设置用透明聚酯膜片绘制的接收靶，在地面轴线点处对中整平仪器，指挥激光器，调节望远镜调焦螺旋，使投射在接收靶上的激光束光斑最小，再水平旋转仪器，检查接收靶上光斑中心是否始终在同一点，或划出一个很小的圆圈，以保证激光束铅直，然后移动接收靶使其中心与光斑中心或小圆圈中心重合，将接收靶固定，则靶心即为欲投测的轴线点。

3）激光垂准仪。如图 10-24 所示，激光垂准仪主要由氦氖激光器、竖轴、水准管、基座等部分组成。激光垂准仪是在光学垂准系统的基础上添加了半导体激光器，可以分别给出上下同轴的两条激光铅垂线，并与望远镜视准轴同心、同轴、同焦。

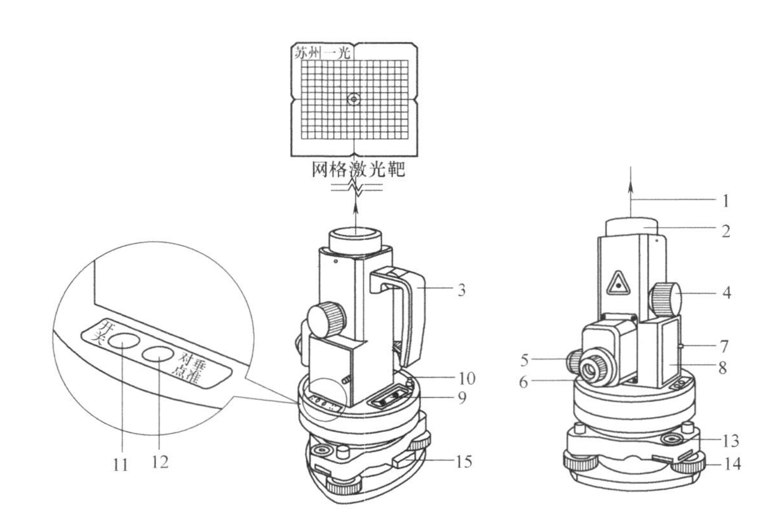

图 10-24 激光垂准仪

1—望远镜激束 2—物镜 3—手柄 4—物镜调焦螺旋 5—激光光斑调焦螺旋
6—目镜 7—电池盒固定螺钉 8—电池盒盖 9—管水准器 10—管水准器校正螺钉
11—电源开关 12—对点/垂准激光切换开关 13—圆水准器 14—脚螺旋 15—轴套锁定钮

4. 高层建筑的高程传递

高层建筑各施工层的标高是由底层±0.000标高线传递上来的。一般用钢尺沿结构外墙、边柱或楼梯间由底层±0.000标高线向上竖直量取设计高差，即可得到施工层的设计标高线。用这种方法传递高程时，应至少由三处底层标高线向上传递，以便于相互校核。由底层传递到上面同一施工层的几个标高点必须用水准仪进行校核，检查各标高点是否在同一水平面上，其误差应不超过±3mm。合格后以其平均标高为准，作为该层的地面标高。若建筑高度超过一尺段（30m或50m），可每隔一个尺段的高度精确测设新的起始标高线，作为继续向上传递高程的依据。

10.3 工业建筑施工测量

工业建筑中以厂房为主体，一般工业厂房多采用预制构件，在现场装配的方法施工。厂房的预制构件有柱子、吊车梁和屋架等。因此，工业建筑施工测量的主要工作是保证这些预制构件安装到位。具体任务为：厂房矩形控制网测设、厂房柱列轴线放样、杯形基础施工测量及厂房预制构件安装测量等。

10.3.1 厂房矩形控制网测设

工业厂房一般都应建立厂房矩形控制网，作为厂房施工测设的依据。通常根据建筑方格网，采用直角坐标法测设厂房矩形控制网的方法。

如图10-25所示，H、I、J、K四点是厂房的房角点，从设计图中已知H、J两点的坐标。S、P、Q、R为布置在基础开挖边线以外的厂房矩形控制网的四个角点，称为厂房控制桩。厂房矩形控制网的边线到厂房轴线的距离为4m，厂房控制桩S、P、Q、R的坐标，可按厂房角点的设计坐标，加减4m算得。

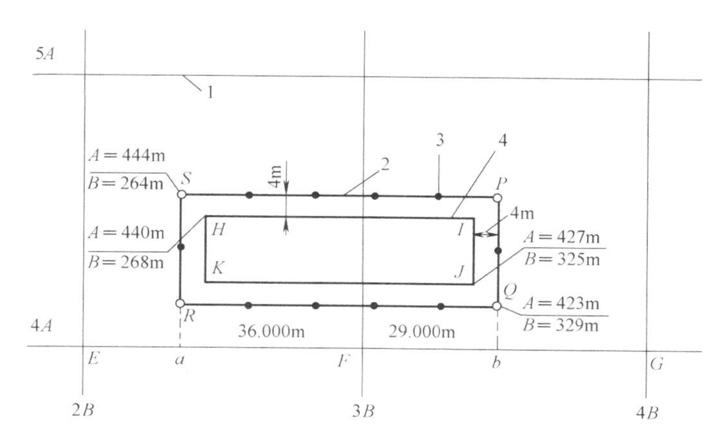

图 10-25　厂房矩形控制网的测设

1—建筑方格网　2—厂房矩形控制网　3—距离指标桩　4—厂房轴线

首先计算测设数据，根据厂房控制桩 S、P、Q、R 的坐标，计算利用直角坐标法进行测设时，所需测设数据，计算结果标注在图 10-25 中。然后进行厂房控制点的测设：从 F 点起沿 FE 方向量取 36m，定出 a 点；沿 FG 方向量取 29m，定出 b 点；在 a 与 b 上安置经纬仪，分别瞄准 E 与 F 点，顺时针方向测设 90°，得两条视线方向，沿视线方向量取 23m，定出 R、Q 点。再向前量取 21m，定出 S、P 点。

为了便于进行细部的测设，在测设厂房矩形控制网的同时，还应沿控制网测设距离指标桩。距离指标桩的间距一般等于柱子间距的整倍数。

最后还要对测设结果进行检查，测量 $\angle S$、$\angle P$ 是否等于 90°，其误差不得超过±10″；测量 SP 距离是否等于设计长度，其误差不得超过 1/10000。

10.3.2　厂房柱列轴线与柱基施工测量

1. 厂房柱列轴线测设

根据厂房平面图上所注的柱间距和跨距尺寸，用钢尺沿矩形控制网各边量出各柱列轴线控制桩的位置，如图 10-26 中的 1′、2′……，并打入大木桩，桩顶用小钉标出点位，作为柱基测设和施工安装的依据。丈量时应以相邻的两个距离指标桩为起点分别进行，以便检核。

2. 柱基定位和放线

首先安置两台经纬仪，在两条互相垂直的柱列轴线控制桩上，沿轴线方向交会出各柱基的位置（即柱列轴线的交点），此项工作称为柱基定位。然后在柱基的四周轴线上，打入四个定位小木桩 a、b、c、d，如图 10-26 所示，其桩位应在基础开挖边线以外，比基础深度大 1.5 倍的地方，作为修坑和立模的依据。最后，按照基础详图所注尺寸和基坑放坡宽度，用特制角尺，放出基坑开挖边界线，并撒出白灰线以便开挖，此项工作称为基础放线。

3. 柱基施工测量

（1）基坑开挖深度的控制　当基坑挖到一定深度时，应在基坑四壁，离基坑底设计标高 0.5m 处，测设水平桩，作为检查基坑底标高和控制垫层的依据。

（2）基础立模测量　基础立模测量有以下三项工作：

1）基础垫层打好后，根据基坑周边定位小木桩，用拉线吊锤球的方法，把柱基定位线投测到垫层上，弹出墨线，用红漆画出标记，作为柱基立模板和布置基础钢筋的依据。

2）立模时，将模板底线对准垫层上的定位线，并用锤球检查模板是否垂直。

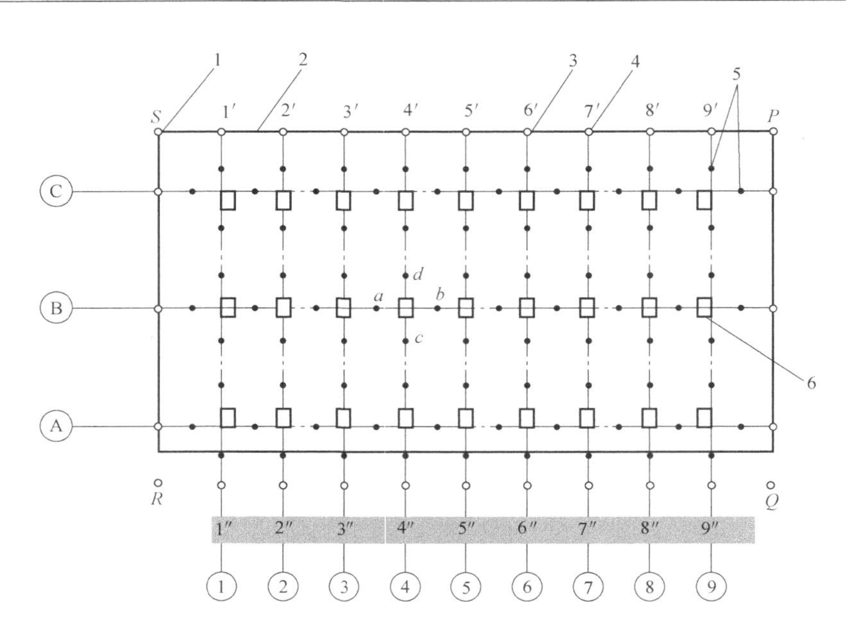

图 10-26 厂房柱列轴线和柱基测量

1—厂房控制桩 2—厂房矩形控制网 3—柱列轴线控制桩 4—距离指标柱 5—定位小木桩 6—柱基础

3）将柱基顶面设计标高测设在模板内壁，作为浇灌混凝土的高度依据。

10.3.3 厂房预制构件安装测量

1. 柱子安装测量

柱子安装之后中心线应对准相应的柱列轴线，牛腿顶面和柱顶面的实际标高应与设计标高一致，柱身垂直允许误差在允许范围之内。具体方法如下：

（1）柱子安装前的准备工作 柱子安装前的准备工作有以下几项：

1）在柱基顶面投测柱列轴线。柱基拆模后，用经纬仪根据柱列轴线控制桩，将柱列轴线投测到杯口顶面上，如图 10-27 所示，并弹出墨线，作为安装柱子时确定轴线的依据。如果柱列轴线不通过柱子的中心线，应在杯形基础顶面上加弹柱中心线。用水准仪，在杯口内壁，测设一条一般为-0.600m 的标高线，并画出“▼”标志，作为杯底找平的依据。

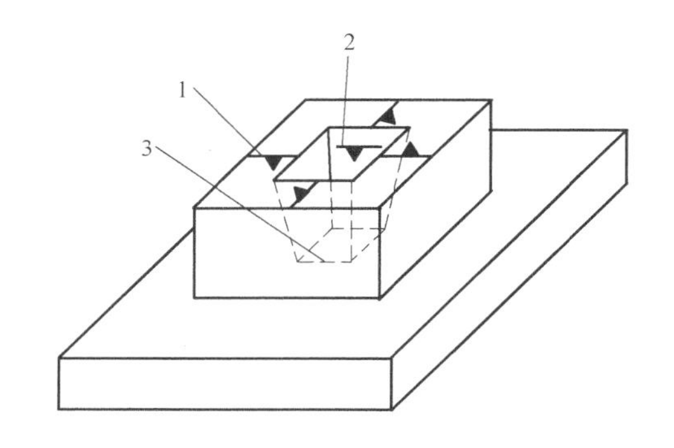

图 10-27 杯形基础

1—柱中心线 2—60cm 标高线 3—杯底

2）柱身弹线。柱子安装前，应将每根柱子按轴线位置进行编号。如图 10-28 所示，在每根柱子的三个侧面弹出柱中心线。根据牛腿面的设计标高，从牛腿面向下用钢尺量出-0.600m 的标高线，并画出“▼”标志。

3）杯底找平。先量出柱子的-0.600m 标高线至柱底面的长度，再在相应的柱基杯口内，量出-0.600m 标高线至杯底的高度，并进行比较，以确定杯底找平厚度，用水泥沙浆根据找平厚度，在杯底进行找平，使牛腿面符合设计高程。

（2）柱子的安装 柱子安装时柱身要保证铅直。

1）预制的钢筋混凝土柱子插入杯口后，应使柱子三面的中心线与杯口中心线对齐，如图 10-29a 所示，用木楔或钢楔临时固定。

2）柱子立稳后，立即用水准仪检测柱身上的±0.000 标高线，其容许误差为±3mm。

3）如图 10-29a 所示，用两台经纬仪，分别安置在柱基纵、横轴线上，离柱子的距离不小于柱高的 1.5 倍，先用望远镜瞄准柱底的中心线标志，固定照准部后，再缓慢抬高望远镜观察柱子偏离十字丝竖丝的方向，指挥用钢丝绳拉直柱子，直至从两台经纬仪中观测到的柱子中心线都与十字丝竖丝重合为止。

4）在杯口与柱子的缝隙中浇入混凝土，以固定柱子的位置。

5）在实际安装时，一般是一次把许多柱子都竖起来，然后进行垂直校正。这时，可把两台经纬仪分别安置在纵横轴线的一侧，一次可校正几根柱子，如图 10-29b 所示，但仪器偏离轴线的角度，应在 15°以内。

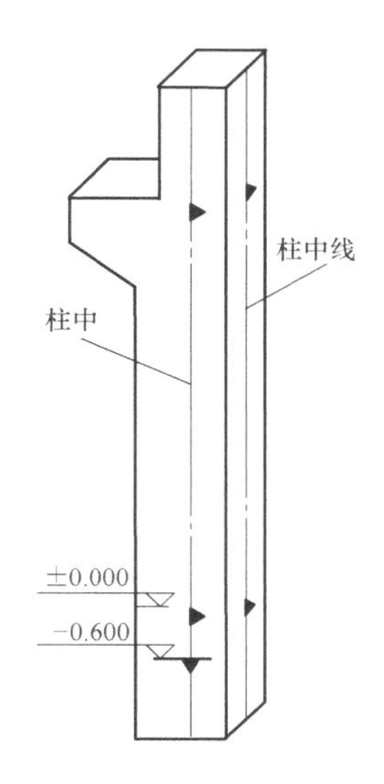

图 10-28　柱身弹线

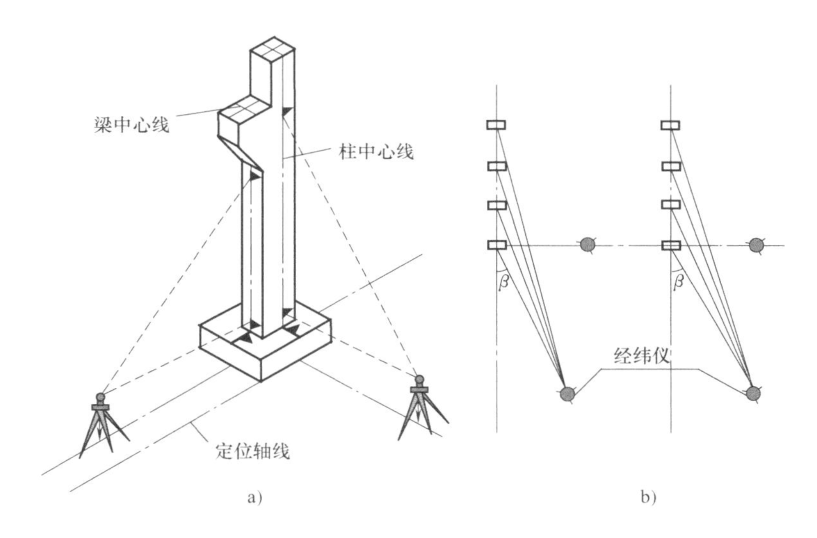

图 10-29　柱子垂直度校正

（3）柱子安装测量的注意事项　所使用的经纬仪必须严格校正，操作时，应使照准部水准管气泡严格居中。校正时，除注意柱子垂直外，还应随时检查柱子中心线是否对准杯口柱列轴线标志，以防柱子安装就位后，产生水平位移。在校正变截面的柱子时，经纬仪必须安置在柱列轴线上，以免产生差错。在日照下校正柱子的垂直度时，应考虑日照使柱顶向阴面弯曲的影响，为避免此种影响，宜在早晨或阴天校正。

2. 吊车梁安装测量

吊车梁安装测量主要是保证吊车梁中线位置和吊车梁的标高满足设计要求。

（1）吊车梁安装前的准备工作

1）根据柱子上的±0.000 标高线，用钢尺沿柱面向上量出吊车梁顶面设计标高线，作为调整吊车梁面标高的依据。

2）在吊车梁的顶面和两端面上，用墨线弹出梁的中心线，作为安装定位的依据，如图 10-30 所示。

3）根据厂房中心线，在牛腿面上投测出吊车梁的中心线，投测方法如下：

如图10-31a所示，利用厂房中心线 A_1A_1，根据设计轨道间距，在地面上测设出吊车梁中心线（也是吊车轨道中心线）$A'A'$ 和 $B'B'$。在吊车梁中心线的一个端点 A'（或 B'）上安置经纬仪，瞄准另一个端点 A'（或 B'），固定照准部，抬高望远镜，即可将吊车梁中心线投测到每根柱子的牛腿面上，并用墨线弹出梁的中心线。

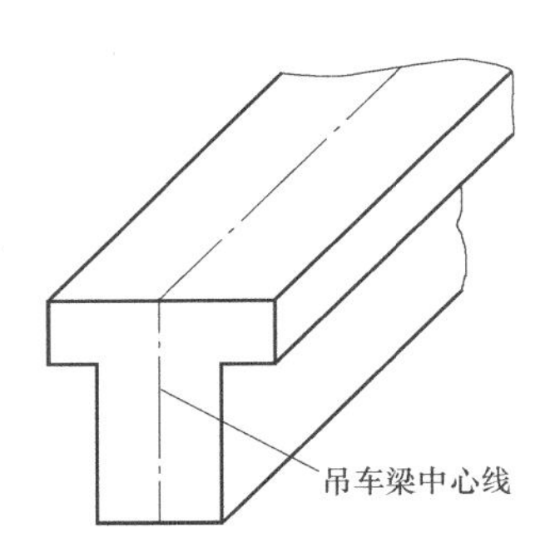

图10-30 在吊车梁上弹出梁的中心线

（2）吊车梁的安装 安装时，使吊车梁两端的梁中心线与牛腿面梁中心线重合，使吊车梁初步定位。采用平行线法，对吊车梁的中心线进行检测，方法如下：

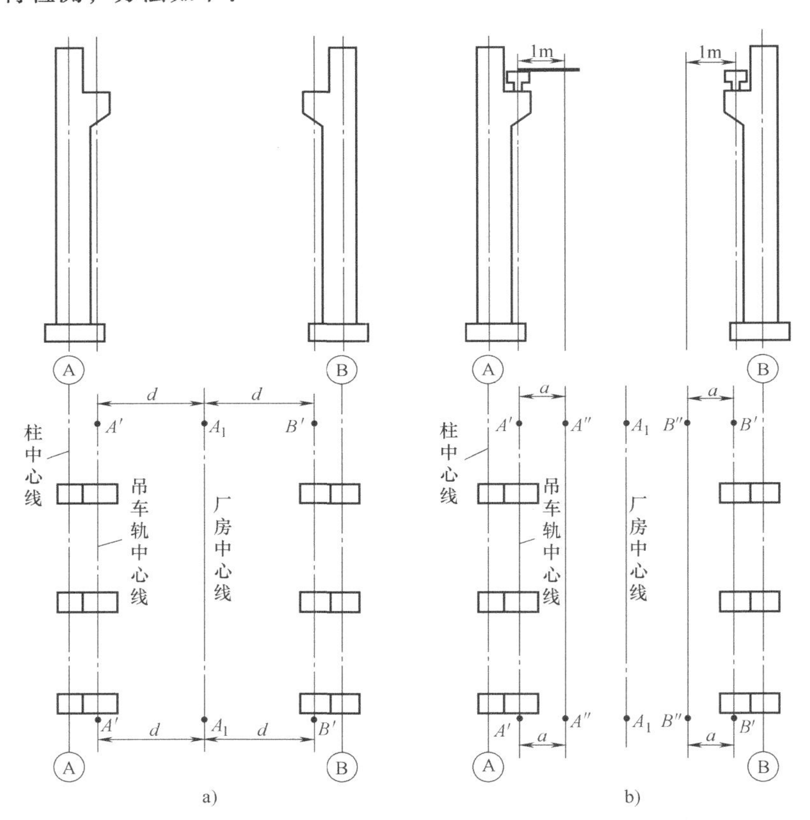

图10-31 吊车梁的安装测量

1）如图10-31b所示，在地面上，从吊车梁中心线，向厂房中心线方向量出长度 a(1m)，得到平行线 $A''A''$ 和 $B''B''$。

2）在平行线一端点 A''（或 B''）上安置经纬仪，瞄准另一端点 A''（或 B''），固定照准部，抬高望远镜进行测量。

3）此时，另外一人在梁上移动横放的木尺，当视线正对准尺上一米刻划线时，尺的零点应与梁面上的中心线重合。如不重合，可用撬杠移动吊车梁，使吊车梁中心线到 $A''A''$（或 $B''B''$）的间距等于1m为止。

吊车梁安装就位后，先按柱面上定出的吊车梁设计标高线对吊车梁面进行调整，然后将水准仪安置在吊车梁上，每隔 3m 测一点高程，并与设计高程比较，误差应在 3mm 以内。

3. 屋架安装测量

屋架吊装前，用经纬仪或其他方法在柱顶面上，测设出屋架定位轴线。在屋架两端弹出屋架中心线，以便进行定位。

屋架吊装就位时，应使屋架的中心线与柱顶面上的定位轴线对准，允许误差为 5mm。屋架的垂直度可用锤球或经纬仪进行检查。如图 10-32 所示，在屋架上安装三把卡尺，一把卡尺安装在屋架上弦中点附近，另外两把分别安装在屋架的两端。自屋架几何中心沿卡尺向外量出一定距离，一般为 500mm，做出标志。在地面上，距屋架中线同样距离处，安置经纬仪，观测三把卡尺的标志是否在同一竖直面内，如果屋架竖向偏差较大，则用机具校正，最后将屋架固定。

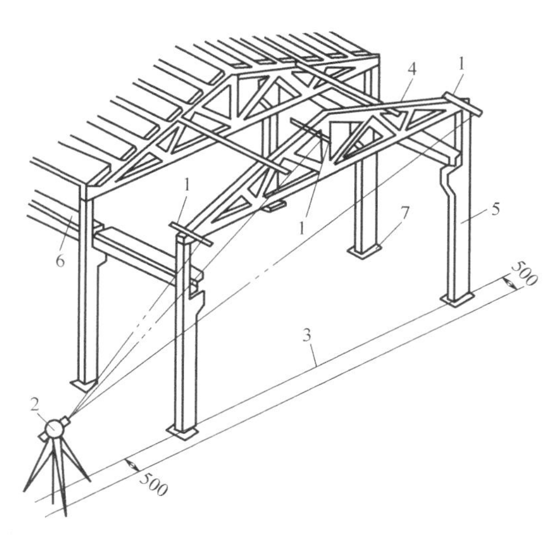

图 10-32　屋架的安装测量

1—卡尺　2—经纬仪　3—定位轴线　4—屋架　5—柱　6—吊车梁　7—柱基

10.4　烟囱施工测量

烟囱是截圆锥形的高耸构筑物，其特点是基础小、主体高。施工测量工作主要是严格控制其中心位置，保证烟囱主体竖直。

10.4.1　烟囱的定位、放线

1. 烟囱的定位

烟囱的定位主要是定出基础中心的位置。首先按设计要求，利用与施工场地已有控制点或建筑物的尺寸关系，在地面上测设出烟囱的中心位置 O（即中心桩）。然后，如图 10-33 所示，在 O 点安置经纬仪，任选一点 A 作后视点，并在视线方向上定出 a 点，倒转望远镜，通过盘左、盘右分中投点法定出 b 和 B；然后，顺时针测设 90°，定出 d 和 D，倒转望远镜，定出 c 和 C，得到两条互相垂直的定位轴线 AB 和 CD。

2. 烟囱的放线

如图 10-33 所示，以 O 点为圆心，以烟囱底部半径 r 加上基坑放坡宽度 s 为半径，在地面上用皮尺画圆，并撒出灰线，作为基础开挖的边线，此项工作称为烟囱的放线。

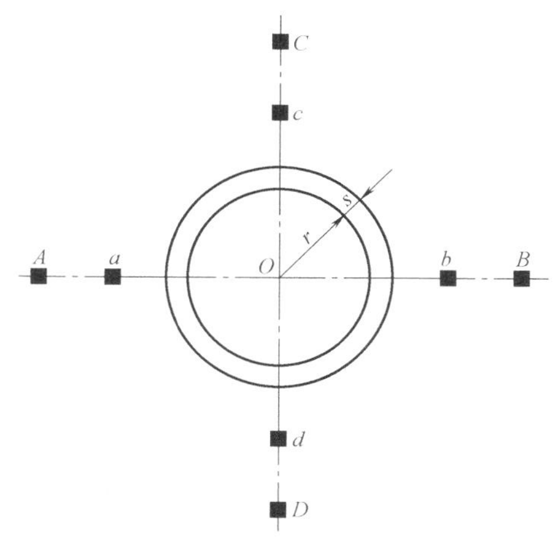

图 10-33　烟囱的定位、放线

10.4.2　烟囱的基础施工测量

当基坑开挖接近设计标高时，在基坑内壁测设水平桩，作为检查基坑底标高和打垫层的依据。坑底夯实后，从定位桩拉两根细线，用锤球把烟囱中心投测到坑底，钉上木桩，作为垫层的中心控制点。浇灌混凝土基础时，应在基础中心埋设钢筋作为标志，根据定位轴线，用经纬仪把烟囱中心投测到标志上，并刻上“+”字，作为施工过程中，控制筒身中心位置的依据。

10.4.3 烟囱筒身施工测量

1. 引测烟囱中心线

在烟囱施工中，应随时将中心点引测到施工的作业面上。

在烟囱施工中，一般每砌一步架或每升模板一次，就应引测一次中心线，以检核该施工作业面的中心与基础中心是否在同一铅垂线上。方法是：在施工作业面上固定一根枋子，在枋子中心处悬挂 8~12kg 的锤球，逐渐移动枋子，直到锤球对准基础中心为止。此时，枋子中心就是该作业面的中心位置。

另外，烟囱每砌筑完 10m，必须用经纬仪引测一次中心线。如图 10-33 所示，分别在控制桩 A、B、C、D 上安置经纬仪，瞄准相应的控制点 a、b、c、d，将轴线点投测到作业面上，并做出标记。然后，按标记拉两条细绳，其交点即为烟囱的中心位置，并与锤球引测的中心位置比较，以作校核。烟囱的中心偏差一般不应超过砌筑高度的 1/1 000。

对于高大的钢筋混凝土烟囱，烟囱模板每滑升一次，就应采用激光铅垂仪进行一次烟囱的铅直定位。在烟囱底部的中心标志上，安置激光铅垂仪，在作业面中央安置接收靶。在接收靶上，显示的激光光斑中心，即为烟囱的中心位置。

在检查中心线的同时，以引测的中心位置为圆心，以施工作业面上烟囱的设计半径为半径，用木尺画圆，如图 10-34 所示，以检查烟囱壁的位置。

2. 烟囱外筒壁收坡控制

烟囱筒壁的收坡，是用靠尺板来控制的。靠尺板的形状如图 10-35 所示，靠尺板两侧的斜边应严格按设计的筒壁斜度制作。使用时，把斜边贴靠在筒体外壁上，若锤球线恰好通过下端缺口，说明筒壁的收坡符合设计要求。

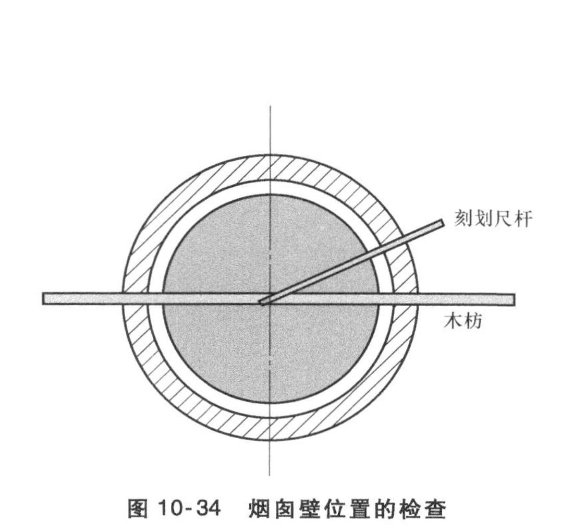

图 10-34 烟囱壁位置的检查

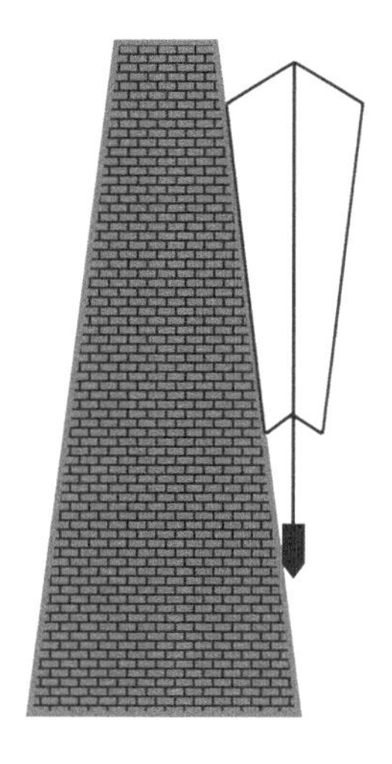
图 10-35 坡度靠尺板

3. 烟囱筒体标高的控制

一般是先用水准仪，在烟囱底部的外壁上，测设出+0.500m（或任一整分米数）的标高线。以此标高线为准，用钢尺直接向上量取高度。

10.5　建筑物变形观测

为保证建筑物在施工、使用和运行中的安全，以及为建筑物的设计、施工、管理及科学研究提供可靠的资料，在建筑物施工和运行期间，需要对建筑物的稳定性进行观测，这种观测称为建筑物的变形观测。

建筑物变形观测的主要内容有建筑物沉降观测、倾斜观测、裂缝观测和挠度观测等。

10.5.1　建筑物的沉降观测

建筑物沉降观测是用水准测量的方法，周期性地观测建筑物上的沉降观测点和水准基点之间的高差变化值。

1. 水准基点的布设

水准基点是沉降观测的基准，水准基点必须设置在沉降影响范围以外，冰冻地区水准基点应埋设在冰冻线以下 0.5m。为了保证水准基点高程的正确性，水准基点最少应布设三个，以便相互检核。

水准基点和观测点之间的距离应适中，相距太远会影响观测精度，一般应在 100m 范围内。

2. 沉降观测点的布设

进行沉降观测的建筑物，应埋设沉降观测点。一般沉降观测点是均匀布置的，它们之间的距离一般为 10~20m。沉降观测点应布设在能全面反映建筑物沉降情况的部位，如建筑物四角、沉降缝两侧、荷载有变化的部位、大型设备基础、柱子基础和地质条件变化处等。沉降观测点的设置形式如图 10-36 所示。

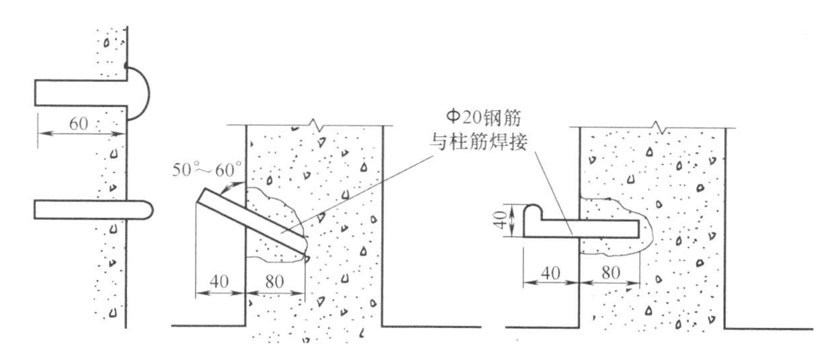

图 10-36　沉降观测点的设置形式

3. 沉降观测周期

观测的时间和次数，应根据工程的性质、施工进度、地基地质情况及基础荷载的变化情况而定。

当埋设的沉降观测点稳固后，在建筑物主体开工前，进行第一次观测。在建（构）筑物主体施工过程中，一般每盖 1~2 层观测一次。如中途停工时间较长，应在停工时和复工时进行观测。当发生大量沉降或严重裂缝时，应立即或几天一次连续观测。建筑物封顶或竣工后，一般每月观测一次，如果沉降速度减缓，可改为 2~3 个月观测一次，直至沉降稳定为止。

4. 沉降观测方法及精度

观测时先后视水准基点，接着依次前视各沉降观测点，最后再次后视该水准基点，两次后视读数之差不应超过±1mm。另外，沉降观测的水准路线应为闭合水准路线。

沉降观测的精度应根据建筑物的性质而定。

多层建筑物的沉降观测，可采用 DS_3 水准仪，用普通水准测量的方法进行，其水准路线的闭合差不应超过 $\pm 2\sqrt{n}$ mm（n 为测站数）。

高层建筑物的沉降观测，则应采用 DS_1 精密水准仪，用二等水准测量的方法进行，其水准路线的闭合差不应超过 $\pm\sqrt{n}$ mm（n 为测站数）。

5. 沉降观测的成果整理

（1）整理原始记录　每次观测结束后，应检查记录的数据和计算是否正确，精度是否合格，然后，调整高差闭合差，推算出各沉降观测点的高程，并填入表 10-3 中。

表 10-3　沉降观测成果表

点号	第一次 2015.3.5	第二次 2015.5.5			第三次 2015.7.5			……		
	初期高程 H_0/m	高程 H/m	降量 S/mm	累计沉降 $\sum S$/mm	高程 H/m	沉降 S/mm	累计沉降 $\sum S$/mm	……	……	……
1	17.595	17.590	5	5	17.588	2	7	……	……	……
2	17.555	17.549	6	6	17.546	3	9	……	……	……
3	17.571	17.565	6	6	17.563	2	8	……	……	……
4	17.604	17.601	3	3	17.600	1	4	……	……	……
……	……	……			……			……		
静荷载 P	3.0t/m^2	4.5t/m^2			8.1t/m^2			……		
平均沉降量		5.0mm			2.0mm			……		
平均沉降速度		0.078mm/d			0.037mm/d			……		

（2）计算沉降量

1）首先计算各沉降观测点的本次沉降量：

沉降观测点的本次沉降量=本次观测所得的高程-上次观测所得的高程

2）然后计算累积沉降量：

累积沉降量=本次沉降量+上次累积沉降量

将计算出的沉降观测点本次沉降量、累积沉降量和观测日期、荷载情况等记入表 10-3 中。

（3）绘制沉降曲线　图 10-37 所示为沉降曲线图。沉降曲线分为两部分，即时间与沉降量关系曲线和时间与荷载关系曲线。

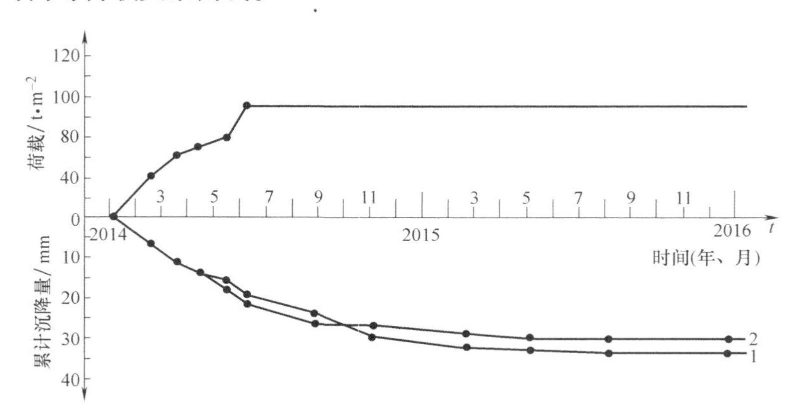

图 10-37　沉降曲线图

10.5.2 建筑物的倾斜观测

用测量仪器来测定建筑物的基础和主体结构倾斜变化的工作，称为倾斜观测。

1. 一般建筑物主体的倾斜观测

建筑物主体的倾斜观测，应测定建筑物顶部观测点相对于底部观测点的偏移值，再根据建筑物的高度，计算建筑物主体的倾斜度，即

$$i=\tan\alpha=\frac{\Delta D}{H}$$

式中 i——建筑物主体的倾斜度；

ΔD——建筑物顶部观测点相对于底部观测点的偏移值（m）；

H——建筑物的高度（m）；

α——倾斜角（°）。

如图 10-38 所示，将经纬仪安置在固定测站上，该测站到建筑物的距离，为建筑物高度的 1.5 倍以上。瞄准建筑物 X 墙面上部的观测点 M，用盘左、盘右分中投点法，定出下部的观测点 N。用同样的方法，在与 X 墙面垂直的 Y 墙面上定出上观测点 P 和下观测点 Q。M、N 和 P、Q 即为所设观测标志。

相隔一段时间后，在原固定测站上，安置经纬仪，分别瞄准上观测点 M 和 P，用盘左、盘右分中投点法，得到 N'和 Q'。如果，N 与 N'、Q 与 Q'不重合，如图 10-39 所示，说明建筑物发生了倾斜。

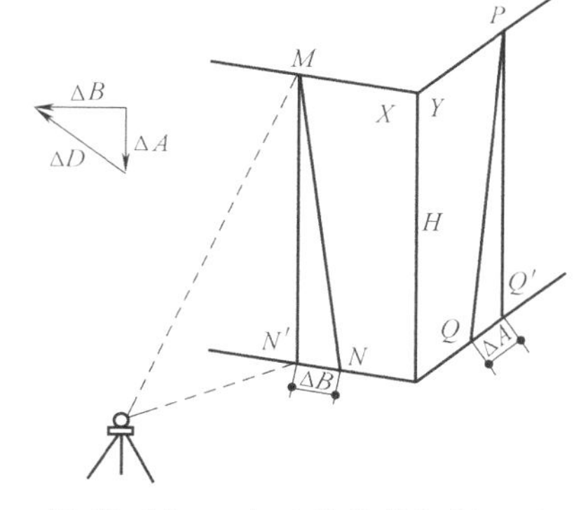

图 10-38 一般建筑物的倾斜观测

用尺子量出在 X、Y 墙面的偏移值 ΔA、ΔB，然后用矢量相加的方法，计算出该建筑物的总偏移值 ΔD，即

$$\Delta D=\sqrt{\Delta A^2+\Delta B^2}$$

根据总偏移值 ΔD 和建筑物的高度 H 即可计算出其倾斜度 i。

2. 圆形建筑物主体的倾斜观测

对圆形建筑物的倾斜观测，是在互相垂直的两个方向上，测定其顶部中心对底部中心的偏移值。具体做法是：在烟囱底部横放一根标尺，在标尺中垂线方向上，安置经纬仪，经纬仪到烟囱的距离为烟囱高度的 1.5 倍。用望远镜将烟囱顶部边缘两点 A、A'及底部边缘两点 B、B'分别投到标尺上，得读数为 y_1、y_1'及 y_2、y_2'，如图 10-39 所示。烟囱顶部中心 O 对底部中心 O'在 y 方向上的偏移值 Δy 为

$$\Delta y=\frac{y_1+y'_1}{2}-\frac{y_2+y'_2}{2}$$

用同样的方法，可测得在 x 方向上，顶部中心 O 的偏移值 Δx 为

$$\Delta x=\frac{x_1+x'_1}{2}-\frac{x_2+x'_2}{2}$$

用矢量相加的方法，计算出顶部中心 O 对底部中心 O'的总偏移值 ΔD，即：

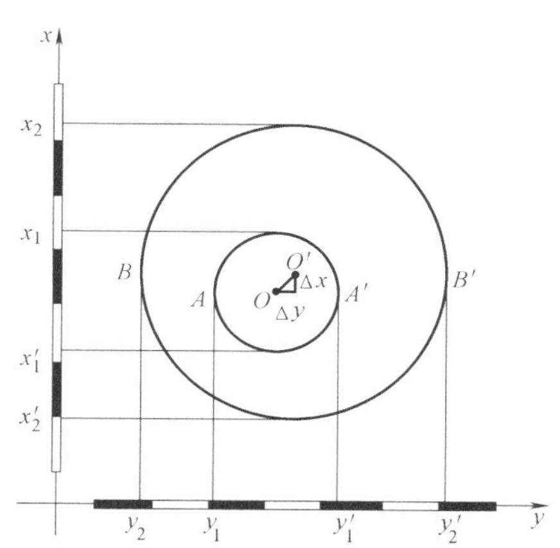

图 10-39 圆形建筑物的倾斜观测

$$\Delta D=\sqrt{\Delta x^2+\Delta y^2}$$

根据总偏移值 ΔD 和圆形建（构）筑物的高度 H 即可计算出其倾斜度 i。

10.5.3 建筑物的裂缝观测

当建筑物出现裂缝之后，应及时进行裂缝观测。为了观测裂缝的发展情况，需要在裂缝处设置观测标志，常用白铁皮作为裂缝观测的标志。

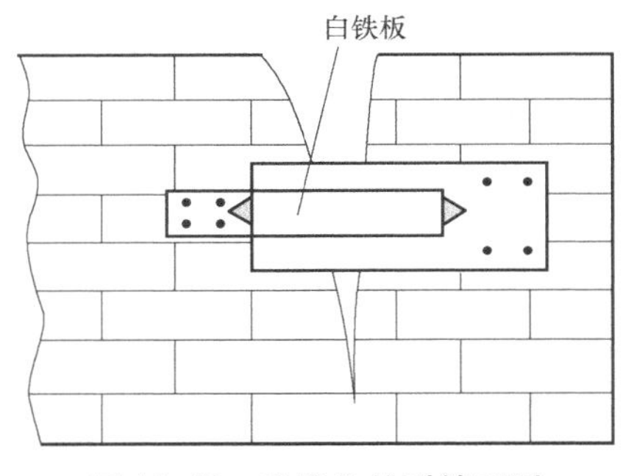

图 10-40 建筑物的裂缝观测

如图 10-40 所示，用两块白铁皮，一片取 150mm×150mm 的正方形，固定在裂缝的一侧。另一片为 50mm×200mm 的矩形，固定在裂缝的另一侧，使两块白铁皮的边缘相互平行，并使其中的一部分重叠。在两块白铁皮的表面，涂上红色油漆。如果裂缝继续发展，两块白铁皮将逐渐拉开，露出正方形上原被覆盖没有油漆的部分，其宽度即为裂缝加大的宽度，可用尺子量出。

10.5.4 建筑物挠度观测

所谓挠度，是指建筑物或其构件在水平方向或竖直方向上的弯曲值。例如桥的梁部在中间会产生向下弯曲，高耸建筑物会产生侧向弯曲。

如图 10-41 所示，是对梁进行挠度观测的例子。在梁的两端及中部设置三个变形观测点 A、B 及 C，定期对这三个点进行沉降观测，即可依下式计算各期相对于首期的挠度值

$$F_e=(S_B-S_A)-\frac{L_A}{L_A+L_B}(S_C-S_A)$$

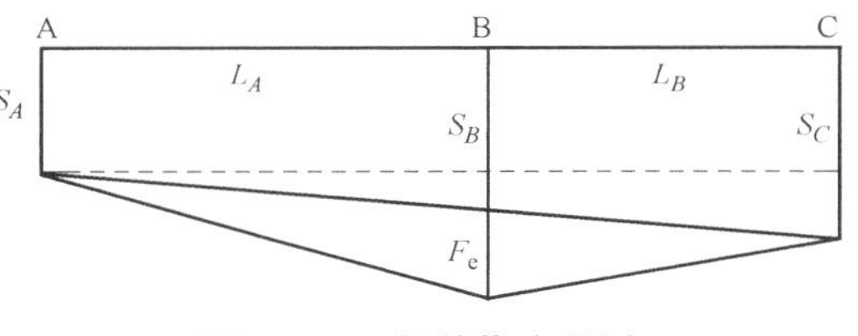

图 10-41 梁的挠度观测

式中 L_A、L_B——观测点间的距离；

S_A、S_B、S_C——观测点的沉降量。

对高耸建筑物竖直方向的挠度观测，是测定在不同高度上的几何中心或棱边等特殊点相对于底部几何中心或相应点的水平位移，将这些点在其扭曲方向的铅垂面上的投影绘成曲线，就是挠度曲线。

10.6 竣工测量

建筑物竣工验收时进行的测量工作，称为竣工测量。竣工测量的最终成果就是竣工总平面图。

10.6.1 竣工测量的内容

在每一个单项工程完成后，必须由施工单位进行竣工测量，提出工程的竣工测量成果，作为编绘竣工总平面图的依据。竣工测量内容包括以下各方面：

（1）工业厂房及一般建筑物 测定各房角坐标、几何尺寸，各种管线进出口的位置和高程，室内地坪及房角标高，并附注房屋结构层数、面积和竣工时间。

（2）地下管线 测定检修井、转折点、起终点的坐标，井盖、井底、沟槽和管顶等的高

程，附注管道及检修井的编号、名称、管径、管材、间距、坡度和流向。

（3）架空管线　测定转折点、结点、交叉点和支点的坐标，支架间距、基础面标高等。

（4）交通线路　测定线路起终点、转折点和交叉点的坐标，曲线元素，路面、人行道、绿化带界线等。

（5）特种构筑物　测定沉淀池、烟囱等的外形和四角坐标、圆形构筑物的中心坐标，基础面标高，构筑物的高度或深度等。

（6）室外场地　测定围墙各个界址点坐标，绿化带边界等。

10.6.2　竣工总平面图的编绘

建设工程项目竣工后，应编绘竣工总平面图。编制竣工总平面图的目的是为了将主要建筑物、道路和地下管线等位置的工程实际状况进行记录再现，为工程交付使用后的查询、管理、检修、改建或扩建等提供实际资料，为工程验收提供依据。

总平面图既要表示地面、地下和架空的建筑物平面位置，还要表示细部点坐标、高程和各种元素数据，因此，构成了相当密集的图面，比例尺的选择以能够在图面上清楚地表达出这些要素、用图者易于阅读、查找为原则，一般选用 1/1000 的比例尺，对于特别复杂的厂区可采用 1/500 的比例尺。

竣工总平面图上应包括建筑方格网点、水准点、厂房、辅助设施、生活福利设施、架空与地下管线、铁路建筑物或构筑物的坐标和高程，以及厂区内空地和未建区的地形。有关建筑物、构筑物的符号应与设计图例相同，有关地形的图例应使用地形图图式符号。

总平面图可以采用不同的颜色表示出图上的各种内容，例如，厂房、车间、铁路、仓库、住宅等以黑色表示，热力管线用红色表示，高、低压电缆线用黄色表示，绿色表示通讯线，而河流、池塘、水管用蓝色表示等。

在已绘制的竣工平面图上，要有工程负责人和编图者的签字，并附有下列资料：

1）测量控制点布置图、坐标及高程成果表。

2）每项工程施工期间测量外业资料，并装订成册。

3）对施工期间进行的测量工作和各个建筑物沉降和变形观测的说明书。

思考题与习题

1. 建筑基线有哪些常见的布设形式？基线点最少不得少于几个？

2. 龙门板的作用是什么？如何设置龙门板？

3. 民用建筑物和工业厂房的施工测设有什么不同？

4. 高层建筑施工测设的主要工作有哪些？

5. 如何引测烟囱轴线？

6. 如何进行建筑物的沉降观测？

7. 如何进行建筑物的倾斜观测？

8. 吊车梁安装前的准备工作有哪些？

9. 竣工测量的目的是什么？竣工总平面图与地形图有何区别？

10. 假设测设一字形的建筑基线 $A'B'C'$ 三点已测设于地面，经检查 $\angle A'B'C' = 179°59'36''$，已知 $A'B' = 1800\text{m}$，$B'C' = 135\text{m}$，试求各点移动量值，并绘图说明如何改正使三点成一直线。

11. 如图 10-42 所示，已知施工坐标系原点 O' 的测图坐标为：$x'_0 = 1000.000\text{m}$，$y'_0 = 1000.000\text{m}$，

两坐标纵轴之间的夹角 $\alpha=25°51'18''$，控制点 A 在测图坐标为 $x=2085.369\text{m}$，$y=2367.258\text{m}$，试计算 A 点的施工坐标 x'和 y'。

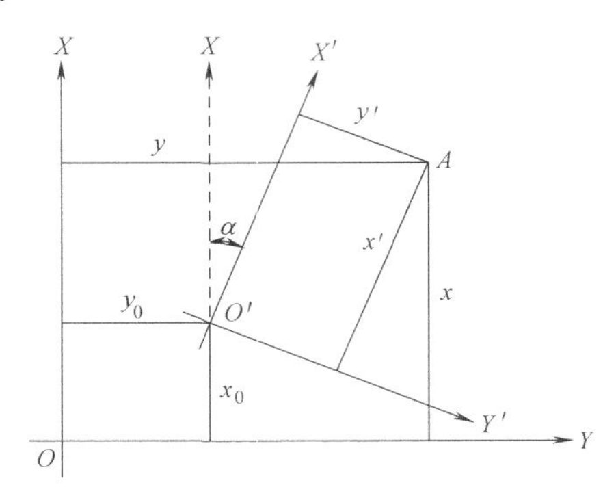

图 10-42 习题 11 图

第 11 章　线路工程测量

线路工程有的建设在地面（如公路、铁路、管道等），有的在地下（如隧道、地铁、地下管道等），有的在空中（如输电线、索道、输送管道等）。线路工程在勘测设计、施工建设、竣工各阶段及其运营过程中所进行的测量工作，称为线路工程测量。

11.1　中线测量

线路的中线是一条空间曲线，其中线在水平面的投影就是平面线型，如图 11-1 所示。在路线方向发生改变的转折处，为了满足行车要求，需要用适当的曲线把前、后直线连接起来，这种曲线称之为平曲线。平曲线包括圆曲线和缓和曲线。平面线形是由直线、圆曲线、缓和曲线三要素组成。圆曲线是具有一定曲率半径的圆弧。缓和曲线是在直线与圆曲线之间或两不同半径的圆曲线之间设置的曲率连续变化的曲线。

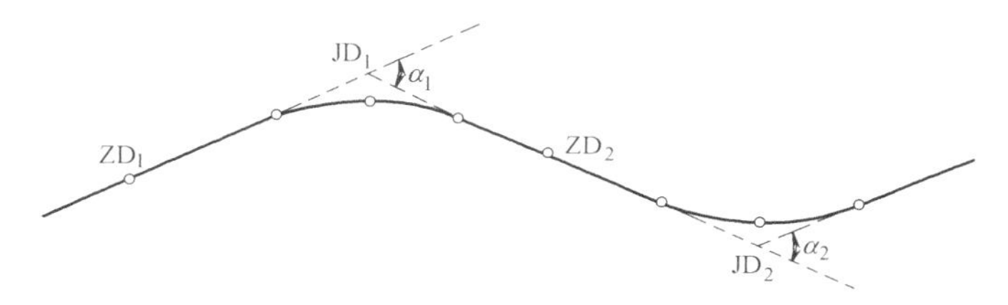

图 11-1　道路平面线型

中线测量就是通过直线和曲线的测设，将道路中心线具体测设到地面上去。中线测量包括：测设中线各交点和转点、量距和钉桩、测量路线各偏角、测设平曲线等。

11.1.1　交点和转点的测设

在路线测设时，应先选定出路线的转折点，这些转折点是路线改变方向时相邻两直线的延长线相交的点，也称为交点。路线的各交点（包括起点和终点）是详细测设中线的控制点。一般先在初测的带状地形图上进行纸上定线，然后再实地标定交点位置。

定线测量中，当相邻两交点互不通视或直线较长时，需要在其连线或延长线上定出一点或数点，以便在交点测量转折角和直线量距时作为照准和定线的目标，这类点称为转点。

1. 交点的测设

（1）根据与地物的关系测设交点　如图 11-2 所示，JD_1 的位置已在地形图上选定，可先在图上量出 JD_1 到两房角和电杆的距离，在现场根据相应的地物，用距离交会法测设出 JD_1。

（2）根据导线点和交点的设计坐标测设交点　事先算出有关测设数据，按极坐标法、角度交会法或距离交会法测定交点。如图 11-3 所示，根据导线点 D_4、D_5 和 JD_8 三点的坐标，计算出 α_{54}、α_{58}和 D_{58}，根据 $\beta=\alpha_{58}-\alpha_{54}$和 D_{58}值，按极坐标法测设 JD_8。

（3）穿线交点法测设交点　穿线交点法是利用图上就近的导线点或地物点与图纸上定线的直线段之间的角度和距离关系，用图解法求出测设数据，通过实地的导线点或地物点，把中线的直线段独立地测设到地面上，然后将相邻直线延长相交，定出地面交点桩的位置。其程序是放点、穿线、交点。

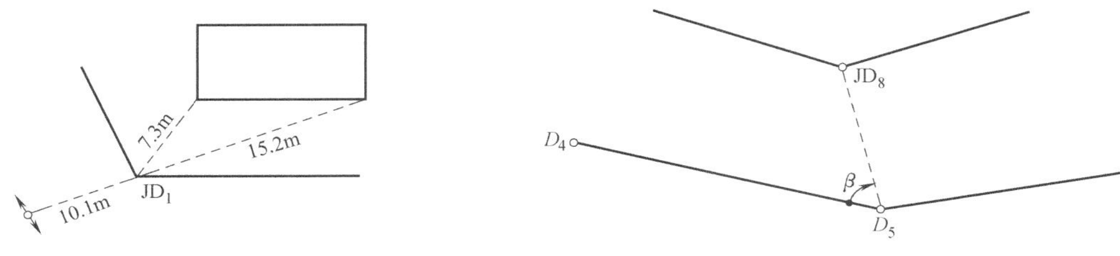

图 11-2　根据地物测设交点　　　　图 11-3　按坐标测设交点

2. 转点的测设

当两交点间距离较远但尚能通视或已有转点需加密时，可采用经纬仪直接定线或经纬仪正倒镜分中法测设转点。当相邻两交点互不通视时，可用下述方法测设转点。

（1）两交点间设转点　如图 11-4 所示，JD_4、JD_5 为相邻而互不通视的两个交点，ZD′为初定转点。将经纬仪置于 ZD′，用正倒镜分中法延长直线 JD_4-ZD′至 JD'_5。设 JD'_5与 JD_5 的偏差为 f，用视距法测定 a、b，则 ZD′应横向移动的距离 e 可按下式计算：

$$e=\frac{a}{a+b}f \tag{11-1}$$

将 ZD′按 e 值移至 ZD。

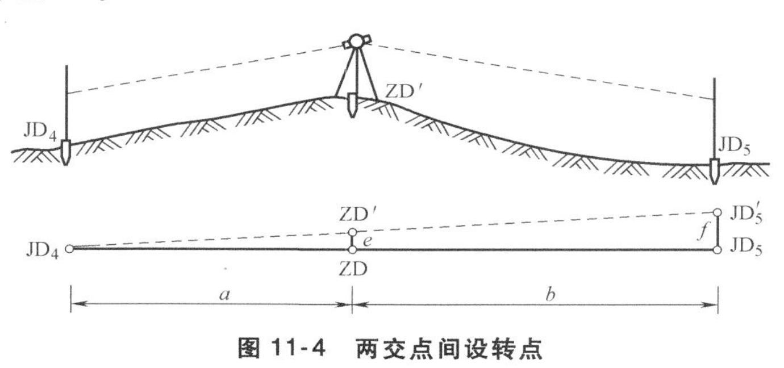

图 11-4　两交点间设转点

（2）延长线上设转点　如图 11-5 所示，JD_7、JD_8 互不通视，可在其延长线上初定转点 ZD′。将经纬仪置于 ZD′，用正倒镜照准 JD_7，并以相同竖盘位置俯视 JD_8，在 JD_8 点附近得两点后取其中点得 JD'_8。若 JD'_8 与 JD_8 重合或偏差值 f 在容许范围之内，即可将 ZD′作为转点。否则应重设转点，量出 f 值，用视距法测出 a、b，则 ZD′应横向移动的距离 e 可按下式计算：

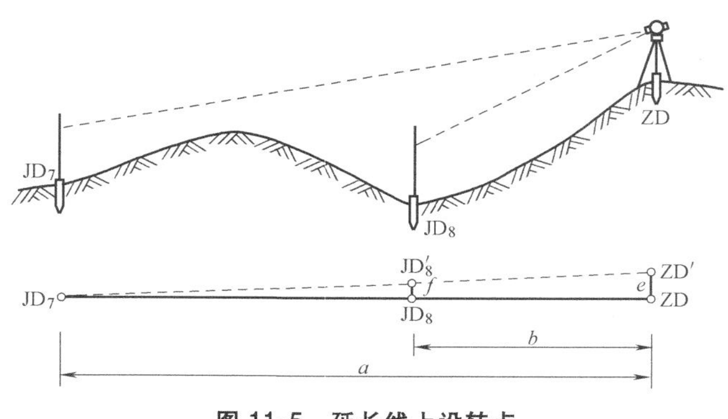

图 11-5　延长线上设转点

$$e = \frac{a}{a-b}f \tag{11-2}$$

将 ZD′按 e 值移至 ZD。

11.1.2　路线转折角的测定

转折角又称偏角，是路线由一个方向偏转至另一方向时，偏转后的方向与原方向间的夹角，常用 α 表示，如图 11-6 所示。偏角有左右之分，偏转后方向位于原方向左侧的，称左偏角 $\alpha_{左}$，位于原方向右侧的称右偏角 $\alpha_{右}$。在路线测量中，通常是观测路线的右角 β，按下式计算：

$$\begin{aligned} \alpha_{右} &= 180° - \beta \\ \alpha_{左} &= \beta - 180° \end{aligned} \tag{11-3}$$

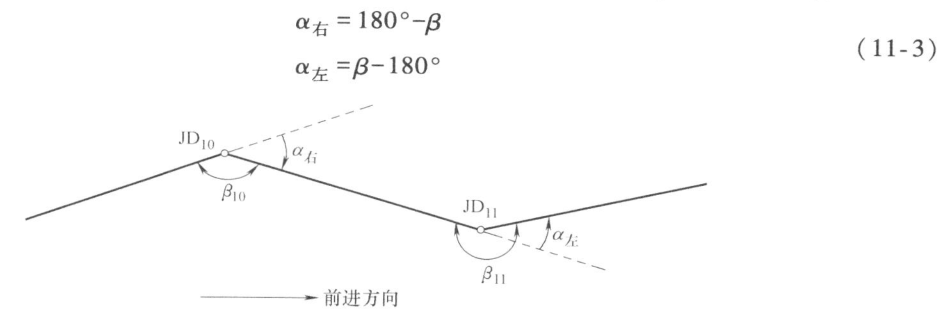

图 11-6　路线转折角与偏角

右角的观测通常用 J_6 型光学经纬仪以测回法观测一测回，两半测回角度之差一般不超过 ±40″。根据曲线测设的需要，在右角测定后，要求在不变动水平度盘位置的情况下，定出 β 角的分角线方向，如图 11-7 所示，以便将来测设曲线中点。

11.1.3　里程桩的设置

在路线交点、转点及转角测定之后，即可进行实地量距、设置里程桩、标定中线位置。里程桩的设置，是在中线丈量的基础上进行的。里程桩分为整桩和加桩两种，如图 11-8 所示，每个桩的桩号表示该桩距路线起点的里程。如某加桩距路线起点的距离为 10856.68m，其桩号为 K10+856.68。

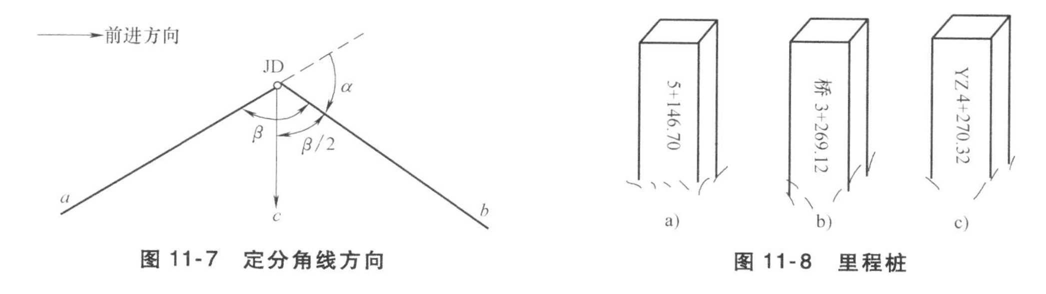

图 11-7　定分角线方向

图 11-8　里程桩

整桩是由路线起点开始，每隔 20m 或 50m 设置一桩。加桩分为地形加桩、地物加桩、曲线加桩和关系加桩，如图 11-8b、c 所示。地形加桩是指沿中线地面起伏变化、横向坡度变化处，以及天然河沟处所设置的里程桩；地物加桩是指沿中线有人工构筑物的地方，如桥梁、涵洞处，路线与其他公路、铁路、渠道、高压线等交叉处，拆迁建筑物处，以及土壤地质变化处加设的里程桩；曲线加桩是指曲线上设置的主点桩，如圆曲线起点（ZY）、圆曲线中点（QZ）、圆曲线终点（YZ），分别以汉语拼音缩写为代号；关系加桩，是指路线上的转点（ZD）桩和交点（JD）桩。

11.1.4 圆曲线的测设

路线由一个方向转到另一个方向时，需用曲线加以连接。圆曲线又称单圆曲线，是最常用的一种平面曲线。可根据所测路线偏角 α、曲线半径 R，来计算圆曲线上测设数据。

圆曲线测设分两步进行：先测设曲线主点，即曲线的起点、中点和终点，再在主点间进行加密，按规定桩距测设曲线各副点。

1. 圆曲线主点测设

（1）主点测设要素计算　如图 11-9 所示，设交点 JD 的偏角为 α，曲线半径为 R，则曲线主点的测设元素的计算公式如下：

$$T=R\cdot\tan\frac{\alpha}{2} \tag{11-4}$$

$$L=R\cdot\alpha\cdot\pi/180° \tag{11-5}$$

$$E=R\left(\sec\frac{\alpha}{2}-1\right) \tag{11-6}$$

$$D=2T-L \tag{11-7}$$

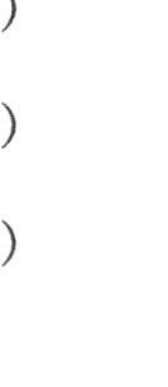

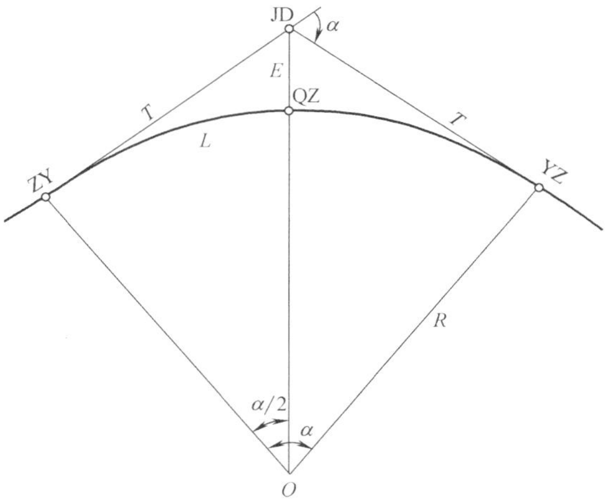

图 11-9　圆曲线元素

式中　T——切线长；

L——曲线长；

E——外矢距；

D——切曲差（超距）。

T、E 用于设置主点，T、L、D 用于计算里程。

例：已知 JD 的桩号为 2+684.28，偏角 $\alpha=34°36'$（右偏），设计圆曲线半径 $R=100\text{m}$，求各测设元素。

解答如下：

$T=100\text{m}\times\tan17°18'=31.147\text{m}$

$L=100\text{m}\times34°36'\times\pi\div180°=60.389\text{m}$

$E=100\text{m}\times(\sec17°18'-1)=4.739\text{m}$

$D=62.294\text{m}-60.389\text{m}=1.905\text{m}$

（2）主点桩号计算　主点桩号是根据交点桩号推算出来，由图 11-9 可知：

$$\text{ZY 桩号}=\text{JD 桩号}-T$$

$$\text{QZ 桩号}=\text{ZY 桩号}+L/2$$

$$\text{YZ 桩号}=\text{QZ 桩号}+L$$

为避免计算错误，应进行检核计算：

$$\text{JD 桩号}=\text{YZ 桩号}-T+D$$

以上例测设要素为例：

JD		K2+684.280	
−	T		31.147
ZY		K2+653.133	
+	L/2		30.194
QZ		K2+683.327	

+	$L/2$		30.195
YZ		$K2+713.522$	
−	T		31.147
+	D		1.905
JD		$K2+684.280$	（计算无误）

（3）主点的测设

1）测设曲线起点。置经纬仪于 JD，照准后一方向线的交点或转点，沿此方向测设切线长 T，得曲线起点桩 ZY，插一测钎。丈量 ZY 至最近一个直线桩的距离，如两桩号之差在相应的容许范围内，可用方桩在测钎处打下 ZY 桩。

2）测设曲线终点。将望远镜照准前一方向线相邻的交点或转点，沿此方向测设切线长 T，得曲线终点，打下 YZ 桩。

3）测设曲线中点。沿分角线方向量取外矢距 E，打下曲线中点桩 QZ。

2. 圆曲线的详细测设

（1）偏角法　偏角法是一种类似于极坐标法的测设曲线上点位的方法。它的原理是以曲线起点或终点至曲线上任一点 P_i 的弦线与切线 T 之间的弦切角 Δ_i（偏角）和弦长 c 来确定 P_i 点的位置，如图 11-10 所示。

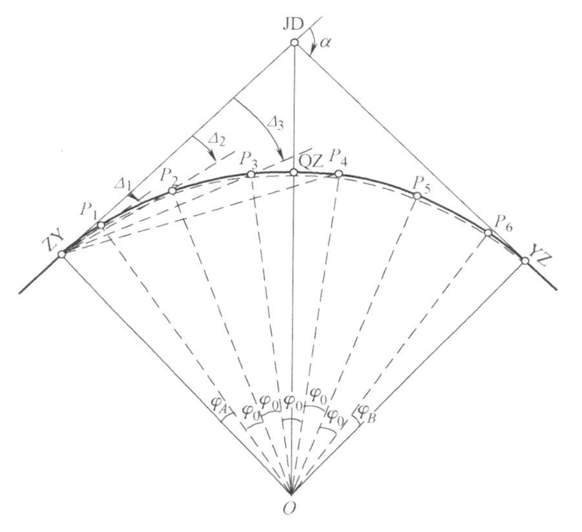

图 11-10　偏角法测设圆曲线

1）计算公式。根据几何原理，偏角 Δ 应等于相应弧长 l 或弦长 c 所对的圆心角 φ 的一半，Δ、l、c 和曲线半径的关系为：

$$\Delta=\frac{l}{2R}\rho'' \tag{11-8}$$

$$c=2R\sin\Delta \tag{11-9}$$

圆心角 φ 所对圆弧 l 与弦长 c 之差称弧弦差为：

$$\delta=l-c=l-2R\sin\left(\frac{c}{2R}\rho\right)=\frac{l^3}{24R^2} \tag{11-10}$$

偏角 Δ 与曲线上起点至某桩的弧长成正比，可得：

P_1 点　$\Delta_1=\varphi_A/2=\Delta_A$

P_2 点　$\Delta_2=(\varphi_A+\varphi_0)/2=\Delta_A+\Delta_0$

P_3 点　$\Delta_3=(\varphi_A+2\varphi_0)/2=\Delta_A+2\Delta_0$

……

YZ 点　$\Delta_{YZ}=(\varphi_A+n\varphi_0+\varphi_b)/2=\Delta_A+n\Delta_0+\Delta_B$

$\Delta_{YZ}=\alpha/2$

式中，φ_A、φ_B、φ_0 和 Δ_A、Δ_B、Δ_0 分别为曲线首、尾段分弧长 l_A、l_B 及整弧长 l_0 所对的圆心角和偏角；n 为整弧段个数。

偏角法测设曲线，一般采用整桩号法，按规定的弧长 l_0（20m、10m 或 5m）设桩。由于曲线起、终点多为非整桩号，除首、尾段的弧长 l_A、l_B 小于 l_0 外，其余桩距均为 l_0。

由于用偏角法测设曲线上各桩，所量距离为弦长而非弧长，因此必须顾及弧弦差 δ（表 11-1），一般以差值小于 1cm 为好。

表 11-1 曲线弧弦差 δ （单位：m）

弧长	曲线半径 /R		
	50	100	200
20	0.133	0.033	0.008
10	0.017	0.004	0.001
5	0.002	0.001	0.000

按上例的曲线元素（$R=200\text{m}$）及桩号，取整桩距 $l_0=20\text{m}$，算得 $\Delta_A=1°16'45''$，$\Delta_0=2°51'53''$，$\Delta_B=1°41'50''$，曲线测设数据列于表 11-2。

表 11-2 圆曲线法测设数据

曲线里程桩号	弧长 /m	偏角值
ZY 3+511.07		0°00′00″
	8.93	
P_1 3+520		1°16′45″
	20.00	
P_2 3+540		4°08′38″
	20.00	
P_3 3+560		7°00′31″
	11.64	
QZ 3+571.46		8°39′00″
	8.54	
P_4 3+580		9°52′24″
	20.00	
P_5 3+600		12°44′17″
	20.00	
P_6 3+620		15°36′10″
	11.85	
YZ 3+631.85		17°18′00″

2）测设步骤：

① 经纬仪置于 ZY 点，盘左时照准 JD，使水平度盘读数为 0°00′00″。

② 转动照准部，正拨（顺时针方向转动）使水平度盘读数为 $\Delta_1=1°16'45''$，沿此方向从 ZY 点量弧长 l_1 的弧长 $c_1=8.93\text{m}$，定曲线上第一个整桩 P_1。

③ 转动照准部，正拨度盘读数为 $\Delta=4°08'38''$，从 P_1 点量整弧 l_0 的弦长 c_0 与视线方向相交，得 P_2 点。依次类推，测设出各整桩点。

④ 检核。观测者将水平度盘读数放在 8°39′00″（$\alpha/4$）时，应能看到 QZ 桩。当测设至 YZ 点时，可用 $\alpha/2$ 及 l_n 所对弦长 c_n 进行检核，其闭合差一般不得超过如下规定：半径方向（横向），±0.1m；切线方向（纵向），$\pm L/1000$（L 为曲线长）。

（2）切线支距法 切线支距法是以曲线起点（ZY）或终点（YZ）为原点，切线为 x 轴，过原点的半径方向为 y 轴，根据坐标（x，y）来测设曲线上各桩点 P_i，如图 11-11 所示。测设时分别从曲线的起点和终点向中点各测设曲线的一半。一般采用

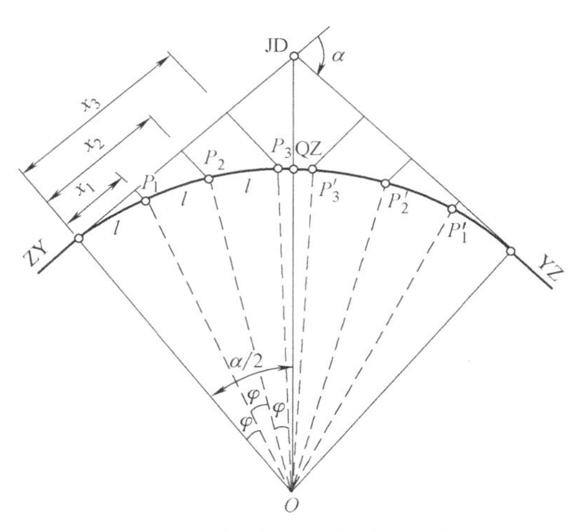

图 11-11 切线支距法测设圆曲线

整桩距法设桩，即按规定的弧长 l_0（20m、10m、5m），桩距为整数，桩号多为零数设桩。

设 l_i 为待测点至原点间的弧长，φ_i 为 l_i 所对的圆心角，R 为半径。待定点 P_i 的坐标按下式计算：

$$x_i = R \cdot \sin\varphi_i$$
$$y_i = R(1-\cos\varphi_i) \tag{11-11}$$

式中 $\varphi_i = \dfrac{l_i}{R} \cdot \dfrac{180°}{\pi}$，$i=1，2，3\cdots\cdots$。

施测步骤如下：

1）从 ZY（或 YZ）点开始用钢尺沿切线方向量取 P_i 点的横坐标 x_i，得垂足 N_i，用测钎作标记。

2）在各垂足点 N_i 上用方向架作垂线，量出纵坐标 y_i，定出曲线点 P_i。

用此法测得的 QZ 点位应与预先测定的 QZ 点相符，作为检核。

（3）弦线偏距法（延长弦线法）　这是一种以距离交会法测定曲线桩点的方法。如图 11-12 所示，测设时把两点所连的弦延长一倍，以偏距 d 和弦长相交会确定曲线桩点位置。

测设步骤如下：

1）由 ZY 点沿切线量弦长 c 定 P_1'，从 ZY 点量弦长 c 与由 P_1'量的偏距 d_1 交会得 P_1，其中 d_1 按下式计算：

$$d_1 = c \cdot \sin(\varphi/2) \tag{11-12}$$

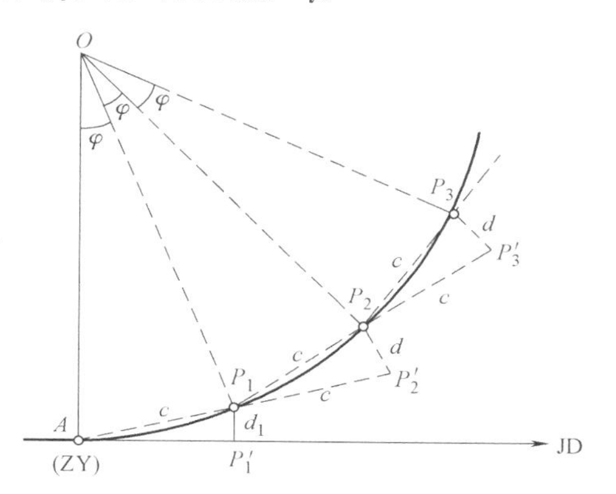

图 11-12　弦线偏距法测设圆曲线

P_1 点也可用切线支距法定出。

2）将 AP_1 延长一倍至 P_2'，使 $AP_1=P_1P_2'=c$，然后由点 P_1 量 c 值与由 P_2'量的偏距 d 交会得 P_2 点，其中：

$$d = 2c \cdot \sin(\varphi/2) = c^2/R \tag{11-13}$$

同法，测定其余各点。

为减少测点误差的累积，实测中分别从 ZY 点或 YZ 点向 QZ 点测设，并进行闭合差检核。

弦线偏距法量测工具简单，测算方便，更适用于横向受限制的地段测设曲线。

11.1.5　缓和曲线的测设

车辆从直线驶入圆曲线后，会产生离心力，影响车辆行驶的安全。为了减小离心力的影响，曲线上的路面要做成外侧高、内侧低呈单向横坡的形式，即弯道超高。为了符合车辆行驶的轨迹，使超高由零逐渐增加到一定值，在直线与圆曲线间插入一段半径由∞（无穷大）逐渐变化到 R 的曲线，这种曲线称为缓和曲线。

1. 缓和曲线的特性和公式

（1）缓和曲线的特性　如图 11-13 所示，A 为缓和曲线的起点，其曲率 $K=0$；C 为终点，其曲率等于圆曲线的曲率，$K_C=1/R$；l_0 为全长。设 P 为曲线上任一点，相应的弧长为 l，曲率半径为 ρ。由于曲率变化是连续而均匀的，且随弧长增大而增加，则 P 点的曲率应为：

$$K_P = \frac{1}{R} \cdot \frac{l}{l_0}$$

$$\rho = \frac{1}{K_P} = \frac{Rl_0}{l} \quad 或 \quad \rho l = Rl_0 = c \tag{11-14}$$

由此可知，缓和曲线的特性是曲线上任一点的曲率半径与其至起点的弧长成反比。上式中 c 为常数，表示缓和曲线的半径变化率，它与车速有关，目前我国采用：公路 $c=0.035V^3$；铁路 $c=0.09808V^3$ 式中，V 为车速，以 km/h 计。

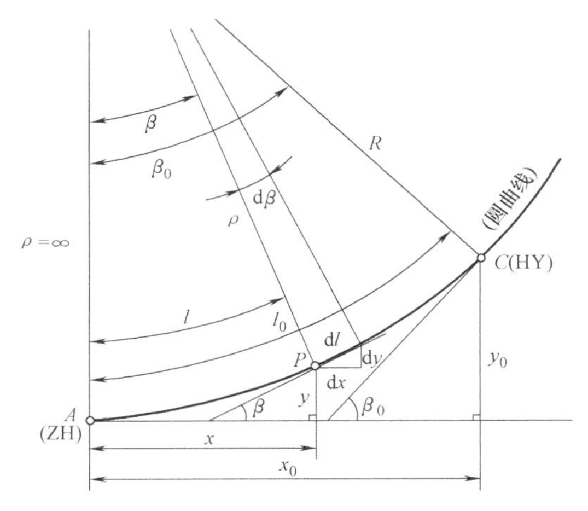

图 11-13 缓和曲线的特性与公式

公路缓和曲线的全长：

$$l_0 = 0.035V^3/R \tag{11-15}$$

（2）螺旋角公式 如图 11-13 所示，设曲线上任一点 P 处的切线与起点切线的交角为 β，称为螺旋角（切线角），其值与曲线长 l 所对的中心角相等。在 P 处取一微分弧段 $\mathrm{d}l$，所对的中心角为 $\mathrm{d}\beta$，则：

$$\mathrm{d}\beta = \mathrm{d}l/\rho = l \cdot \mathrm{d}l/c$$

积分得

$$\beta = \frac{l^2}{2c} = \frac{l^2}{2Rl_0}\text{（弧度）} \tag{11-16}$$

当 $l=l_0$ 时：

$$\beta_0 = \frac{l_0}{2R}\text{（弧度）} \tag{11-17}$$

（3）参数方程式 如图 11-13 所示，设 ZH 点为坐标原点，过 ZH 点的切线为 x 轴，ZH 点的半径为 y 轴，任意一点 P 的坐标为（x，y），则微分弧段 $\mathrm{d}l$ 在坐标轴上的投影为：

$$\mathrm{d}x = \mathrm{d}l \cdot \cos\beta, \qquad \mathrm{d}y = \mathrm{d}l \cdot \sin\beta$$

将 $\cos\beta$、$\sin\beta$ 按级数展开：

$$\cos\beta = 1 - \frac{\beta^2}{2!} + \frac{\beta^4}{4!} - \frac{\beta^6}{6!} + \cdots$$

$$\sin\beta = \beta - \frac{\beta^3}{3!} + \frac{\beta^5}{5!} - \frac{\beta^7}{7!} + \cdots$$

将式（11-16）代入上述展开式，则 $\mathrm{d}x$、$\mathrm{d}y$ 可写成：

$$\mathrm{d}x = \left[1 - \frac{1}{2}\left(\frac{l^2}{2Rl_0}\right)^2 + \frac{1}{24}\left(\frac{l^2}{2Rl_0}\right)^4 + \frac{1}{720}\left(\frac{l^2}{2Rl_0}\right)^6 + \cdots\right]\mathrm{d}l$$

$$\mathrm{d}y = \left[\frac{l^2}{2Rl_0} - \frac{1}{6}\left(\frac{l^2}{2Rl_0}\right)^3 + \frac{1}{120}\left(\frac{l^2}{2Rl_0}\right)^5 - \frac{1}{5040}\left(\frac{l^2}{2Rl_0}\right)^7 + \cdots\right]\mathrm{d}l$$

积分，略去高次项得：

$$x = l - \frac{l^5}{40R^2{l_0}^2}, \quad y = \frac{l^3}{6Rl_0} \tag{11-18}$$

当 $l=l_0$ 时，则缓和曲线终点（HY）的坐标为：

$$x_0 = l_0 - \frac{{l_0}^3}{40R^2}, \quad y_0 = \frac{{l_0}^2}{6R} \tag{11-19}$$

2. 带有缓和曲线的圆曲线主点测设

（1）内移值 p 与切线增值 q 的计算 如图 11-14 所示，在直线和圆曲线间插入缓和曲线段时，必须将原有的圆曲线向内移动距离 p，才能使缓和曲线起点与直线衔接，这时切线增长 q 值。公路勘测，一般采用圆心不动的平行移动方法，即未设置缓和曲线时的圆曲线为弧 FG、其半径为 $(R+p)$；插入两段缓和曲线弧 AC、BD 时，圆曲线向内移，其保留部分为弧 CMD，长为 L'，半径为 R，所对中心角为 $(\alpha-2\beta_0)$。测设时必须满足的条件为：$2\beta_0\leqslant\alpha$，否则，应缩短缓和曲线长度或加大曲线半径，直至满足条件。由图 11-14 可知：

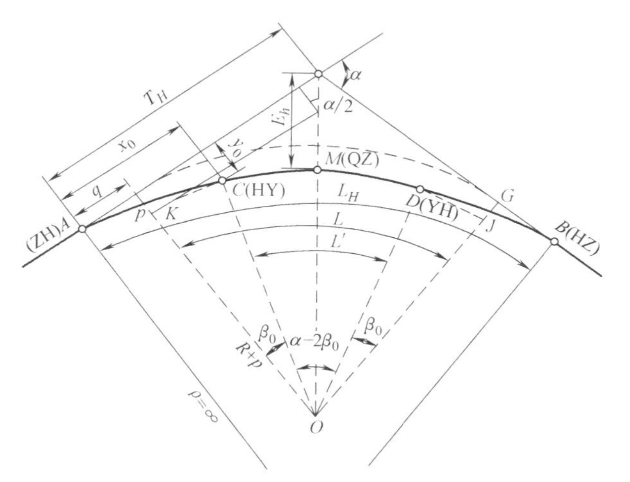

图 11-14　缓和曲线图

$$p+R=y_0+R\cos\beta_0,\quad p=y_0-R(1-\cos\beta_0)$$

将 $\cos2\beta_0$ 展开为级数，略去高次项，并将 β_0 和 y_0 代入，则：

$$p=\frac{l_0^2}{6R}-\frac{l_0^2}{8R}=\frac{l_0^2}{24R}=\frac{1}{4}y_0 \tag{11-20}$$

$q=AF=BG$，且有以下关系式：$q=x_0-R\sin\beta_0$

将 $\sin\beta_0$ 展开成级数，略去高次项，再将 β_0、x_0 代入，则：

$$q=l_0-\frac{l_0^3}{40R^2}-\frac{l_0}{2}+\frac{l_0^3}{48R^2}=\frac{l_0}{2}-\frac{l_0^3}{240R^2}\approx\frac{l_0}{2} \tag{11-21}$$

（2）测设元素的计算　在圆曲线上设置缓和曲线后，将圆曲线和缓和曲线作为一个整体考虑，如图 11-14 所示，具体测设元素如下。

切线长：

$$\begin{aligned}T_H&=(R+p)\tan\alpha/2+q\\T_H&=R\tan\alpha/2+(p\tan\alpha/2+q)=T+t\end{aligned} \tag{11-22}$$

而曲线长：

$$\begin{aligned}L_H&=R(\alpha-2\beta_0)\frac{\pi}{180^\circ}+2l_0\\L_H&=R\alpha\frac{\pi}{180^\circ}+l_0=L+l_0\end{aligned} \tag{11-23}$$

外矢距：

$$\begin{aligned}E_H&=(R+p)\sec\alpha/2-R\\E_H&=(R\sec\alpha/2-R)+p\sec\alpha/2=E+e\end{aligned} \tag{11-24}$$

切曲差（超距）：

$$\begin{aligned}D_H&=2T_H-L_H\\D_H&=2(T+t)-(L+l_0)=(2T-L)+2t-l_0=D+d\end{aligned} \tag{11-25}$$

当 α、R 和 l_0 确定后，即可按上述有关公式求出 p 和 q，再按上列诸式求出曲线元素值。也可从曲线表中查出圆曲线元素 T、L、E、D，再加上表中查出的缓和曲线尾加数 t、l_0、e 和 d，即可得到缓和曲线诸元素。

（3）主点测设　根据交点已知里程和曲线的元素值，即可按下列程序先计算出各主点里程：

直缓点： $ZH=JD-T_H$

缓圆点： $HZ=ZH+l_0$

曲中点： $QZ=HY+L'/2$

圆缓点： $YH=QZ+L'/2$

缓直点： $HZ=YH+l_0$

检核： $JD=HZ-T_H+D_H$

主点 ZH、HZ、QZ 的测设方法同圆曲线主点的测设。HY 及 YH 点通常根据缓和曲线终点坐标值 x_0、y_0 用切线支距法设置。

3. 带有缓和曲线的曲线详细测设

(1) 切线支距法　切线支距法是以缓和曲线起点（ZH）或终点（HZ）为坐标原点，以过原点的切线为 x 轴，过原点的半径为 y 轴，利用缓和曲线和圆曲线段上各点的坐标 x 来设置曲线，如图 11-15 所示。

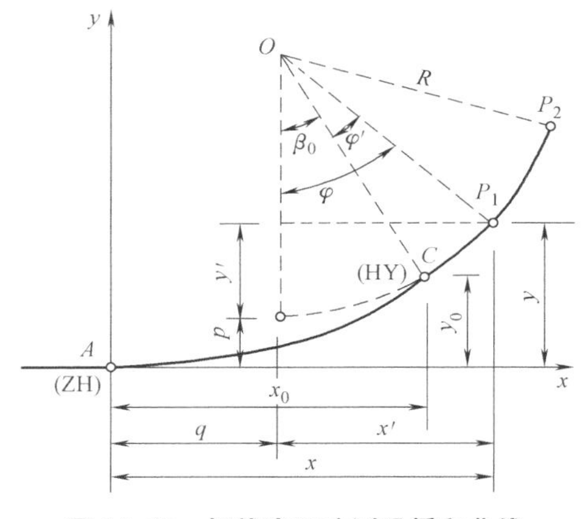

图 11-15　切线支距法测设缓和曲线

在缓和曲线段上各点坐标可按式（11-18）求得，即：

$$x=l-\frac{l^5}{40R^2{l_0}^2},\quad y=\frac{l^3}{6Rl_0}$$

圆曲线部分各点坐标的计算，因坐标原点是缓和曲线起点，可先按圆曲线公式计算出坐标值 x'、y' 再分别加上 q、p 值，即可得到圆曲线上任一点 p 的坐标：

$$\left.\begin{aligned}x&=x'+q=R\cdot\sin\varphi+q\\y&=y'+p=R(1-\cos\varphi)+p\end{aligned}\right\}\tag{11-26}$$

在道路勘测中，缓和曲线和圆曲线段上各点的坐标值，均可在曲线测设用表中查取。其测设方法与圆曲线切线支距法相同。

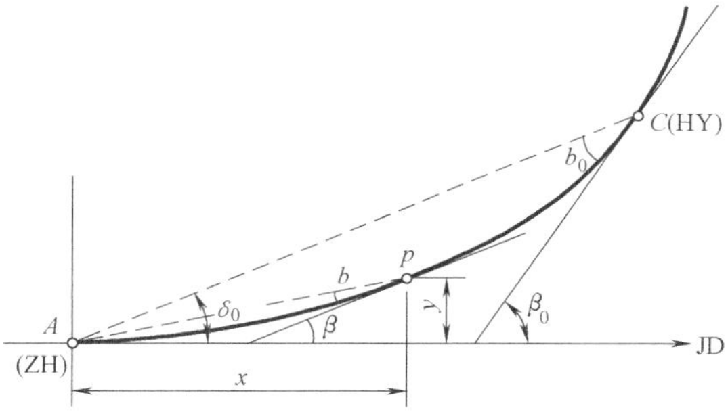

(2) 偏角法　如图 11-16 所示，设缓和曲线上任一点 p，至起点的弧长为 l，偏角为 δ，以弧代弦，则：

$$\sin\delta=y/l$$

图 11-16　偏角法测设缓和曲线

因为 δ 很小，可以令 $\delta\approx\sin\delta$，则上式可整理为：

$$\delta=y/l$$

按式（11-18）将 y 代入上式，得：

$$\delta=l^2/6Rl_0\tag{11-27}$$

以 l_0 代 l，总偏角为：

$$\delta_0=l_0/6R\tag{11-28}$$

并且：

$$\delta=\beta/3\tag{11-29}$$

$$\delta_0=\beta_0/3\tag{11-30}$$

由图 11-16 所示可知：

$$b=\beta-\delta=2\delta\tag{11-31}$$

$$b_0=\beta_0-\delta_0=2\delta_0 \tag{11-32}$$

将式（11-27）除以式（11-28）得：

$$\delta=\frac{l^2}{{l_0}^2}\cdot\delta_0 \tag{11-33}$$

式中，当 R、l_0 确定后，δ_0 为定值。由此得出结论：缓和曲线上任一点的偏角，与该点至曲线起点的曲线长之平方成正比。

当用整桩距法测设时，即 $l_2=2l_1$，$l_3=3l_1$，……，根据式（11-33）可得相应各点的偏角：

$$\delta_1=\left(\frac{l_1}{l_0}\right)^2\delta_0$$

$$\delta_2=4\delta_1$$

$$\delta_3=9\delta_1$$

$$\cdots\cdots$$

$$\delta_n=n^2\delta_1 \tag{11-34}$$

根据给定的已知条件，可通过公式计算或从曲线表中查取相应于不同 l 的偏角值 δ，从而得到测设数据。

测设方法如图 11-16 所示，置经纬仪于 ZH（或 HZ）点，后视交点 JD 或转点 ZD，得切线方向，以切线方向为零方向，先拨出偏角 δ_1，与分段弦长 l 相交定点 1；再依次拨出 δ_2、δ_3 等偏角值，同时从已测定的点上，量出分段弦长与相应的视线相交定出 2、3 等各点。直到视线通过 HY（或 YH）点，检验合格为止。

测设圆曲线部分时，如图 11-16 所示，将经纬仪置于 HY 点，先定出 HY 点的切线方向：后视 ZH 点，配置水平度盘读数为 b_0（当路线为右转时，改用 $360°-b_0$），则当水平度盘读数为 0°00′00″时的视线方向即是 HY 的切线方向，倒转望远镜即可按圆曲线偏角法测设圆曲线上诸点。

11.2　线路纵横断面测量

11.2.1　路线纵断面测量

路线纵断面测量又称路线水准测量，它的主要任务是沿路中线设立水准点；测定路中线上各里程桩和加桩的地面高程；然后根据各里程桩的高程绘制纵断面图。

1. 基平测量

基平测量时，要先将起始水准点与国家水准点进行连测，以获得绝对高程值。在沿线其他水准点的测量过程中，凡能与附近国家水准点进行连测的均应连测，以进行水准路线的校核。如果路线附近没有国家水准点，则可将气压计或国家小比例地形图上的高程作为参考，假定起始水准点高程。

水准点高程的测量，可以采用水准测量和测距仪三角高程测量，水准测量可用单仪器往返测法或双仪器同向测法，记录格式用高差法，其高差不符值的限差为：

平原与微丘区　$f_{h容}=\pm30\sqrt{L}\,(\text{mm})$

山岭与重丘区　$f_{h容}=\pm12\sqrt{n}\,(\text{mm})$

式中，L 为单程水准路线长度，以 km 计；n 为测站数。

2. 中平测量

水准点测设后，根据水准点高程，用附合水准测量的方法，测定路中线各里程桩的地面高程，这称为中平测量，即中桩高程测量，其观测方法如图 11-17 所示。从水准点开始，首先置水准仪于Ⅰ站，在 BM1 立尺，读取后视读数，然后在测站视线范围上立尺并读数，称为中视读数。当水准仪视线不能继续读尺时（如读不到 K0+200 桩上的尺），在转点 TP1 立尺取前视读数，将仪器搬至下一站Ⅱ，以 TP1 为后视，继续观测下去。

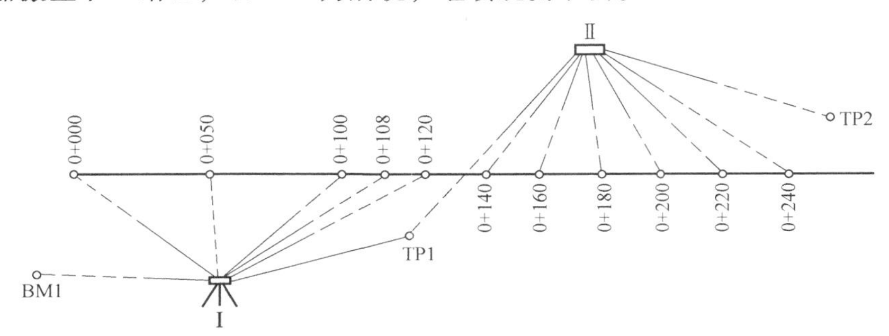

图 11-17 中平测量

转点 TP 起传递高程的作用，应保证读数正确，要求读至毫米，并选在较稳固之处，在软土处选转点时，应按尺垫并踏紧，有时也可选中桩作为转点。由于中间点不传递高程，且本身精度要求仅分米，为了提高观测速度，读数取至厘米即可。由于每站皆有中视读数，路线水准测量的记录格式采用视线高程法，数据记录如表 11-3 所示。

表 11-3 中平水准测量记录表

测站	测点	水准尺读数			视线高程/m	高程/m
		后视	中视	前视		
Ⅰ	BM1	2.368			121.733	119.365
	0+000		1.04			120.69
	50		0.96			120.77
	100		0.93			120.80
	108		1.33			120.40
	120		1.41			120.32
	TP1			1.105		120.628
Ⅱ	TP1	2.715			123.343	120.628
	140		1.52			121.82
	160		1.49			121.85
	180		1.40			121.94
	200		1.37			121.97
	220		1.56			121.78
	240		1.78			121.56
	TP2			1.266		122.077

纵断面水准测量的高差闭合差容许值 $f_{h容}$ 为：

$$f_{h容}=\pm 50\sqrt{L}\,(\mathrm{mm})$$

高差闭合差 f_h 满足要求时不进行闭合差的调整，用原计算的各中桩高程作为绘制纵断面图的依据。下一段的中平测量的起始高程以原基平测量的结果为准。

中桩及转点的高程按下式计算：

视线高程=后视点高程+后视读数

中桩高程=视线高程-中视读数

转点高程=视线高程-前视读数

3. 纵断面图的绘制

路线纵断面图是表示线路中线方向地面高低起伏形状和纵坡变化的剖视图，它是根据中平测量成果绘制而成。在铁路、公路、运河、渠道的设计中，纵断面图是重要的资料。

图 11-18 为公路纵断面图。为了明显表示地势变化，图的高程（竖直）比例尺通常比里程（水平）比例尺大 10 倍，如水平比例尺为 1∶2000，则竖直比例尺应为 1∶200。纵断面图包括两部分，上半部绘制断面线，进行有关注记；下半部填写资料数据表，数据表中包括以下内容：

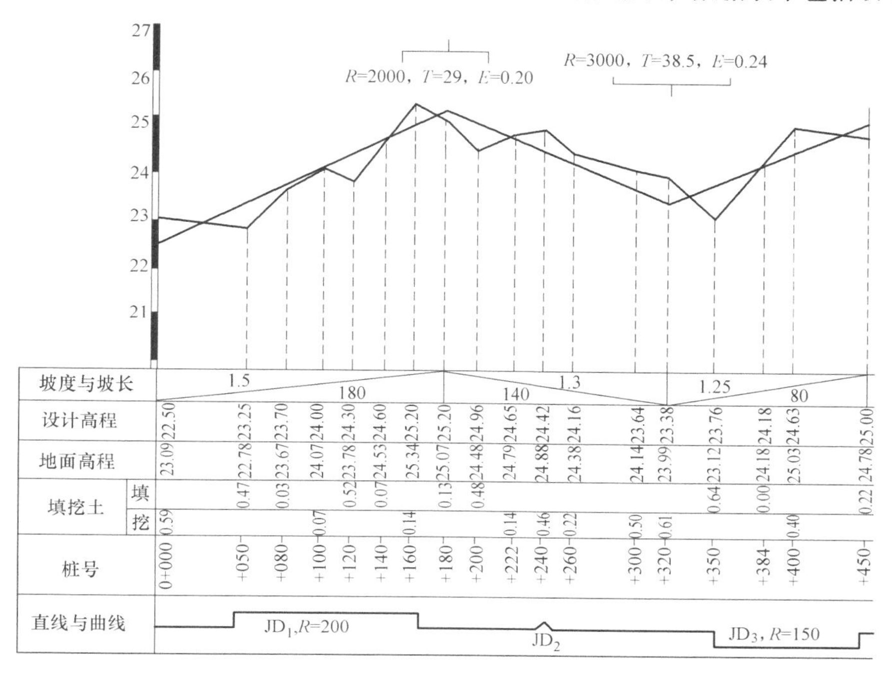

图 11-18　公路纵断面图

1）坡度与坡长：从左至右向上斜者为上坡（正坡），向下斜者为下坡（负坡），水平线表示平坡；线上注记坡度的百分数，线下注记坡长。

2）设计高程：按中线设计纵坡计算的路基高程。

3）地面高程：按中平测量成果填写的各里程桩的地面高程。

4）填挖土：设计高程与地面高程之差为线路中心线的填挖土高度值。

5）桩号：按中线测量成果，根据水平比例尺标注的里程桩号。

6）直线与曲线：为路线中线的平面示意图，按中线测量资料绘制。直线部分用居中直线表示，曲线部分用凸出的矩形表示，上凸者表示路线右弯，下凸者表示左弯，并在凸出的矩形内注明交点编号和曲线半径。

11.2.2　横断面测量

横断面测量的任务是测定线路各中桩处与中线相垂直方向的地面高低起伏情况，通过测定中线两侧地面变坡点至中线的距离和高差，即可绘制横断面图，为路基横断面设计、土石方量的计算和施工时边桩的放样提供依据。横断面应逐桩施测，其施测宽度及断面点间的密度应根据地形、地质和设计需要设定。

1. 横断面方向测定

（1）直线上横断面方向的测定　在直线上横断面应与路线方向相垂直，一般采用简易直角方向架来定向。如图 11-19 所示，方向架由坚固木料制成，在上部两个垂直方向雕空，中间插入 *ab*、*cd* 互相垂直的两个觇板，下面镶以铁脚可以插入土中。将方向架插在中桩上，以 *ab* 觇板瞄准直线上另一中桩，则 *cd* 觇板即为横断面方向。

（2）曲线上横断面方向的测定　当中桩位于曲线上时，横断面方向应为该曲线的圆心方向，在实际工作中，多采用弯道求心方向架（即在一般方向架上增加一活动觇板）获得。如图 11-20 所示，首先置求心方向架于曲线起点 ZY，用 *ab* 觇板瞄准 JD 方向，此时 *cd* 觇板即为圆心方向，然后旋转活动觇板 EF 瞄准曲线上 1 点，并用螺旋固定 *ef* 位置，合弦切角 α 不变，移方向架于 1 点，用 *cd* 觇板瞄准曲线起点 ZY，此时，*ef* 觇板所指的方向即为 1 点的圆心方向。

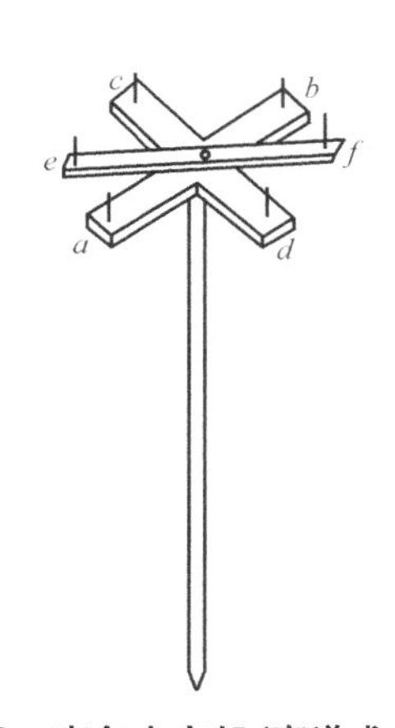

图 11-19　直角十字架/弯道求心方向架

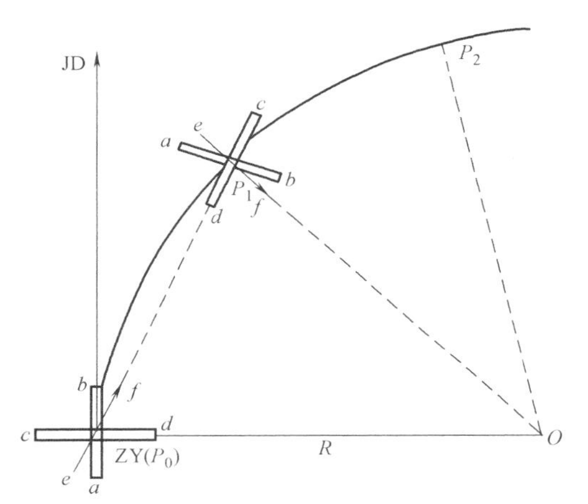

图 11-20　曲线上横断面方向的测定

2. 横断面测量的方法

横断面测量是测定路线两侧变坡点的平距与高差。视线路的等级和地形情况，横断面测量可以采用不同的方法。

（1）标杆皮尺法　如图 11-21 所示，在中桩 K3+200 处，1、2……为其横断面方向上的变坡点。施测时，将标杆立于中桩点，皮尺靠中桩点地面拉平至 1，读取平距 8.1m，皮尺截于标杆上数值即为高差为 0.6m。同法可测出 1—2、2—3……间的平距和高差，直至所需宽度为止。此法简便，但精度较低，适用于测量等级较低的公路。

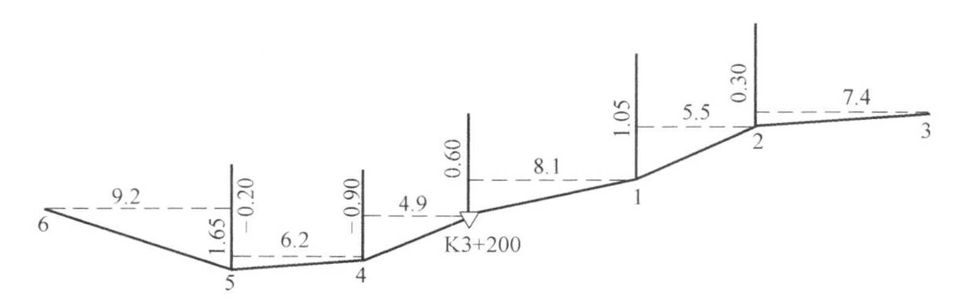

图 11-21　标杆皮尺法

记录表格见表 11-4，表中按路线前进方向分左侧和右侧，分数中分母表示测段水平距离，分子表示测段两端点的高差。高差为正号表示升坡，负号为降坡。

表 11-4　标杆皮尺法测横断面记录

左侧/m				桩号	右侧/m			
+1.80/6.1	+0.65/5.2	−0.50/3.3	−1.95/6.9	K3+400	+1.05/4.2	+2.15/6.7	0.95/7.3	+0.50/2.1
	+1.65/9.2	−0.20/6.2	−0.90/4.9	K3+200	+0.60/8.1	+1.05/5.5	+0.30/7.4	

(2) 水准仪皮尺法　当横断面精度要求较高，横断面方向高差变化不大时，多采用水准仪皮尺法。如图 11-22 所示，水准仪安置后，以中桩地面为后视点，以中桩两侧横断面方向变坡点为前视点，水准尺读数读至 cm，用皮尺分别量出各立尺点到中桩的平距，记录格式见表 11-5。实测时，若仪器安置得当，一站可同时施测若干个横断面。

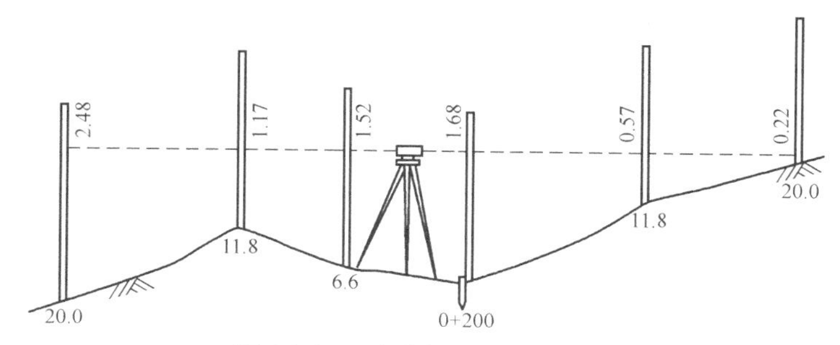

图 11-22　水准仪法测定横断面

表 11-5　用水准仪测横断面记录

(左侧) 前视读数/m / 距离/m				后视读数/m / 桩号	前视读数/m / 距离/m (右侧)			
—	2.48/20.00	1.17/11.8	1.52/6.6	1.68/0+200	0.57/11.8	0.22/20.0	—	—

(3) 经纬仪法　在地形复杂、横坡较陡的地段，可采用经纬仪法。施测时，将经纬仪安置在中桩上，用视距法测出横断面方向上各变坡点至中桩的水平距离与高差。

3. 横断面图的绘制

根据实际工程要求，绘制横断面图的水平和垂直比例尺。依据横断面测量得到的各点间的平距和高差，在毫米方格纸上绘出各中线桩的横断面图。绘制时，先标定中线桩位置，由中线桩开始，逐一将特征点展绘在图纸上，用细线连接相邻点，即绘出横断面地面线。经路基断面设计，在透明图上按相同的比例尺分别绘出路堑、路堤和半填半挖的路基设计线，称为标准断面图。依据纵断面图上该中线桩的设计高程把标准断面图套绘到横断面图上，如图 11-23 所示。

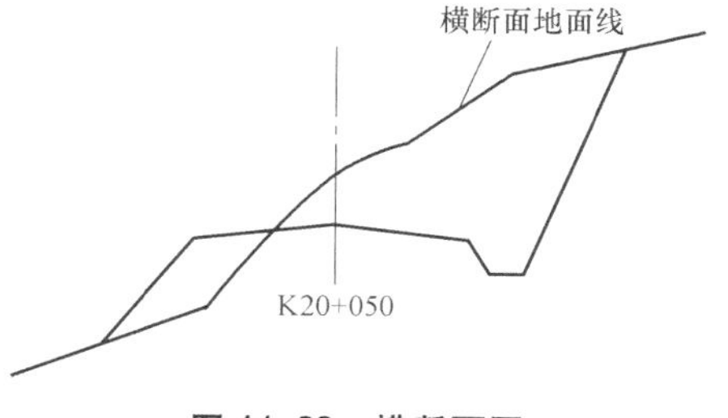

图 11-23　横断面图

11.3　道路施工测量

道路施工测量的主要工作包括恢复中线测量，以及施工控制桩、边桩和竖曲线的测设。从工程勘测开始，经过工程设计到开始施工这段时间里，往往会有一部分中线桩被碰动或丢失。为了保证线路中线位置的正确可靠，施工前应进行一次复核测量，并将已经丢失或碰动过的交点桩、里程桩恢复和校正好。

11.3.1 施工控制桩的测设

1. 平行线法

中桩在施工中将被挖除，为了控制中线的位置，需要在中线两侧的等距离处设置两排控制桩，其间距以10~30m为宜，如图11-24所示。

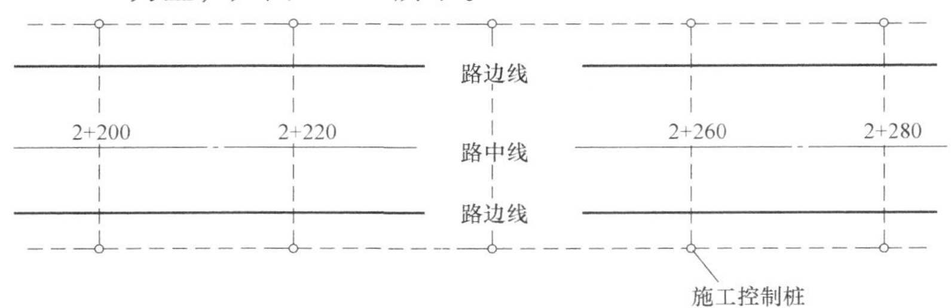

图11-24 平行线法测设施工控制桩

2. 延长线法

延长线法是在线路转折处的中线延长线上以及曲线中点至交点的延长线上测设施工控制桩，如图11-25所示。控制桩至交点的距离应量出并做记录。延长线法多用在地势起伏较大、直线段较短的山区公路。

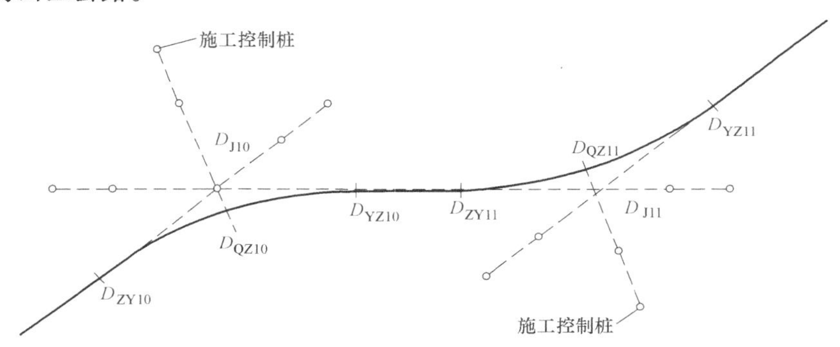

图11-25 延长线法定施工控制桩

11.3.2 路基边桩的测设

路基边桩的测设就是根据路基填挖高度、边坡率、路基宽度和横断面地形情况，先计算出路基中心桩至边桩的距离，然后在实地沿横断面方向按距离将边桩放出来。

路基施工前，应把路基两侧边坡与原地面相交坡脚点（或坡顶点）位置找出来，即确定路基边桩以便施工。路基边桩的位置按填土高度或挖土深度及断面的地形情况而定，常分为平坦地面和倾斜地面两种情形进行测设。

1. 平坦地面的路基边桩测设

（1）平坦地面路堤的边桩测设 图11-26所示为平坦地面的路堤，坡脚桩至中桩的距离为：

$$D=\frac{B}{2}+m \cdot H \tag{11-35}$$

式中 B——路基宽度；

m——边坡率；

H——填挖高度。

（2）平坦地面路堑的边桩测设 图11-27为平坦地面的路堑，坡顶桩至中桩的距离为：

$$D=\frac{B}{2}+s+m\cdot H \tag{11-36}$$

式中　B——路基宽度；

m——为边坡率；

H——填挖高度；

s——路堑边沟顶宽。

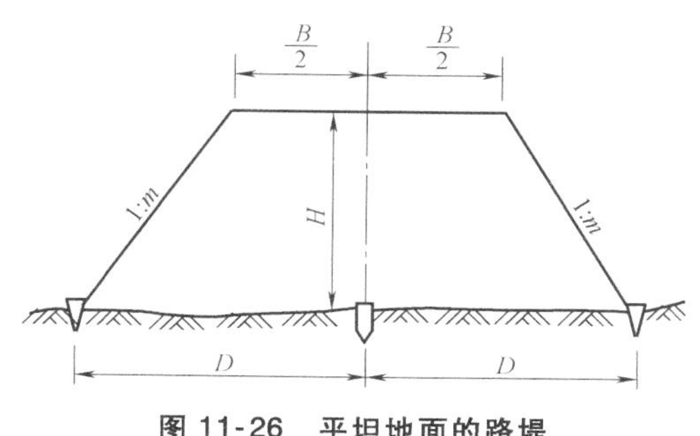

图 11-26　平坦地面的路堤

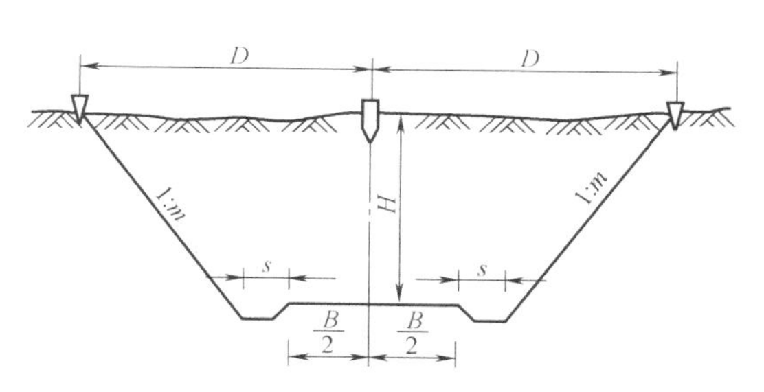

图 11-27　平坦地面的路堑

根据式（11-35）和式（11-36）计算出坡脚（或坡顶）至中桩的距离，并用木桩定出路基边桩的位置。

2. 倾斜地面的路基边桩测设

（1）倾斜地面路堤的边桩测设　如图 11-28 所示，路基上侧坡脚和下侧坡脚至中桩的距离分别为：

$$\begin{cases}D_{上}=B/2+m(H-h_{上})\\D_{下}=B/2+m(H+h_{下})\end{cases} \tag{11-37}$$

（2）倾斜地面路堑的边桩测设　如图 11-29 所示，路堑上侧坡顶和下侧坡顶至中桩的距离分别为：

$$\begin{cases}D_{上}=B/2+s+m(H+h_{上})\\D_{下}=B/2+s+m(H-h_{下})\end{cases} \tag{11-38}$$

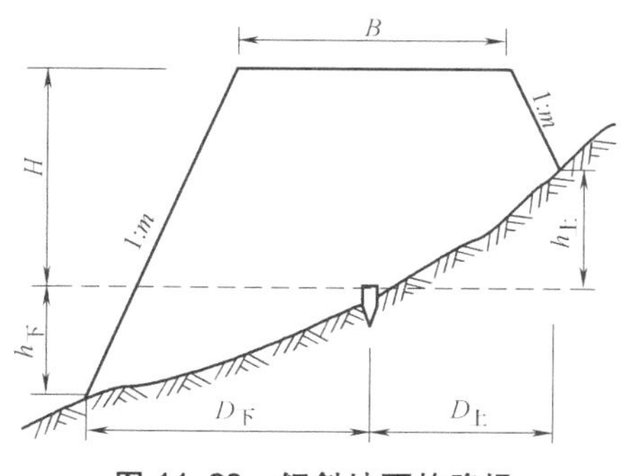

图 11-28　倾斜地面的路堤

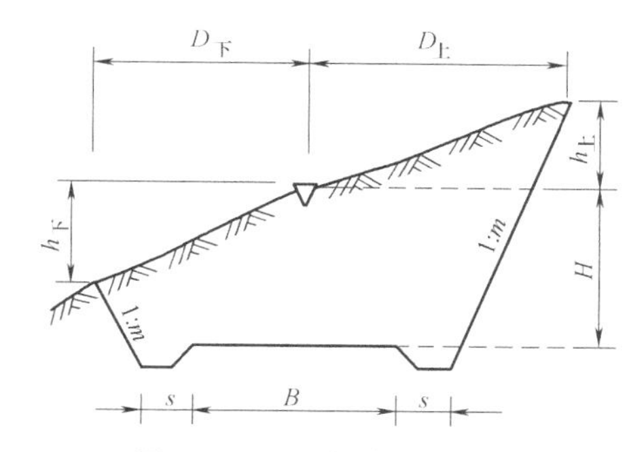

图 11-29　倾斜地面的路堑

倾斜地面的路基边桩测设，无论是路堤还是路堑，$h_{上}$和$h_{下}$是未知数，因此$D_{上}$和$D_{上}$不能直接一次求出。实际工作中，采用“逐点趋近法”，在现场边测边标定。

11.3.3　竖曲线的测设

在线路的纵坡变更处，为了满足视距的要求和行车的平稳，在竖直面内用圆曲线将两段纵坡连接起来，这种曲线称为竖曲线。竖曲线分为凸形和凹形两种，如图 11-30 所示。

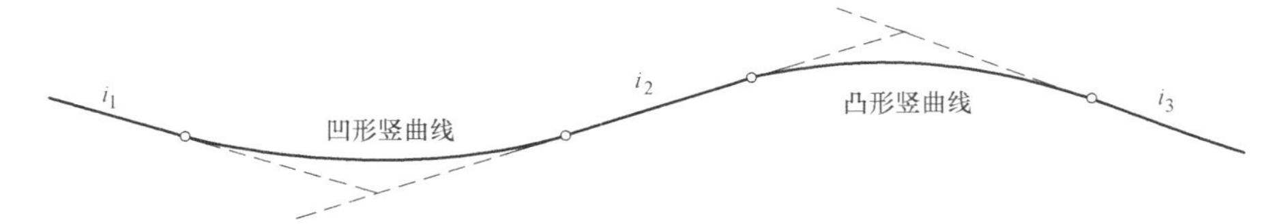

图 11-30 竖曲线

竖曲线测设是根据路线纵断面图设计中所设计的竖曲线半径 R 和相邻坡道的坡度 i_1、i_2 进行的。如图 11-31 所示，竖曲线测设元素的计算公式如下：

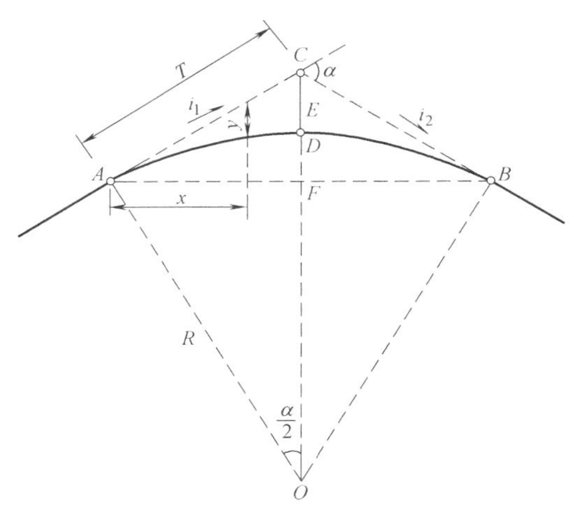

图 11-31 竖曲线测设元素

$$
\begin{aligned}
T &= R\tan\frac{\alpha}{2} \\
L &= R\frac{\alpha}{\rho} \\
E &= R\left(\sec\frac{\alpha}{2}-1\right)
\end{aligned}
\tag{11-39}
$$

由于竖曲线的坡度转折角 α 很小，可以认为：

$$
\begin{cases}
\alpha = \dfrac{(i_1-i_2)}{\rho} \\
\tan\dfrac{\alpha}{2} \approx \dfrac{\alpha}{2\rho}
\end{cases}
\tag{11-40}
$$

因此：

$$T=\frac{1}{2}R(i_1-i_2)/\rho \tag{11-41}$$

$$L=R(i_1-i_2)/\rho \tag{11-42}$$

对于 E 值也可按下面的近似公式计算：

因为 $DF \approx CD=E$，$\Delta AOF \backsim \Delta CAF$，则 $R:AF=AC:CF=AC:2E$，所以：

$$E=\frac{AC \cdot AF}{2R} \tag{11-43}$$

又因为 $AF \approx AC=T$，得：

$$E=T^2/2R \tag{11-44}$$

同理，可导出竖曲线中间各点按直角坐标法测设的纵距（即标高改正值）计算式：

$$y_i=x_i^2/2R \tag{11-45}$$

上式中，y_i 值在凹形竖曲线中为正号，在凸形竖曲线中为负号。

11.4 隧道工程测量

11.4.1 贯通误差

相向开挖的两条施工中线上，具有贯通面里程的中线点不重合，两点连线的空间线段称为贯通误差。贯通误差在水平面上的正射投影称为平面贯通误差；在铅垂面上的正射投影称为高程贯通误差，简称高程误差。平面贯通误差在水平面内可分解为两个分量：一是与贯通面平行的分量，称为横向贯通误差，简称横向误差；二是与贯通面垂直的分量，称为纵向贯通误差，简称纵向误差。

高程误差主要影响线路坡度。纵向误差影响隧道中线的长度和线路的设计坡度。横向误差影响线路方向，它如果超过一定的范围，就会引起隧道几何形状的改变，甚至造成侵入建筑限界而迫使大段衬砌拆除重建，这既给工程造成重大经济损失又延误了工期。所以一般说贯通误差，主要是指隧道的横向贯通误差，因此，必须对横向贯通误差加以限制。贯通误差的限差见表 11-6。

表 11-6　贯通误差的限差

两开挖洞口长度/km	<4	4~8	8~10	10~13	13~17	17~20
横向贯通误差/mm	100	150	200	300	400	500
高程贯通误差/mm	50					

11.4.2　隧道洞外控制测量

当直线隧道长度大于 1000m、曲线隧道长度大于 500m 时，均应根据横向贯通精度要求进行隧道平面控制测量设计。

两相邻开挖洞口（包括横洞口、斜井口）高程路线长度大于 5000m，应根据高程贯通精度要求进行隧道高程控制测量设计。

1. 洞外平面控制测量

隧道洞外工程平面控制测量的主要任务是测定各洞口控制点的平面位置，以便根据洞口控制点将设计方向导向地下，指引隧道开挖，并能按规定的精度进行贯通。因此，平面控制网中应包括隧道的洞口控制点。通常，平面控制测量有以下几种方法。

（1）中线法　所谓中线法就是采用正倒镜分中法延长直线，在洞顶将中线贯通，确认地表控制点，再根据地表控制点以同样方法引中线进洞。这种方法只适宜于较短隧道控制测量。一般用于 1000m 以内的直线隧道和 500m 以内的曲线隧道。

隧道位于直线时，如图 11-32 所示，A、B'、C'、D'是线路已测设的中线控制桩，在施工前要复测这些桩是否在一条直线上，并测量它们之间的距离。复测方法是将经纬仪或全站仪安置在 B'点，后视 A 点，用正倒镜分中法延长直线到 C'点，然后把仪器安置在 C'，后视 B'点，正倒镜分中法延长直线到 D'点，若 D'与 D 不重合，量出 $D'D$ 距离，按式（11-46）计算移动量 $C'C$，自 C'点沿垂直于 $C'D'$方向量出 $C'C$，定出 C 点。再用同样方法定出 B 点。

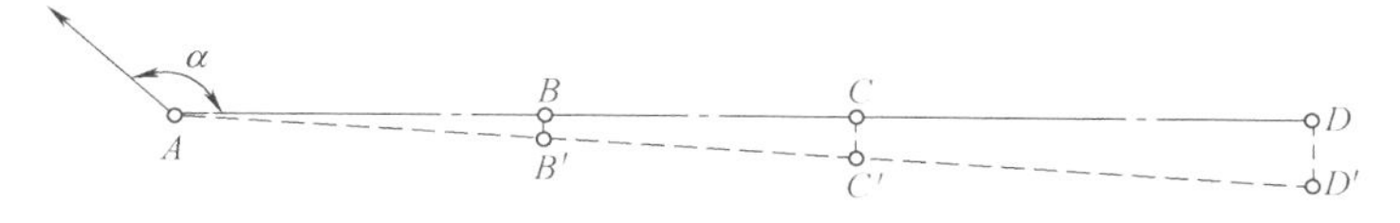

图 11-32　中线法地面控制

$$C'C = D'D\frac{AC'}{AD'} \tag{11-46}$$

最后将仪器安置于 C 点后视 D 点，用正倒镜分中法延长直线到 A 点，进行复核，若与 A 不重合，以同样方法移动中线控制桩，直至各转点准确地设立在两端洞口的连线上。然后引入进洞。

隧道位于曲线时，主要是在山顶测设切线（方法与直线隧道相同），校正切线位置，以切线控制点引入进洞。

（2）导线测量法 用导线方式建立隧道洞外平面控制时，导线点应沿两端洞口的连线布设。导线点的位置应根据隧道的长度和辅助坑道的数量及分布情况，并结合地形条件和仪器测程选择。导线最短边长不应小于 300m，相邻边长的比不应小于 1∶3，并尽量采用长边，以减小测角误差对导线横向误差的影响。

（3）三角网法 对于隧道较长、地形复杂的山岭地区，平面控制网一般布置成三角网形式，如图 11-33 所示。对于直线隧道，一排三角点应尽量沿线路中线布设。条件许可时，可将线路中线作为三角锁的一条基本边，布设为直伸三角锁，以减小边长误差对横向贯通的影响。对于曲线隧道，应尽量沿着两洞口的连线方向布设，以减弱边长误差对横向贯通的影响。

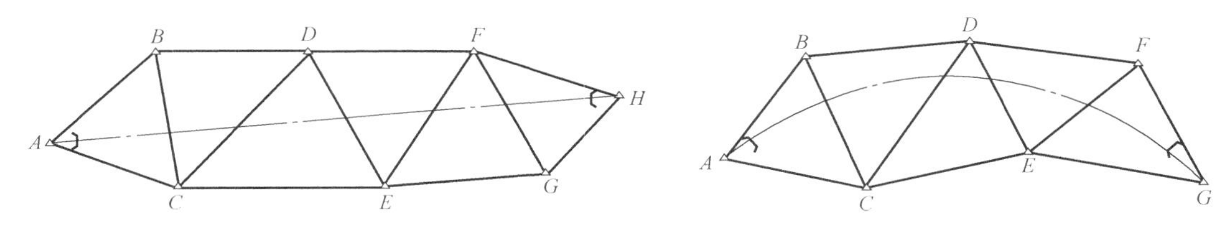

图 11-33 三角网法地面控制

（4）GPS 法 用全球定位系统 GPS 技术进行平面控制时，只需要布设洞口控制点和定向点，这些点应相互通视，以便施工定向。不同洞口之间的点不需要通视，与国家控制点或城市控制点之间的联测也不需要通视。因此，地面控制点的布设灵活方便，且定位精度，目前已优于常规控制方法。

2. 洞外高程控制测量

洞外高程控制测量的任务是按规定的精度施测隧道洞口附近水准点的高程，作为高程引测进洞的依据。高程控制通常采用三、四等水准测量的方法施测。

水准测量应选择连接洞口最平坦和最短的线路，以期达到设站少、观测快、精度高的要求。每一洞口埋设的水准点应不少于两个，且以安置一次水准仪即可联测为宜。两端洞口之间的距离大于 1km 时，应在中间增设临时水准点。

11.4.3 进洞关系计算和进洞测量

洞外平面控制测量完成后，各洞口的线路中线控制桩与平面控制点紧密联系在一起，如图 11-34 所示，在隧道的进口端将切线方向的 *A*、*B* 两个转点纳入了主网，在出口端将 *F*、*G* 纳入了主网，即线路中线控制桩，设计的洞门位置和需要测设的各中线点，不仅纳入了洞外平面控制网的统一坐标系，而且与洞外平面控制点的相对位置关系得以确定。

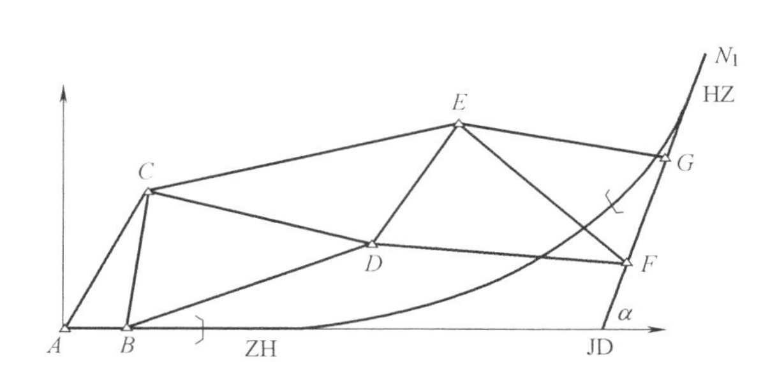

图 11-34 进洞测量

隧道施工，首先测定洞门位置。开挖的初期阶段，洞内的平面控制和高程控制还无条件建立，则要依靠洞外控制点来找出开挖方向（临时中线）和开挖需要的临时中线点位置。因此首先要计算洞门的设计里程和各临时中线点的里程在统一坐标系的坐标，如果有些隧道设计本身就采用了国家统一坐标系，设计文件已有数据就需要进行复核计算。然后利用坐标反算出所放样数据。

进洞关系计算和进洞测量的主要任务是：其一，在统一的施工坐标系中，确定隧道两端洞口已确认线路中线控制桩之间的关系，确定隧道线路中线与平面控制网之间的关系，以便据此进行中线的计算和放样，确保贯通；其二，在洞内控制建立之前，指导中线进洞和洞内开挖。

11.4.4 隧道洞内控制测量

1. 平面控制测量

为了给出隧道正确的掘进方向，并保证准确贯通，应进行洞内控制测量。由于隧道洞内场地狭窄，故洞内平面控制常采用中线或导线两种形式。

（1）中线形式　中线形式是指洞内不设导线，用中线控制点直接进行施工放样。一般以定测精度测设出新点，测设中线点的距离和角度数据由理论坐标值反算，这种方法一般用于较短的隧道。若将上述测设的新点，以高精度测角、量距，算出实际的新点精确点位，再和理论坐标相比较，有差异时将新点移到正确的中线位置上，则这种方法可以用于曲线隧道500m、直线隧道1000m以上的较长隧道。

（2）导线形式　导线形式是指洞内控制依靠导线进行。施工放样用的正式中线点由导线测设，中线点的精度能满足局部地段施工要求。导线控制的方法较中线形式灵活，点位易于选择，测量工作也较简单，而且具有多种检核方法；当组成导线闭合环时，角度经过平差，还可提高点位的横向精度。导线控制方法适用于长隧道。

洞内导线与洞外导线比较，具有以下特点：洞内导线是随着隧道的开挖逐渐向前延伸的，故只能敷设支导线或狭长形导线环，而不可能将全部导线一次测完；导线的形状完全取决于坑道的形状；导线点的埋石顶面应比洞内地面低20~30cm，上面加设护盖、填平地面，以免施工中遭受破坏。

2. 洞内高程测量

洞内高程测量应采用水准测量或光电测距三角高程测量的方法。洞内高程应由洞外高程控制点向洞内测量传算，结合洞内施工特点，每隔200~500m设立两个高程点以便检核；为便于施工使用，每隔100m应在拱部边墙上设立一个水准点。

采用水准测量时，应往返观测，视线长度不宜大于50m；采用光电测距三角高程测量时，应进行对向观测，注意洞内的除尘、通风排烟和水汽的影响。限差要求与洞外高程测量的要求相同。洞内高程点作为施工高程的依据，必须定期复测。

11.4.5 隧道洞内中线测量

1. 洞内中线测量

隧道洞内施工，是以中线为依据来进行的。当洞内敷设导线之后，导线点不一定恰好在线路中线上，更不可能恰好在隧道的结构中线上。而隧道衬砌后两个边墙间隔的中心即为隧道中心，在直线部分则与线路中线重合。曲线部分由于隧道衬砌断面的内外侧加宽不同，所以线路中心线就不是隧道中心线。隧道中线的测设方法有两种：由导线测设中线法和独立的中线法。

（1）由导线测设中线法　用精密导线进行洞内隧道控制测量时，为便于施工，应根据导线点位的实际坐标和中线点的理论坐标，反算出距离和角度，利用极坐标法，根据导线点测设出中线点。一般直线地段150~200m；曲线地段60~100m，应测设一个永久的中线点。

由导线建立新的中线点之后，还应将经纬仪安置在已测设的中线点上，测出中线点之间的夹角，将实测的检查角与理论值相比较；另外实量4~5点的距离，亦可与理论值比较，作为另一种检核，确认无误即可挖坑埋入带金属标志的混凝土桩。

(2) 独立的中线法　若用独立的中线法测设，在直线上应采用正倒镜分中法延伸直线；在曲线上一般采用弦线偏角法。要求采用独立中线法时，永久中线点间距离：直线上不小于100m，曲线上不小于50m。

2. 洞内临时中线的测设

为了知道隧道洞内开挖方向，随着向前掘进的深入，平面测量的控制工作和中线工作也需紧随其后。当掘进的延伸长度不足一个永久中线点的间距时，应先测设临时中线点。临时中线点间距离一般直线上不大于30m，曲线上不大于20m。当延伸长度大于永久中线点的间距时，就可以建立一个新的永久中线点。

11.4.6 隧道内施工测量

1. 隧道开挖断面测量

在隧道施工中，为使开挖断面能较好地符合设计断面，在每次掘进前，应在开挖断面上，根据中线和轨顶高程，标出设计断面尺寸线。

分部开挖的隧道在拱部和马口开挖后，全断面开挖的隧道在开挖成形后，应采用断面自动测绘仪或断面支距法测绘断面，检查断面是否符合要求，并用来确定超挖和欠挖工程数量。测量时按中线和外拱顶高程，从上至下每0.5m（拱部和曲墙）和1.0m（直墙）向左右量测支距。量支距时，应考虑到曲线隧道中心与线路中心的偏移值和施工预留宽度。仰拱断面测量，应由设计轨顶高程线每隔0.5m（自中线向左右）向下量出开挖深度。

2. 结构物的施工放样

在施工放样之前，应对洞内的中线点和高程点加密。中线点加密的间隔视施工需要而定，一般为5~10m一点。

在衬砌之前，还应进行衬砌放样，包括立拱架测量、边墙及避车洞和仰拱的衬砌放样，洞门砌筑施工放样等一系列的测量工作。

11.4.7 隧道竣工测量

隧道竣工测量的主要目的是为了检查主要结构物及线路位置是否符合设计要求，以及为将来运营的检修工程和设备安装等提供测量控制点。

1. 检测中线点埋设永久性中桩

进行中线检测，从一端洞口测至另一端洞口。检测同时在直线每隔50m，曲线每隔20m（或需要加测横断面处）打临时中线桩或加以标志。在中线统一检测闭合后，直线地段每200~250m埋设一个永久性中线点，曲线地段的五大桩应埋设永久中线点。还应根据通视条件决定中线点的埋设。永久桩埋设以后，应按工程统一编号在边墙上绘出标志。

2. 洞内水准点设置

竣工时，洞内水准点应每公里埋设一个。短于一公里的隧道应至少埋设一个，或两端洞门附近各设一个。设立的水准点应连成一条水准路线附和在两端洞口外的水准点上，进行平差后确定各点高程。施工时使用的水准点，当点位稳固且处于不妨碍运营的位置时，应尽量保留。

3. 竣工断面测量

主要内容是测绘隧道的实际净空，包括拱顶高程、起拱线的宽度、铺地或仰拱高程及按相关规定要求测的某些横断面的宽度。

11.5　大、中型桥梁工程测量

建造大、中型桥梁时，河道宽阔，桥墩在河水中建造，且墩台较高，基础较深，墩间跨距大，梁部结构复杂，对桥轴线测设、墩台定位要求精度较高，所以需要在施工前布设平面控制网和高程控制网，用较精密的方法进行墩台定位和架设梁部结构。

11.5.1　控制测量

1. 平面控制网

对于跨越无水河道的直线小桥，桥轴线长度可以直接测定，墩、台位置也可直接利用桥轴线的两个控制点测设，无须建立平面控制网。但跨越有水河道的大型桥梁，墩、台无法直接定位，则必须建立平面控制网。根据桥梁跨越的河宽及地形条件，平面控制网多布设成如图 11-35所示的形式。

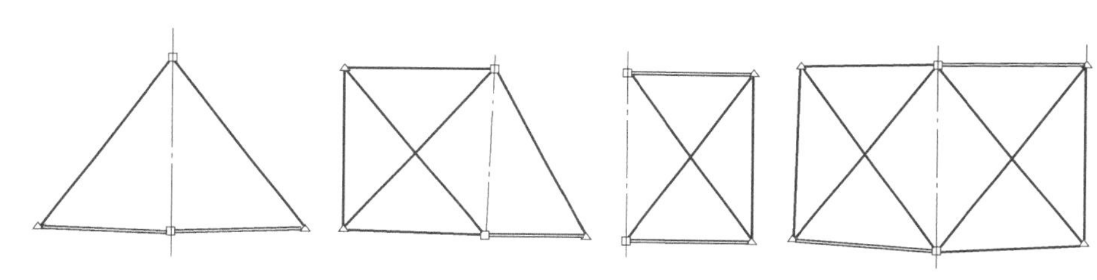

图 11-35　桥梁平面控制网

2. 高程控制点的布设及测量

在桥梁的施工阶段，作为放样高程的依据，应建立高程控制，即在河流两岸建立若干个水准基点。这些水准基点除用于施工外，也可作为以后变形观测的高程基准点。

水准基点布设的数量视河宽及桥的大小而异：一般小桥可只布设一个；在 200m 以内的大、中桥，宜在两岸各布设一个；当桥长超过 200m 时，每岸至少设置两个。

11.5.2　桥梁墩台定位测量

桥梁墩台定位可以采用方向交会法或极坐标法。

1. 方向交会法

如图 11-36 所示，AB 为桥轴线，C、D 为桥梁平面控制网中的控制点，P_i点为第 i 个桥墩设计的中心位置（待测设的点）。在 A、C、D 三点上各安置一台经纬仪。A 点上的经纬仪照准 B 点，定出桥轴线方向；C、D 两点上的经纬仪均先照准 A 点。并分别测设根据 P_i点的设计坐标和控制点坐标计算 α、β 角，以正倒镜分中法定出交会方向线。由于测量误差的影响，从 C、A、D 三点指来的三条方向线一般不可能正好交会于一点，而是构成误差三角形$\triangle P_1P_2P_3$。如果误差三角形在桥轴线上的边长（P_1P_3）在容许范围之内，则取交点 P_2在桥轴线上的垂直投影 P_i作为桥墩的中心位置。

在桥墩施工中，随着桥墩的逐渐筑高，桥墩中心的放样工作需要重复进行，而且要迅速和准确。为此，在第一次求得正确的桥墩中心位置 P_i以后，将 CP_i和 DP_i方向线延长到对岸，设立固定的照准标志 C'、D'，如图 11-37 所示。以后每次进行方向交会法放样时，从 C、D 点直接照准 C'、D'点，即可恢复对 P_i点的交会方向。

2. 极坐标法

在使用全站仪并在被测设的点位上可以安置棱镜的条件下，用极坐标法放样桥墩中心位置，更为精确和方便。对于极坐标法，原则上可以将仪器安置于任意控制点上，按计算的放样数据（角度和距离）测设点位。

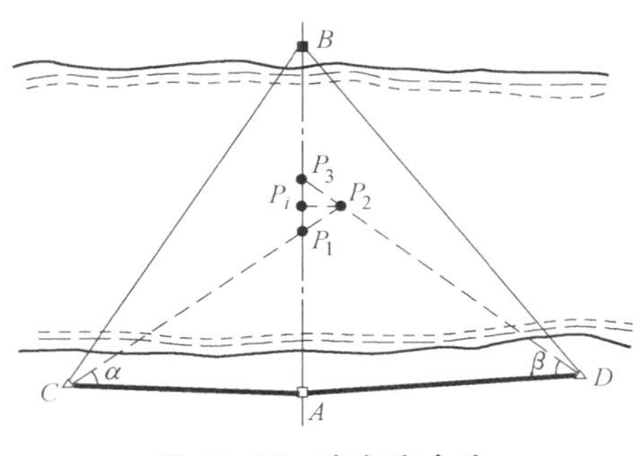

图 11-36 方向交会法

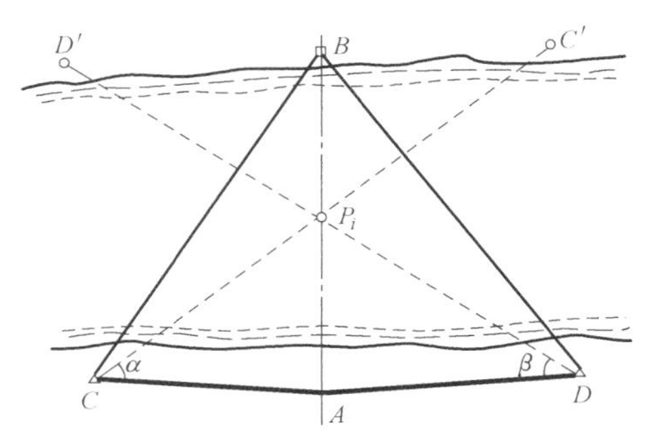

图 11-37 固定瞄准标志

11.5.3 桥梁架设施工测量

墩台施工时，对其中心点位、中线方向和垂直方向以及墩顶高程都做了精密测定，但当时是以各个墩台为单元进行的。架梁时需要将相邻墩台联系起来，考虑其相关精度，要求中心点间的方向、距离和高差符合设计要求。

桥梁中心线方向测定，在直线部分采用准直法，用经纬仪正倒镜观测，在墩台上刻划出方向线。如果跨距较大（>100m），应逐墩观测左、右角。在曲线部分，则采用偏角法。

相邻桥墩中心点之间的距离，用光电测距仪观测，适当调整使中心点里程与设计里程完全一致。在中心标板上刻划里程线，与已刻划的方向线正交形成十字交线，表示墩台中心。

墩台顶面高程用精密水准测定，构成水准线路，附合到两岸基本水准点上。

11.6 管道工程测量

管道包括给水、排水、煤气、暖气、电缆、通信、输油、输气等管道。管道工程测量的主要内容包括：管道中线测量、管线纵横断面测量、管道施工测量等。

11.6.1 管道中线测量

管道中线测量的任务是将设计管道中心线的位置在地面测设出来。中线测量的内容有管线转点桩的测设、交点桩的测设、线路转折角测量、里程桩和加桩的标定。

1. 测设转点桩、交点桩和测量转折角

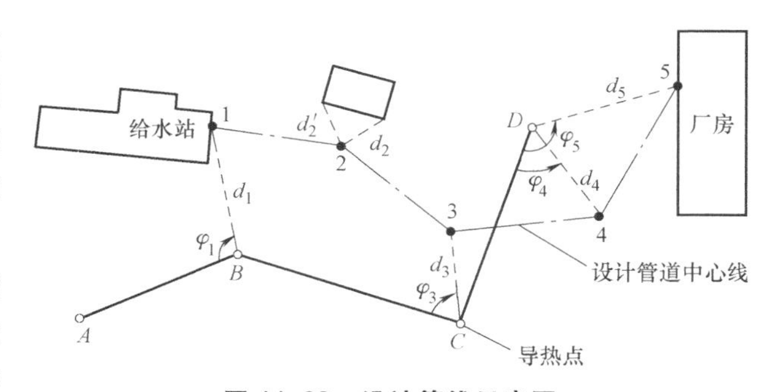

图 11-38 设计管线示意图

图 11-38 所示为某设计管线示意图。图中 1、2、3、4、5 点为管线转点，*A*、*B*、*C*、*D* 为已有导线点。根据导线点的坐标和管线转点的设计坐标，计算出测设数据（角度和距离）。可以使用极坐标法、

距离交会法、角度交会法测设出管线转点，打桩作为点的标志。

当设计管道附近有明显可靠的地物时，也可以在设计图上量出交会边长，如图 11-38 中 d_2、d_2'。根据地物的特征点，采用边长交会的方法测设管线转点。沿管线转点进行导线测量，与附近的测量控制点连测，构成符合导线形式，以检查转点测设的正确性。

2. 测设里程桩和加桩

测设里程桩和加桩是为了后面测量管线纵、横断面的需要。沿管道中心线，自起点开始，每隔 50m 打一个里程桩，如果地势有变化，还需要打加桩，在新管线与旧管线及道路的交叉处，也应打加桩。图 11-39 所示为管线的里程桩和加桩草图。里程桩和加桩的编号表示它们距离管道起点的距离。

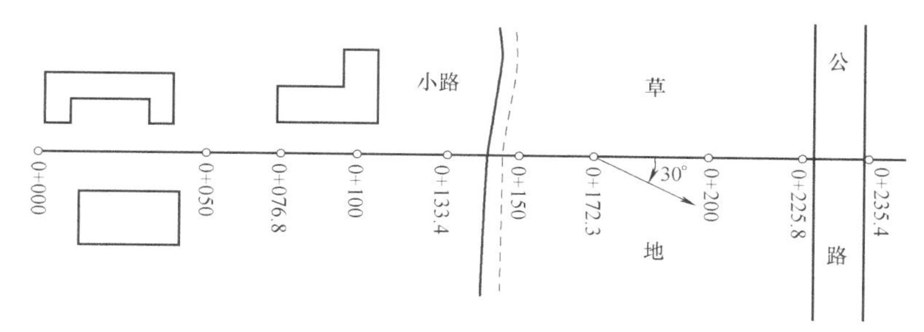

图 11-39　管线的里程桩和加桩草图

11.6.2　管线纵、横断面测量

管线纵断面测量的内容是根据沿管线中心线所测得的桩点高程和桩号绘制纵断面图。纵断面图反映了沿管线中心线的地面高低起伏和坡度陡缓情况，是设计管道埋深、坡度和计算土方量的主要依据。

为保证管线全线的高程测量精度，应先沿管线布设高程控制点。高程控制点应采用四等水准测量。一般每隔 1~2km 布设一个永久水准点，作为全线高程的主要控制点；中间每隔 300~500m 还应设置临时水准点，作为纵断面测量时分段闭合和施工时引测高程的依据。在沿线高程控制的基础上，以附合水准路线的形式、按图根水准测量的要求测设出中心线上各里程桩和加桩的高程。

绘制纵断面图时，以里程为横坐标，高程为纵坐标，按规定的比例尺将测得的各桩点绘制在透明毫米方格纸上。一般使纵断面的高程比例尺为水平距离比例尺的 10 倍或 20 倍。

11.6.3　管道施工测量

先检查管道中线上各种桩位的保存情况，如有破坏，应根据设计和测量数据恢复并进行检核。

1. 测设施工控制桩

管线开槽后，中线上的各桩位将被挖掉，因此，在开槽前，应在不受施工干扰、引测方便和易于保存的位置测设施工控制桩。施工控制桩分中线控制桩和位置控制桩，如图 11-40 所示。中线控制桩设置在管道中线的延长线上，位置控制桩设置在与中线垂直的方向上以控制里程桩和井位等。

2. 加密水准点

为了便于在施工期间测设高程，应在原有水准点的基础上，沿线每隔 150m 左右增设一个

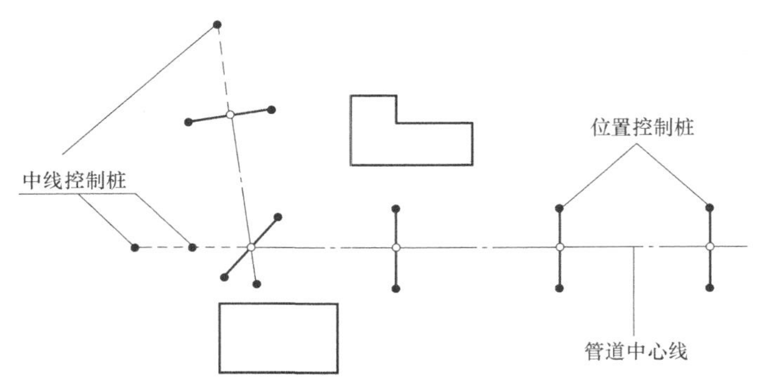

图 11-40 管线施工控制桩

临时水准点。

3. 确定开槽口边线

按照管道的设计埋深和管径，再根据沿线土质情况，决定开槽宽度，在地面上定出槽边线位置，撒上白灰线标明。

4. 设置坡度横板并测设中线钉

测到坡度横板上，订上小铁钉（称中线钉）作标志。

如图 11-41 所示，开槽后，应设置坡度横板，以控制管道沟槽按照设计中线位置进行开挖。一般每隔 10～20m 设置一块坡度横板，并编以桩号。在中线控制桩上安置经纬仪，将管道中线投测到坡度横板上，钉上小铁钉（称中线钉）作标志。

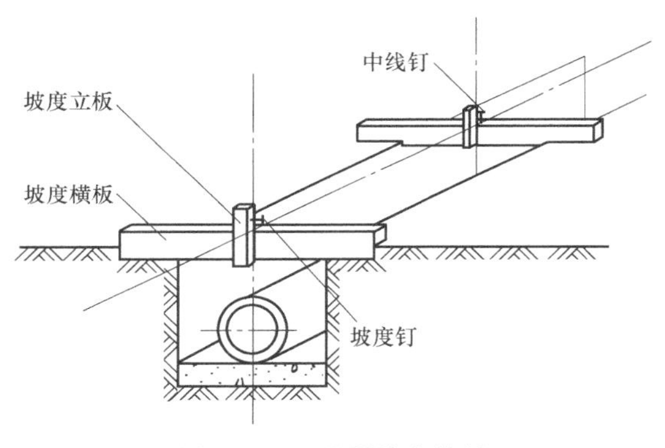

图 11-41 设置坡度横板

5. 测设坡度钉

使用水准测量的方法，在坡度立板上测设一条高程线，使其高程与管底的设计高程相差一整分米数（称为下反数），在该高程线上水平钉一小铁钉（称为坡度钉），以控制沟底的开挖深度和管道的埋设深度。

11.6.4 顶管施工测量

当地下管线穿越公路、铁路或其他重要建筑物时，常采用顶管施工法。顶管施工是在先挖好的工作坑内安放道轨（铁轨或方木），将管道沿所要求的方向顶进土中，再将管内的土方挖出来。顶管施工测量的目的是保证顶管按照设计中线和高程正确顶进或贯通。

1. 中线测量

如图 11-42a 所示，先挖好顶管工作坑，然后根据地面的中线桩或中线控制桩，用经纬仪将管道中线引测到坑壁上。

在两个顶管中线桩上拉一条细线，紧贴细线挂两根垂球线，两垂球的连线方向即为管道中线方向，如图 11-42b 所示。

制作一把木尺，使其长度等于或略小于管径，分划以尺的中央为零向两端增加。

将木尺水平放置在管内，如果两垂球的方向线与木尺上的零分划线重合，如图 11-42c 所示，则说明管道中心在设计管线方向上，否则，管道有偏差。可以在木尺上读出偏差值，偏差值超过 1.5cm 时，需要校正。

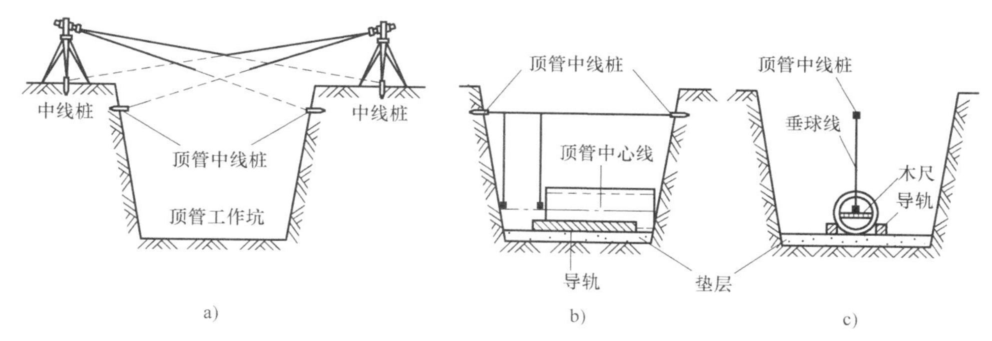

图 11-42　顶管施工的中线测量

2. 高程测量

先在工作坑内布设好临时水准点，再在工作坑内安置水准仪，以在临时水准点上竖立的水准尺为后视，以在顶管内待测点上竖立的标尺为前视（使用一把小于管径的标尺），测量出管底高程，将实测高程值与设计高程值比较，其差超过±1cm 时，需要校正。

在管道顶进过程中，每顶进 0.5m 应进行一次中线测量和高程测量。当顶管距离较长时，应每隔 100m 开挖一个工作坑，采用对向顶管施工方法，其贯通误差应不超过 3cm。

11.6.5　管道竣工测量

管道竣工测量的内容是测绘竣工平面图和纵断面图。竣工平面图主要是测绘管道的起点、转折点、终点、检查井、附属构筑物的平面位置和高程、管道与附近重要地物的位置关系等。竣工纵断面图是用水准测量方法测定管顶的高程和检查井内管底的高程，用钢尺丈量距离。纵断面图的测绘应在回填土之前进行。

思考题与习题

1. 什么是转角、转点、桩距、里程桩、地物加桩？
2. 试述切线支距法测设圆曲线的方法和步骤。
3. 简述偏角法测设圆曲线的操作步骤。
4. 路线纵断面测量有哪些内容？
5. 纵断面测量的任务和步骤是什么？
6. 横断面施测方法有哪几种？
7. 中平测量与一般水准测量有何不同？
8. 如何进行隧道的洞外平面控制测量？
9. 桥梁墩台定位测量的方法有哪些？
10. 管道中线测量的任务是什么？
11. 已知圆曲线交点里程桩号 K10+550.699，右角为 125°36′00″，半径 $R=500$m，试计算圆曲线元素和主点里程，并且叙述圆曲线主点的测设步骤。
12. 某测量员在路线交点上安置仪器，测得盘左前视方向值为 42°18′24″，后视方向值为

174°36′18″；盘右前视方向值为 222°18′20″，后视方向值为 354°36′24″。试：①判断是左转角还是右转角？②计算该交点的转角？③若仪器不动，分角线方向的读数应是多少？

13. 已知转向角 $\alpha_{左}=40°00'00''$，缓和曲线长 $l_s=105\text{m}$，$R=750\text{m}$，交点的桩号为 K100+050.68，试计算缓和曲线主点桩号。

14. 已知某弯道半径 $R=300\text{m}$，JD 里程为 K10+064.43，转角 $\alpha=21°18'$。已求出曲线常数 $p=0.68\text{m}$，$q=34.98\text{m}$。缓和曲线长 $l_s=70\text{m}$，并求出 ZH 点里程为 K9+972.92，HY 点里程为 K10+042.91，QZ 点里程为 K10+063.68，YH 点里程为 K10+084.44，HZ 点里程为 K10+154.44。现以缓和曲线起点 ZH 点为坐标原点，用切线支距法按统一坐标计算 K10+000、K10+060 两桩点的坐标值。

15. 已知某弯道半径 $R=250\text{m}$，缓和曲线长 $l_s=70\text{m}$，ZH 点里程为 K3+714.39，用偏角法测设曲线，在 ZH 点安置仪器，后视交点 JD，试计算缓和曲线上 K3+720 和 K3+740 桩点的偏角。

第12章 房产测绘

12.1 房产测绘概述

12.1.1 房产测绘的概念、作用与内容

1. 房产测绘的概念

房产测绘是采用测绘科学技术，按照房产管理的要求和需要，对房屋及其用地的位置、权属、权界、数量、质量及利用现状等信息进行采集、处理、存储和应用的一门学科。

房产测绘应遵循国家有关的法律法规，执行国家标准《房产测量规范》（GB/T 17986.1—2000、GB/T 17986.2—2000）和相关部委的政策文件以及各地有出台的技术规程、规定。房产测绘是一种法定测绘，具有较强的技术性和鲜明的政策性及法律效力。

2. 房产测绘的作用

1）法律方面的作用。房产测绘成果中的房屋及其用地的权属界址、产权面积、权源及产权纠纷等信息，是进行产权登记、产权转移和产权纠纷裁决的依据。

2）财政经济方面的作用。房产测绘成果中的房屋及其用地的数量、质量、利用状况等信息，为房地产评估、房地产税征收、房地产开发、房地产交易、房地产抵押以及保险服务等提供准确的数据。

3）社会服务方面的作用。房产测绘不仅为房地产业服务，也为城镇规划、建设、市政工程、公共事业、环保、绿 化、治安、消防、水利、交通、工商管理、旅游、通信、燃气供应等城镇事业提供基础资料和有关信息。

4）测绘服务方面的作用。房产图具有比例尺大、信息量大、内容繁多等特点，是建立现代城市地理信息系统重要的基础信息，也是城市大比例图更新的重要基础资料。

3. 房产测绘的内容

房产测绘的主要工作是确定房屋的位置、界限、质量、数量和现状等，并以文字、数据及图件表示出来。房产测绘的内容包括：房产平面控制测量、房产调查、房产要素测量、房产图绘制、房产面积测算、房产变更测量、成果资料的检查与验收等。

12.1.2 房产测绘成果

房产测绘成果由房产簿册、房产数据和房产图集三部分组成。

1）房产簿册，包括房屋调查表、房屋用地调查表、有关产权状况的调查资料、有关证明及协议文件等。

2）房产数据集，包括房产平面控制点成果、界址点成果、房角点成果及面积测算成果等。

3）房产图集，包括房产分幅平面图、房产分丘平面图、房屋分层分户图、房产证附图、房屋测量草图及房屋用地测量草图等。

此外，在房产测绘中使用过的地形图、控制点成果、技术设计书、技术总结等也都应归入房产测绘成果，包括纸质资料和电子文档。

房产测绘成果管理包括：成果质量管理、成果档案管理和成果备案管理。成果质量管理由房产测绘机构进行，成果档案管理由房产测绘机构和房产行政主管部门分别进行，成果备案管理由房产行政主管部门进行。

12.2 房产平面控制测量

12.2.1 房产平面控制测量的作用与方法

房产平面控制测量是整个房产测量的前期基础性的工作，具体作用如下：

1）为房产要素测量提供起算数据。

2）为房产图的测绘提供测图控制和起算数据。

3）为房产变更测量提供起算数据。

房产平面控制测量方法主要采用 GPS 定位技术和导线测量技术，其主要技术指标与技术要求按照相应国家标准执行。

12.2.2 房产平面控制测量的要求

房产平面控制测量要求最末一级的房产平面控制网中，相邻控制点间的相对点位中误差不大于 0.025m，最大误差不大于 0.05m。

房产平面控制点要有相当的分布密度，以满足房产要素测量对起算控制点的需求。依据国标规定，建筑物密集区的控制点平均间距在 100m 左右，建筑物稀疏区的控制点平均间距在 200m 左右。房产平面控制点都应该埋设永久性的固定标志，并按要求绘制控制点点之记。房产平面控制点应选在通视条件良好、便于观测的地方。

12.2.3 房产平面控制网的布设

1. 首级控制网布设

房产平面控制网的布设与其他控制网一样，应遵循从整体到局部、从高级到低级、分级布网的原则，也可越级布网。

房产平面控制网的建立，应当优先选用最新的国家统一平面坐标系统，尽可能地利用国家和城市已有的平面控制测量成果。

2. 加密控制布设

房产加密控制网是对国家大地控制网和城市控制网（首级控制网）的补充。它是为了满足区域房产测量或房产项目测量而布设的。可以根据房产测量工作的需要分批分期局部布设，满足区域房产测量或房产项目测量要求即可。

加密控制网是指除国家和城市的一、二、三、四等控制网外的一、二、三级导线网，一、二级小三角网，GPS 的 E、F 级网（或一、二、三级网）等。

12.2.4 房产平面控制测量数据处理

1. 坐标系统选择

城市平面控制网要求变形小于 2.5cm/km，即投影误差应不超过 1/40000。该精度可以满足房产测量，因此，房产控制测量应尽可能地利用已有的城市平面控制网。

为了便于房产图的测绘、拼接、汇编及房产测量数据库的建立，房产测量应采用国家统一的坐标系统，采用地方坐标系时应与国家坐标系联测。房产测量统一采用高斯投影。房产测量一般不测高程，需要进行高程测量时，由设计书另行规定。

若无法利用已有的坐标系统或无坐标系统可利用时，可根据测区的地理位置和平均高程，以投影长度变形值不超过 2.5cm/km 为原则选择坐标系统。

2. 平差计算

二、三、四等平面控制网的计算应采用严密平差法，平差后应进行精度评定，包括平差后单位权中误差、最弱点点位中误差、最弱相邻点点位中误差、最弱边的边长相对中误差及方位角中误差等。四等以下平面控制网的计算可采用近似平差法，并按近似方法评定其精度。

12.3 房产调查

房产调查是根据房产测量的目的和任务，对房屋及其用地的位置、权界、特征、属性、数量以及地理名称和行政境界的调查。其中确定房屋及其用地的权属状况是最主要的调查内容。

房产调查的内容包括房屋调查和房屋用地调查。房产调查也称为房产信息数据采集。

12.3.1 房产调查单元的划分

1. 房产区

房产区以市行政建制区的街道办事处、镇（乡）的行政辖区，或根据房地产管理划分的区域为基础划定。房产区号在测区范围内按“从北到南，从西至东”的顺序以两位自然数字从 01 至 99 依序编列。

2. 房产分区

房产分区以房产区为单元划分，可依自然界线，依街坊，依居民点，或依大的机关、企事业单位划分，房产分区应构成连续成片的几何图形。房产分区号在房产区内按“从北到南，从西至东”的顺序以两位自然数字从 01 至 99 依序编列。

3. 丘

丘是指地表上一块有界空间的地块。一个地块只属于一个产权单元时称独立丘，一个地块属于几个产权单元时称组合丘。有固定界标的按固定界标划分，没有固定界标的按自然界线划分。

丘号在房产分区内按“从北到南，从西至东”的顺序以四位自然数字从 0001 至 9999 按反 S 形依序编列。

丘的完整编号格式如下：

市代码（2 位）+市辖区（县）代码（2 位）+房产区代码（2 位）
+房产分区代码（2 位）+丘号（4 位）

4. 幢

幢是指一座独立的、包括不同结构和不同层次的房屋。

幢号以丘为单位，自进大门起，从左到右，从前到后，用数字 1、2……按“S”形顺序编号。幢号注在房屋轮廓线内的左下角，并加括号表示。

对于在他人用地范围内所建的房屋，应在房屋幢号后面加编房产权号，房产权号用标识符 A 表示。对于多户共有的房屋，在房屋幢号后面加编共有权号，共有权号用标识符 B 表示。

12.3.2 房屋用地调查

调查的内容包括：用地坐落、产权性质、等级、税费、用地人、用地单位所有制性质、使用权来源、四至、界标、用地用途分类、用地面积和用地纠纷等基本情况，以及绘制用地范围略图。

12.3.3 房屋调查

（1）房屋产权人 私人所有的房屋，一般按照产权证件上的姓名。单位所有的房屋，应注明单位的全称。产权是共有的，应注明全体共有人姓名。

（2）房屋产别 指根据产权占有不同而划分的类别。按两级分类调查，其中一级分类分为国有房产、集体所有房产、私有房产、联营企业房产、股份制企业房产、港澳台投资房产、涉外房产和其他房产等八类。

（3）房屋层数 指房屋的自然层数，一般按室内地坪±0 以上计算；采光窗在室外地坪以上的半地下室，其室内层高在 2.20m 以上的，计算自然层数。房屋总层数为房屋地上层数与地下层数之和。假层、附层（夹层）、插层、阁楼（暗楼）、装饰性塔楼，以及凸出屋面的楼梯间、水箱间不计层数。

（4）房屋建筑结构 指根据房屋的梁、柱、墙等主要承重构件的建筑材料划分的类别，具体分为钢结构、钢筋混凝土结构、混合结构、砖木结构、其他结构等。

（5）房屋用途 指房屋的实际用途，分为住宅、工业、交通、仓储、商业、金融、信息、教育、医疗卫生、科研、文化、娱乐、体育、办公、军事、其他等。

（6）房屋墙体归属 指房屋四面墙体所有权的归属，分自有墙、共有墙和借墙等三类。

（7）房屋产权来源 指产权人取得房屋产权的时间和方式，如继承、买受、受赠、交换、自建、翻建、征用、收购、调拨等。

（8）房屋产权的附加说明 在调查中对产权不清或有争议的，以及设有典当权、抵押权等他项权利的，应做出记录。

（9）房屋权界线示意图 是以权属单元为单位绘制的略图，表示房屋及其相关位置、权界线、共有共用房屋权界线，以及与邻户相连墙体的归属，并注记房屋边长。对有争议的权界线应标注部位。

12.4 房产要素测量

12.4.1 房产要素测量的内容和方法

房产要素测量内容包括：界址测量、境界测量、房屋及其附属设施测量、陆地交通测量、水域测量和其他相关地物测量。

测量方法包括：全野外数据采集、野外解析法测量、航空摄影测量等。

12.4.2 界址测量

界址点可从邻近基本控制点或高级界址点起算，以极坐标法、支导线法或正交法等野外解析法测定，也可在全野外数据采集时和其他房地产要素同时测定。

12.4.3 境界测量

境界测量应符合行政区域界线测绘的要求。

12.4.4 房屋及其附属设施测量

房屋应逐幢测绘。不同产别、不同建筑结构、不同层数的房屋应分别测量。独立成幢房屋，以房屋四面墙体外侧为界测量；毗连房屋四面墙体，在房屋所在人指界下，区分自有、共有或借墙，以墙体所有权范围为界测量。丈量房屋以勒脚以上墙角为准。测绘房屋以外墙水平投影为准。房屋测量时应分幢分户丈量作图。

房角点测量不要求在墙角上都设置标志，可以房屋外墙勒脚以上（100±20）cm处墙角为测点。房角点测量一般采用极坐标法、正交法测量；对正规的矩形建筑物，可直接测定三个房角点坐标，另一个房角点的坐标可通过计算求出。

房屋附属设施测量，柱廊以柱外围为准；檐廊以外轮廓投影、架空通廊以外轮廓水平投影为准；门廊以柱或围护物外围为准，独立柱的门廊以顶盖投影为准；挑廊以外轮廓投影为准；阳台以底板投影为准；门墩以墩外围为准；门顶以顶盖投影为准；室外楼梯和台阶以外围水平投影为准。

共有部位测量前，需对共有部位进行认定。认定时可参照购房协议、房屋买卖合同中设定的共有部位，经实地调查后予以确认。

12.4.5 陆地交通和水域测量

陆地交通测量是指铁路、道路桥梁测量。铁路以轨距外缘为准；道路以路缘为准；桥梁以桥头和桥身外围为准测量。

水域测量是指河流、湖泊、水库、沟渠、水塘测量。河流、湖泊、水库等水域以岸边线为准；沟渠、池塘以坡顶为准测量。

12.4.6 其他相关地物测量

其他相关地物是指天桥、站台、阶梯路、游泳池、消火栓、检阅台、碑以及地下构筑物等。

12.4.7 测量草图

测量草图是地块、建筑物、位置关系和房地调查的实地记录，是展绘地块界址、计算房屋面积和填写房产登记表的原始依据。在进行房地产测量时应根据项目的内容用铅笔现场绘制测量草图。测量草图包括房屋用地测量草图和房屋测量草图。

1. 房屋用地测量草图

房屋用地测量草图内容包括平面控制网点及点号、界址点、房角点相应的数据、墙体的归属、房屋产别、房屋建筑结构、房屋层数、房屋用地用途类别、丘（地）号、道路及水域、有关地理名称、门牌号、观测手簿中所有未记录的测定参数、测量草图符号的必要说明、指北方向线、测量日期以及作业员签名。

2. 房屋测量草图

房屋测量草图内容及要求包括：房屋测量草图均按概略比例尺分层绘制；房屋外墙及分隔墙均绘单实线；图纸上应注明房产区号、房产分区号、丘（地）号、幢号、层次及房屋坐落，并加绘指北方向线；住宅楼单元号、室号，注记实际开门处；逐间实量，注记室内净空边长（以内墙面为准）、墙体厚度，数字取至厘米；室内墙体凸凹部位在 0.1m 以上者如柱垛、烟道、垃圾道、通风道等均应表示；凡有固定设备的附属用房如厨房、厕所、卫生间、电梯、楼梯等均应实量边长，并加必要的注记；遇有地下室、覆式房、夹层、假层等应另绘草图；房屋外廓的全长与室内分段丈量之和（含墙身厚度）的较差在限差内时，应以房屋外廓数据为准，分段丈量的数据按比例配赋，限差超限时须进行复量。

12.5 房产图绘制

房产图是房产产权、产籍管理的基本图件资料。按房产管理工作的需要，房产图分为房产分幅图、房产分丘图和房产分户图。

12.5.1 房产分幅图

房产分幅图是全面反映房屋及其用地的位置、形状、面积和权属等状况的基本图，是绘制房产分丘图和房产分户图的基础资料。

1. 房产分幅图的内容

房产分幅图应表示的内容包括：控制点、行政境界、丘界、房屋、房屋附属设施和房屋围护物，以及与房地产有关的地籍地形要素和注记。

房产分幅图上应表示的房地产要素和房产编号，包括：房产区号、房产分区号、丘号、丘支号、幢号、房产权号、门牌号、房屋产别、结构、层数、房屋用途和用地分类等。

房产分幅图上在房屋轮廓线中央注记四位数字代码，其中第一位表示房屋产别，第二位表示房屋建筑结构，第三、四位表示房屋的层数。

2. 房产分幅图的测绘方法

测绘方法有：全野外采集数据成图、航摄像片采集数据成图、野外解析测量数据成图、编绘法绘制房产图。

3. 房产分幅图绘制精度要求

全野外采集数据或野外解析测量等方法所测量的房地产要素点和地物点，相对于邻近控制点的点位中误差不超过 0.05m。

模拟方法测绘的房产分幅平面图上的地物点，相对于邻近控制点的点位中误差不超过图上 0.5mm。利用已有的地籍图、地形图编绘房产分幅图时，地物点相对于邻近控制点的点位中误差不超过图上 0.6mm。

4. 房产分幅图的基本规格

房产分幅图采用 50cm×50cm 正方形分幅。

建筑物密集区的房产分幅图一般采用 1∶500 比例尺，其他区域的分幅图可以采用 1∶1000 比例尺。

12.5.2 房产分丘图

房产分丘图是房产分幅图的局部明细图，是绘制房屋产权证附图的基本图。

1. 房产分丘图的内容

房产分丘图上除表示房产分幅图的内容外，还应表示房屋权界线、界址点点号、窑洞使用范围、挑廊、阳台、建成年份、用地面积、建筑面积、墙体归属和四至关系等各项房地产要素。

房产分丘图上在房屋轮廓线中央注记八位数字代码，其中第一位表示房屋产别，第二位表示房屋建筑结构，第三、四位表示房屋的层数，第五至八位表示房屋的建成年份。

2. 房产分丘图的基本规格

房产分丘图的幅面可在787mm×1092mm全开纸的1/32~1/4选用。分丘图的比例尺根据丘面积大小，在1:1000~1:100选用。

3. 房产分丘图绘制的技术要求

1）房产分丘图的坐标系统应与房产分幅图的坐标系统相一致。

2）房产分丘图上应分别注明周邻产权所有单位（或人）的名称，分丘图上各种注记的字头应朝北或朝西。

3）测量本丘与邻丘毗连墙体时，共有墙以墙体中间为界，量至墙体厚度的1/2处；借墙量至墙体的内侧；自有墙量至墙体外侧并用相应符号表示。

4）房屋权界线与丘界线重合时，表示丘界线；房屋轮廓线与房屋权界线重合时，表示房屋权界线。

12.5.3 房产分户图

1. 房产分户图的内容

房产分户图应表示的主要内容包括：房屋权界线、四面墙体的归属和楼梯、走道等部位，以及门牌号、所在层次、户号、室号、房屋边长和房屋建筑面积等。房产分户平面图如图12-1所示。

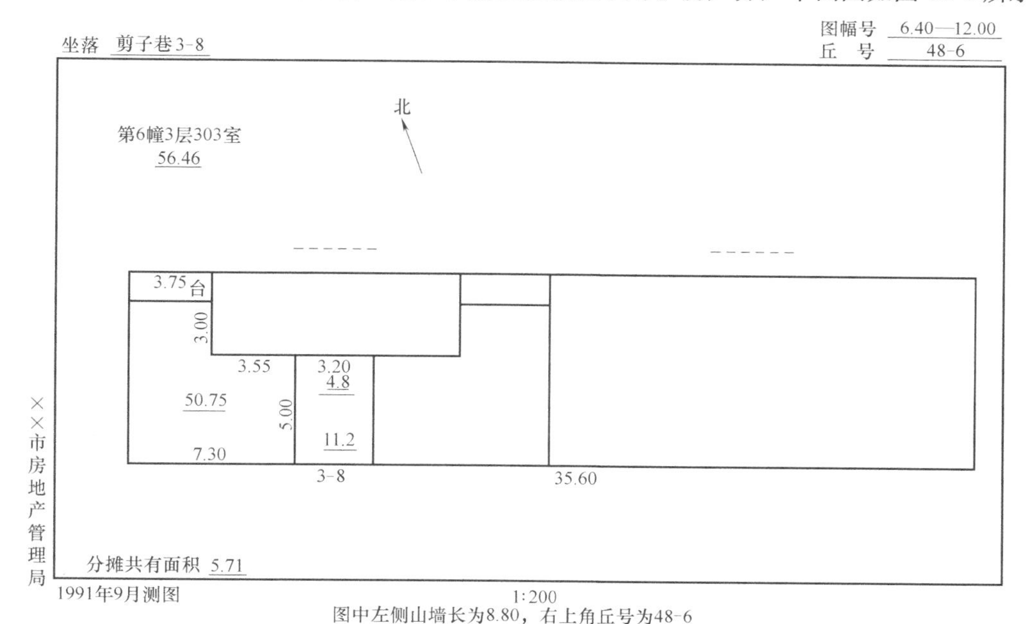

图12-1 房产分户平面图

2. 房产分户图的基本规格

房产分户图的幅面可选用787mm×1092mm全开纸的1/32或1/16等尺寸。

房产分户图的比例尺一般为1:20，当房屋图形过大或过小时，比例尺可适当放大或缩小。

3. 房产分户图绘制的技术要求

房产分户图的方位应使房屋的主要边线与图框边线平行，按房屋的方向横放或竖放，并在适当位置加绘指北方向符号。

分户图上的文字注有：

1）房屋产权面积包括套内建筑面积和共有分摊面积，标注在分户图框内。

2）本户所在的丘号、户号、幢号、结构、层数、层次，标注在分户图框内。

3）楼梯、走道等共有部位，需在范围内加简注。

12.6 房产面积测算

房产面积测算均指水平面积的测算，包括房屋面积测算和房屋用地面积测算。房屋面积测算包括房屋建筑面积测算、使用面积测算、产权面积测算、共有建筑面积的测算与分摊。房屋用地面积测算包括房屋占地面积的测算与用地面积的测算。

12.6.1 房屋面积的相关概念

1. 房屋建筑面积

房屋建筑面积是指房屋外墙（柱）勒脚以上各层的外围水平投影面积，包括阳台、挑廊、地下室、室外楼梯等，且具备上盖，结构牢固，层高 2.20m 以上（含 2.20m）的永久性建筑。

2. 房屋产权面积

房屋产权面积是指产权主依法拥有房屋所有权的房屋建筑面积。房屋产权面积由省（自治区)、直辖市、市、县房地产行政主管部门登记确权认定。

3. 成套房屋的套内建筑面积

成套房屋的套内建筑面积由套内房屋的使用面积、套内墙体面积和套内阳台建筑面积三部分组成。套内使用面积为套内卧室、起居室、过厅、过道、厨房、卫生间、厕所、储藏室、壁柜等空间面积的总和；套内楼梯按自然层数的面积总和计入使用面积；不包括在结构面积内的套内烟囱、通风道、管道井等均计入使用面积；内墙面装饰厚度计入使用面积。

4. 房屋的共有建筑面积

房屋的共有建筑面积指各产权主共同占有或共同使用的建筑面积。

5. 房屋的销售面积

房屋的销售面积为套内建筑面积和分摊得到的共有建筑面积之和。

12.6.2 房屋面积测算的分类

房屋面积测量按照测量方式和数据来源的不同可分为房屋面积预测和房屋面积实测。

房屋面积预测是指根据经规划部门审核的设计图纸，对房屋进行图纸数据采集，获取房屋面积数据的过程。房屋面积预测成果可用于房屋预售、内部管理以及其他法律法规和相关管理部门允许的用途。

房屋面积实测是指房屋建成后，对房屋进行实地测量，获取房屋面积数据的过程。房屋面积实测成果可用于房屋交易、产权登记、办理土地及规划手续、征地拆迁、房屋评估等。

12.6.3 房产面积测算的精度要求

我国房产面积测算的精度分为三个等级，见表 12-1。实际房产测量工作中一般采用第二、第三 等级精度标准。对新建商品房一般采用第二等级精度要求；对其他房产建筑面积测算精度，采用第三等级精度要求；其余有特殊要求的用户和城市商业中心黄金地段，可采用一级精度要求。房产面积测算中房屋边长取位至 0.01m，面积取位至 0.01m²。

表 12-1　房产面积测算的中误差与限差

房产面积的精度等级	房产面积中误差	房产面积误差的限差
一级	$\pm(0.01\sqrt{S}+0.0003S)$	$\pm(0.02\sqrt{S}+0.0006S)$
二级	$\pm(0.02\sqrt{S}+0.001S)$	$\pm(0.04\sqrt{S}+0.002S)$
三级	$\pm(0.04\sqrt{S}+0.003S)$	$\pm(0.08\sqrt{S}+0.006S)$

注：S 为房产面积，单位为 m²。

12.6.4　房屋各特征部位的测量

房屋各特征部位的测量遵循以下规定：

1）房屋外围建筑面积应取勒脚以上外墙最外围为准量测。

2）房屋室内边长及墙体厚度应取未进行装饰贴面的墙体为准量测。

3）房屋屋顶为斜面结构（坡屋顶）的，按层高 2.20m 以上的部位为准量测。

4）柱廊以柱外围为准量测。

5）檐廊、架空通廊以外轮廓水平投影为准量测。

6）门廊以柱或维护物外围为准，独立柱的门廊以顶盖投影为准量测。

7）挑廊以外轮廓投影为准量测。

8）阳台以维护结构为准量测。

9）阳台、挑廊、架空通廊的外围水平投影超过其底板外沿的，以底板水平投影为准量测。

10）对倾斜、弧状等非垂直墙体的房屋，按层高（高度）2.20m 以上的部位为准量测；房屋墙体向外倾斜，超出底板外沿的，以底板投影为准量测。

11）门墩以墩外围为准量测。

12）门顶以顶盖水平投影为准量测。

13）室外楼梯和台阶以外围水平投影为准量测。

12.6.5　房屋建筑面积测算的有关规定

1. 计算全部建筑面积的范围

1）永久性结构的单层房屋，按一层计算建筑面积；多层房屋按各层建筑面积的总和计算。

2）房屋内的夹层、插层、技术层及其梯间、电梯间等其层高在 2.20m 以上的部位，计算建筑面积。

3）穿过房屋的通道，房屋内的门厅、大厅，均按一层计算建筑面积。门厅、大厅内的回廊部分，层高在 2.20m 以上的，按其水平投影面积计算。

4）楼梯间、电梯（观光梯）井、提物井、垃圾道、管道井等，均按房屋自然层计算面积。

5）房屋天面上，属永久性建筑，层高在 2.20m 以上的楼梯间、水箱间、电梯机房及斜面结构屋顶高度在 2.20m 以上的部位，按其外围水平投影面积计算。

6）挑楼、全封闭的阳台，按其外围水平投影面积计算。

7）属永久性结构有上盖的室外楼梯，按各层水平投影面积计算。

8）与房屋相连的有柱走廊，两房屋间有上盖和柱的走廊，均按其柱的外围水平投影面积计算。

9）房屋间永久性的封闭的架空通廊，按其外围水平投影面积计算。

10）地下室、半地下室及其相应出入口，层高在2.20m以上的，按其外墙（不包括采光井、防潮层及保护墙）外围水平投影面积计算。

11）有柱或有围护结构的门廊、门斗，按其柱或围护结构的外围水平投影面积计算。

12）玻璃幕墙等作为房屋外墙的，按其外围水平投影面积计算。

13）属永久性建筑有柱的车棚、货棚等，按柱的外围水平投影面积计算。

14）依坡地建筑的房屋，利用吊脚做架空层，有围护结构的，按其高度在2.20m以上部位的外围水平投影面积计算。

15）有伸缩缝、沉降缝的房屋，若其与室内任意一边相通，具备房屋的一般条件，并能正常利用的，伸缩缝、沉降缝应计算建筑面积。

2. 计算一半建筑面积的范围

1）与房屋相连有上盖无柱的走廊、檐廊，按其围护结构外围水平投影面积的一半计算。

2）独立柱、单排柱的门廊、车棚、货棚等属永久性建筑的，按其上盖水平投影面积的一半计算。

3）未封闭的阳台、挑廊，按其围护结构外围水平投影面积的一半计算。

4）无顶盖的室外楼梯按各层水平投影面积的一半计算。

5）有顶盖不封闭的永久性的架空通廊，按外围水平投影面积的一半计算。

3. 不计算建筑面积的范围

1）层高小于2.20m的夹层、插层、技术层和层高小于2.20m的地下室和半地下室。

2）突出房屋墙面的构件、配件、装饰柱、装饰性的玻璃幕墙、垛、勒脚、台阶、无柱雨篷等。

3）与室内不相通的类似于阳台、挑廊、檐廊的建筑。

4）房屋之间无上盖的架空通廊。

5）房屋的天面、挑台、天面上的花园、泳池。

6）建筑物内的操作平台、上料平台及利用建筑物的空间安置箱、罐的平台。

7）骑楼、过街楼的底层用作道路街巷通行的部分。

8）临街楼房、挑廊下的底层作为公共道路街巷通行的，不论其是否有柱，是否有维护结构，均不计算建筑面积。

9）利用引桥、高架路、高架桥、路面作为顶盖建造的房屋。

10）活动房屋、临时房屋、简易房屋。

11）独立烟囱、亭、塔、罐、池，地下人防干、支线。

12）与房屋室内不相通的房屋间伸缩缝。

13）楼梯已计算建筑面积的，其下方空间不论是否利用均不再计算建筑面积。

12.6.6 房屋共有建筑面积分摊

建筑物区分所有权法律规定可参照《中华人民共和国物权法》第七十条与第七十一条、《最高人民法院关于审理建筑物区分所有权纠纷案例具体应用法律若干问题的解释》第二条和第三条等相关规定。

房屋共有部分按照是否可被分摊分为可分摊共有部位和不可分摊共有部位。在分摊计算时，只有可分摊共有部位可以被分摊。

建筑物可分摊的共有部位一般包括（但不限于）：①交通通行类，如大堂、门厅、楼（电）梯间、楼（电）梯前室、走道等；②仅为建筑物内各专有部位服务的共用设备用房类，如设备用房、水泵房、变配电室、附属设施、垃圾收集间、消防贮水池、风机房等；③公共服务用房类，如为幢内服务的警卫室、管理用房、保洁间等；④建筑物基础结构类，如套与公共建筑之间的分隔墙以及外墙（包括山墙）水平投影面积的一半、承重垛柱等。

建筑物不可分摊的共有部位一般包括：为多幢服务的警卫室、管理用房等。

房屋共有部分按照其使用功能和服务对象的不同分为三类：①全幢共有部位：指为整幢服务的共有部位，全幢进行分摊；②功能区间共有部位：指专为某几个功能区服务的共有部位，由其所服务的功能区分摊；③功能区内共有部位：指专为某个功能区服务的共有部位，由该功能区分摊。

房屋共有建筑面积分摊的基本原则：①产权各方有合法权属分割文件或协议的，按文件或协议规定执行；②无产权分割文件或协议的，按相关房屋的建筑面积按比例进行分摊。

1. 房屋共有建筑面积分摊模型

房屋的共有建筑面积按比例分摊的计算公式：

$$\delta S_i = K \cdot S_i$$

$$K = \frac{\sum \delta S_i}{\sum S_i}$$

式中 K——共有面积分摊系数；

S_i——各单元参加分摊的建筑面积（m^2）；

δS_i——各单元参加分摊所得的分摊面积（m^2）；

$\sum \delta S_i$——需要分摊的共有面积之和（m^2）；

$\sum S_i$——参加分摊的各单元建筑面积之和（m^2）。

2. 各类房屋共有建筑面积的分摊计算

（1）单一功能住宅楼共有面积分摊方法　首先计算整幢住宅楼的总建筑面积，再计算各套房屋的套内建筑面积。整幢住宅楼的总建筑面积扣除整幢住宅楼各套房屋套内建筑面积之和，并扣除作为独立使用的地下室、车棚、车库等和为多幢服务的警卫室、管理用房、设备用房，以及人防工程等建筑面积，则能求得整幢住宅楼的共有面积。

根据整幢住宅楼的共有面积和整幢住宅楼的套内建筑面积的总和求取整幢住宅楼的共有面积分摊系数，再根据各套房屋的套内建筑面积，求得各套房屋分摊所得的共有面积。

随着建筑设计的不断进步和共有形式的愈加复杂，往往单一功能住宅楼也有可能因为单元间户型、楼层、拥有电梯部数等不同需要按单元进行独立分摊。此时，单一住宅楼可按单元划分功能区，按照多功能综合楼的共有面积分摊方式进行分摊计算。

（2）商住楼共有面积的分摊方法　首先将全幢共有建筑面积分摊到住宅和商业两个功能区。然后将两个功能区分摊所得的幢共有面积加上功能区本身的共有面积再各自在功能区内进行分摊。依照前述的方法和计算公式，按各套的套内建筑面积分摊计算各套房屋分摊所得的共有面积。

（3）多功能综合楼共有面积的分摊方法　多功能综合楼是指具有多种用途的建筑物，即同一幢建筑物内可能有住宅、商业、办公、酒店、自行车库、汽车库等多个用途的房屋。各共有部位的功能与服务对象也并不相同。因此，一般情况下，多功能综合楼不能与单一功能住宅楼一样，用一个分摊系数进行一次分摊。而是应按照谁使用谁分摊的原则，将各个共有部位面积按照各自的功能和服务对象分别进行分摊，即进行多级分摊。

多功能综合楼的分摊计算应采取由整体到局部的分摊模式，即首先进行整幢房屋共有面积的分摊，把它分摊至各功能区；其次，进行功能区间的共有面积的分摊，同样分摊至各功能区；分摊至功能区的整幢共有面积和功能区间共有面积与功能区内共有面积加在一起，再进行功能区内部分摊。依次类推，直至将所有的共有面积分摊至各套或各户。套内建筑面积加上分摊所得的共有面积，就得到了各套或各户的销售面积。

12.7 房产变更测量

12.7.1 房产变更测量的分类

房产变更测量分为现状变更测量和权属变更测量两类。

1. 现状变更测量

1）房屋的新建、拆迁、改建、扩建，房屋建筑结构、层数的变化。

2）房屋的损坏与灭失，包括全部拆除或部分拆除、倒塌和烧毁。

3）围墙、栅栏、篱笆、铁丝网等维护物以及房屋附属设施的变化。

4）道路、广场、河流的拓宽、改造，河、湖、沟渠、水塘等边界的变化。

5）地名、门牌号的更改。

6）房屋及其用地分类面积增减变化。

2. 权属变更测量

1）房屋买卖、交换、继承、分割、赠予、兼并等引起的房屋权属的转移。

2）土地使用权界的调整，包括合并、分割、塌没和截弯取直。

3）征拨、出让、转让土地而引起的土地权属界线的变化。

4）他项权利范围的变化和注销。

12.7.2 房产变更测量的程序与方法

房产变更测量应根据房地产变更资料，先进行房产调查，再进行房地产权界的测定和房产面积的测算，最后进行房地产资料的修正与整理。

12.7.3 房产变更测量的精度要求

1）变更后的分幅、分丘图图上精度，新补测的界址点的精度都应符合国标的规定。

2）房产分割后各户房屋建筑面积之和与原有房屋建筑面积的不符值应在限差以内。

3）用地分割后各丘面积之和与原丘面积的不符值应在限差以内。

4）房产合并后的建筑面积，取被合并房屋建筑面积之和；房屋用地合并后的面积，取被合并的各丘面积之和。

12.7.4 房地产编号的变更

1）房屋用地的合并与分割都应重新编丘号，新增丘号按编号区内的最大丘号续编。

2）组合丘内，新增丘支号按丘内的最大丘支号续编。

3）新增的界址点或房角点的点号，分别按编号区内界址点或房角点的最大点号续编。

4）房产合并或分割应重新编幢号，原幢号作废，新幢号按丘内最大幢号续编。

思考题与习题

1. 房产测绘的任务和作用是什么？
2. 房产平面控制测量的布设原则和布设方法是什么？
3. 房产调查包括哪些内容？
4. 房屋用地调查包括哪些内容？
5. 房产调查与测量的基本单元是什么？
6. 房产要素测量包括哪些内容？
7. 房产要素测量的方法有哪些？
8. 房产分幅图如何编号？
9. 房产分幅图应表示哪些内容？如何测绘？
10. 房产分丘图和分户图应表示哪些内容？如何绘制？
11. 房产面积测算包括哪些内容？

参 考 文 献

[1] 周文国，郝延锦．工程测量[M]．北京：测绘出版社，2009.

[2] 肖永清，梁俊华，董文明．工程测量[M]．哈尔滨：哈尔滨工业大学出版社，2014.

[3] 林龙镔，李泽．建筑工程测量[M]．哈尔滨：哈尔滨工程大学出版社，2014.

[4] 孙成城．测量员专业管理实务[M]．郑州：黄河水利出版社，2010.

[5] 赵刚，张凯选，鲍勇．土地管理与地籍测量[M]．北京：清华大学出版社，2013.

[6] 潘正风，等．数字测图原理与方法[M].2版．武汉：武汉大学出版社，2009.

[7] 中华人民共和国建设部，国家质量监督检验检疫总局．工程测量规范：GB 50026—2007 [S]．北京：中国计划出版社，2008.

[8] 覃辉．土木工程测量[M]．上海：同济大学出版社，2005.

[9] 顾孝烈，等．测量学[M].4版．上海：同济大学出版社，2011.

[10] 卢德志，等．测量员岗位实务知识[M]．北京：中国建材工业出版社，2007.

[11] 王金玲．土木工程测量[M]．武汉：武汉大学出版社，2013.

[12] 王劲松，鲁有柱．土木工程测量[M]．北京：中国计划出版社，2008.

[13] 邹永廉．土木工程测量[M]．北京：高等教育出版社，2000.

[14] 中华人民共和国住房和城乡建设部．城市测量规范：CJJ/T 8—2011[S]．北京：中国建筑工业出版社，2012.

[15] 岳建平，陈伟清．土木工程测量[M]．武汉：武汉理工大学出版社，2006.

教材使用调查问卷

尊敬的老师：

您好！欢迎您使用机械工业出版社出版的“应用型本科土木工程系列规划教材”，为了进一步提高我社教材的出版质量，更好地为我国教育发展服务，欢迎您对我社的教材多提宝贵的意见和建议。敬请留下您的联系方式，我们将向您提供周到的服务，向您赠阅我们最新出版的教学用书、电子教案及相关图书资料。

本调查问卷复印有效，请您通过以下方式返回：

邮寄：北京市西城区百万庄大街 22 号机械工业出版社建筑分社（100037）
李宣敏（收）

传真：010-68994437（李宣敏收）　　Email：824396435@ qq. com

一、基本信息

姓名：＿＿＿＿＿＿职称：＿＿＿＿＿＿职务：＿＿＿＿＿＿

所在单位：＿＿＿＿＿＿＿＿＿＿＿＿

任教课程：＿＿＿＿＿＿＿＿＿＿＿＿

邮编：＿＿＿＿＿＿地址：＿＿＿＿＿＿

电话：＿＿＿＿＿＿电子邮件：＿＿＿＿＿＿

二、关于教材

1. 贵校开设土建类哪些专业方向？

□土木工程　□建筑学　□安全工程　□轨道工程

□铁道工程　□桥梁工程　□隧道工程　□工程造价

□工程管理　□建筑环境与设备工程　□建筑环境与能源应用工程

2. 您使用的教授方式：□传统板书　□多媒体教学　□网络教学

3. 您认为还应开发哪些教材或教辅用书？＿＿＿＿＿＿

4. 您是否愿意参与教材编写？希望参与哪些教材的编写？

课程名称：＿＿＿＿＿＿

形式：　□纸质教材　□实训教材（习题集）　□多媒体课件

5. 您选用教材比较看重以下哪些内容？

□作者背景　□教材内容及形式　□有案例教学　□配有多媒体课件

□其他＿＿＿＿＿＿

三、您对本书的意见和建议（欢迎您指出本书的疏误之处）＿＿＿＿＿＿

四、您对我们的其他意见和建议＿＿＿＿＿＿

请与我们联系：

100037　北京市西城区百万庄大街 22 号

机械工业出版社 · 建筑分社　李宣敏　收

Tel：010-88379776（O），68994437（Fax）

E-mail：824396435@ qq. com

http://www.cmpedu.com（机械工业出版社 · 教材服务网）

http://www.cmpbook.com（机械工业出版社 · 门户网）

http://www.golden-book.com（中国科技金书网 · 机械工业出版社旗下网站）